T20 天正暖通软件
T20-Hvac V1.0 使用手册

北京天正软件股份有限公司　编著

U0301672

中国建筑工业出版社

图书在版编目（CIP）数据

T20天正暖通软件 T20-Hvac V1.0使用手册/北京
天正软件股份有限公司编著. —北京：中国建筑工业
出版社，2015.3
ISBN 978-7-112-17896-4

Ⅰ. ①T… Ⅱ. ①北… Ⅲ. ①采暖设备-建筑设
计-计算机辅助设计-应用软件-使用手册②通风设备-建
筑设计-计算机辅助设计-应用软件-使用手册 Ⅳ. ①
TU83-39

中国版本图书馆CIP数据核字（2015）第047824号

　　用户遍及全国的天正软件已经成为暖通设计实际的绘图标准，在参考
大量用户意见后，天正公司推出新一代的暖通软件——T20天正暖通软件
V1.0，该软件是以美国Autodesk公司开发的通用CAD软件AutoCAD为
平台，按照国内当前最新暖通设计和制图规范、标准图集开发的暖通设计
软件。

　　本书系统地介绍了T20天正暖通软件V1.0的各项功能，全面讲解了
T20天正暖通软件V1.0的使用方法和技巧，在附录中收集了全部菜单命
令和简要解释。

　　本书结构清晰，内容丰富，是您掌握当前最新版本天正暖通软件最权
威的使用手册。

＊　　　＊　　　＊

责任编辑：张　磊　郭　栋
责任设计：李志立
责任校对：李美娜　赵　颖

T20天正暖通软件 T20-Hvac V1.0使用手册
北京天正软件股份有限公司　编著
＊
中国建筑工业出版社出版、发行（北京西郊百万庄）
各地新华书店、建筑书店经销
霸州市顺浩图文科技发展有限公司制版
北京建筑工业印刷厂印刷
＊
开本：787×1092毫米　1/16　印张：21½　字数：535千字
2015年5月第一版　2020年1月第三次印刷
定价：**49.00**元
ISBN 978-7-112-17896-4
（27069）

前　言

　　天正公司是由具有建筑设计行业背景的资深专家发起成立的高新技术企业，自 1994 年以来成功研发了建筑、暖通、电气、给水排水等专业软件。多年来，天正专业设计软件成为设计者必不可少的工具，它的对象和图档格式已经成为设计单位之间、设计单位与甲方之间的图形信息交流的基础，成为全国范围内应用最为广泛的专业设计软件，成为国内建筑 CAD 的行业规范，成为专业设计软件的首选。

　　以 AutoCAD 2004～2014 为平台的 T20 天正暖通软件，天正公司总结多年从事暖通软件的开发经验，结合当前国内同类软件的各自特点，搜集大量设计单位对暖通软件的设计需求，无缝集成全新底层的 T20 内核，推出从界面到功能面目全新、具有革命性变化的新版暖通软件，将会在暖通专业设计领域中得到更加广泛的应用。

　　天正暖通软件有以下技术特点：

　　＊与天正建筑软件无缝集成，可直接利用天正建筑底图；

　　＊采用自定义实体技术，管线和设备安全自动处理相互关系；

　　＊国内第一款真正意义的三维设计的暖通软件；

　　＊软件涵盖采暖、地暖、多联机、空调、通风设计；

　　＊自动生成系统图，材料表统计，完成专业计算并导出计算书。

　　欢迎访问天正公司主页 http://www.tagent.com.cn 及官方论坛；

　　欢迎拨打天正公司全国服务热线：400-608-3158；

　　欢迎您对天正软件提出宝贵建议，将使软件越来越贴近设计。

功 能 概 要

菜单与工具条

　　具有图标与文字菜单项的屏幕菜单，新式推拉式屏幕菜单支持鼠标滚轮滚动操作，层次清晰，最大级数不超过 3 级。智能化右键菜单，菜单编制格式向用户完全开放。特有的自定义的工具条，用户可以随意生成个性化配置，并可定义各操作的简化命令，适合用户习惯。

建筑图绘制

提供基本建筑绘图功能，可绘制天正自定义对象的建筑平面图，支持天正建筑各个版本绘制的建筑条件图。

智能化管线系统

采用三维管道设计，模糊操作实现管线与设备、阀门的精确连接；管线交叉自动遮断。

多联机设计

全新的多联机模块提供图纸绘制、系统计算、数据库扩充功能。

设备与冷媒管线可实现自动连接并生成分歧管，根据图纸自动计算出设备间的落差、单管长度、总管长度等，并判断是否满足该厂家给定的限值。同时统计出各管段负担冷量，计算出冷媒管径、分歧管型号及充注量。同步可生成原理图，输出材料表。目前库中有大金、海尔、美的、海信日立等厂家的常用系列及产品类型，提供室内、室外机数据库的维护和扩充功能，并链接有产品实际照片，方便用户选取。

供暖绘图

采暖平面绘图方便快捷，双击可编辑修改；提供了多种自动连接方式；系统图既可通过平面的转换，亦可利用各工具快速生成；原理图绘制符合设计；先进的标注功能，使标注管径、坡度、散热器、标高等大量工作更灵活方便。支持单双管系统、自定义系统形式的绘制。

地暖设计

【地热计算】采用《辐射供暖供冷技术规程》JGJ 142—2012 的计算方法及参数库，实现地热盘管间距的精确计算。【地热盘管】提供四种盘管样式供用户选择。【异形盘管】支持不规则房间及弧形布置。盘管进出水口处提供夹点，可引出绘制。提供多种样式的地热盘管，双击可编辑盘管间距及出口方向等参数，通过【盘管统计】功能可以统计盘管长度、间距等。

空调水路

【多管绘制】支持空调水路多种管线同时绘制，并支持特殊造型房间的沿线偏移直接生成多管功能。可布置多种空调系统中常用的设备，并支持设备与管线使用【设备连管】命令进行连接。支持分水器的选型计算并支持平面图的绘制。

空调风管

真正的二维、三维统一，既有二维的方便又有三维的实效；风管、设备、三通等构件均支持管线直接引出功能，方便绘制；提供专业的标注功能，标注管径、设备等工作灵活方便。

材料统计

从当前图中直接框选提取，可以统计垂直管段长度，提供按长度或钢板面积的统计方式，可选择是否分风系统、分水系统，统计结构带图例（选择了分风系统、分水系统后统计结果带有风管、水管的图例），统计内容可在位编辑修改。

负荷计算

可直接提取建筑底图围护结构信息，进行夏季空调逐时冷负荷，夏季逐时新风负荷计算，冬季采暖热负荷计算、季冬空调热负荷计算，其中冷负荷计算同时提供谐波法、负荷系统法和负荷系统法（2012 简化版），新版负荷可直接提取天正软件-节能系统中的 DOE2.1 文件数据，材料库、构造库更新为新版节能软件数据库。支持新规范气象参数库及负荷系数法（2012 简化版）的相关计算参数库。支持防空地下室的计算，按照相关规范设计，满足对人防地下室负荷计算的要求。支持定压补水设备的计算选型。

采暖水力计算

采暖水力计算，可计算传统采暖（垂直单、双管系统）、分户计量（单管串联、跨越，双管并联系统）和地板采暖系统，计算方法包括等温降法、不等温降法，图形化的计算界面提供图形预览功能，使得计算过程直观明了，可以输出多种格式的计算书。计算数据可直接从采暖系统图形中提取，计算结果返回图面，根据计算数据可自动生成系统原理图，并赋值结果。

空调水路计算

空调水路计算，可自动提供图形。提供按流速、比摩阻等多种控制条件选择计算，可输入比摩阻控制区间、不同管材的流速区间，可设置固定设备段管径。可在计算结果界面选择"显示最有利"、"显示最不利"环路，使计算结果更加直观。计算结果赋值图面，提供计算书的输出功能。

风管水力计算

风管水力计算，可从风管平面图或系统图上提取管段信息，提供了假定流速、静压复得、阻力平衡等 3 种计算方法。风管区分干管、支管、末端三种类型，可在计算控制中分别设置截面上下限、流速区间、宽高比等数值，计算过程会按照设定的数值得到最优结果。计算后，根据结果调整图纸上对应的管段管径，可输出计算书。

散热器片数计算

可直接提取房间热负荷进行计算，计算结果可赋回图中；重新录入的散热器库，更加准确，支持用户扩充。

焓湿图计算

支持《民用建筑供暖通风与空气调节设计规范》GB 50736—2012 和《实用供热空调设计手册》(第二版) (陆耀庆主编) 两个气象参数库，热湿比线可选定城市直接绘制，风机盘管不同新风处理模型计算，冬夏两季一次回风空气处理模型计算，提供二次回风计算。

在线帮助

软件提供在线帮助、在线演示，并可观看教学演示。同时提供常用的暖通工程设计规范，以 CHM 文件格式实现在线查询。

目　　录

第 1 章
设　置

内容提要

• 工程管理

建立由各楼层平面图组成的楼层集，在界面上方提供了创建立面、剖面、三维模型等图形的工具栏图标。

• 初始设置

绘制前设置基本的默认参数。

• 天正选项

控制全局变量的用户自定义参数的设置界面，这里定义的参数保存在初始参数文件中，不仅用于当前图形，对新建的文件也起作用。

• 工具条

根据个人习惯，制定快捷工具条。

• 导出设置

对本机的自定义设置进行导出处理。

• 导入设置

将导出的自定义设置导入本机继续使用。

• 依线正交

根据选取行向线（line 或 pline 线）的角度修改正交方向，进行绘制管线。

• 线型管理

创建带文字的线型。

• 线型库

将 CAD 中加载的线型导入到天正线型库中。

1.1 工程管理

建立由各楼层平面图组成的楼层集，在界面上方提供了创建立面、剖面、三维模型等图形的工具栏图标。

菜单位置：【设置】→【工程管理】（LCB）

菜单点取【工程管理】或命令行输入"LCB"后，会执行本命令。点取菜单命令启动工程管理界面，并可设置为"自动隐藏"，仅显示一个共用的标题栏，进入标题栏中的工程管理区域时，界面会自动展开。

工程管理工具是管理同属于一个工程下的图纸（图形文件）的工具，命令在文件布图菜单下，启动命令后出现一个界面。单击界面上方的下拉列表，可以打开工程管理菜单，其中选择打开已有的工程、新建工程等命令，如图 1-1-1 所示。

图 1-1-1　工程管理界面及下拉菜单

> **注意**：为保证与旧版兼容，特地提供了导入与导出楼层表的命令。

首先介绍的是"新建工程"命令，为当前图形建立一个新的工程，并为工程命名。在界面中分为图纸栏和属性栏。图纸栏是用于管理以图纸为单位的图形文件的，右击工程名称，出现右键菜单，在其中可以为工程添加图纸或分类；软件中预设有平面图、系统图等多种图形类别，如图 1-1-2 所示。

在工程任意类别右击，出现右键菜单，功能也是添加图纸或分类，只是添加在该类别下，也可以把已有图纸或分类移除。

单击添加图纸出现文件对话框（如图 1-1-3 所示），在其中逐个加入属于该类别的图形文件，注意事先应该使同一个工程的图形文件放在同一个文件夹下。

图 1-1-2　图纸栏右键菜单

图 1-1-3　任意类别右键菜单及添加图纸对话框

1.2 初始设置

绘制前设置一些基本的默认参数。

菜单位置：【设置】→【初始设置】

菜单点取【初始设置】后，会执行本命令，系统会弹出如图 1-2-1 所示的对话框：

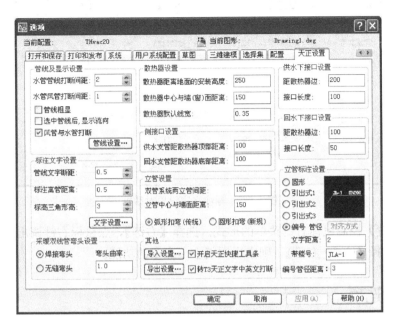

图 1-2-1　初始设置对话框

▶ 对话框主要功能介绍：

【管线及显示设置】绘制管线时的默认管径及管线的设置（图 1-2-2）。

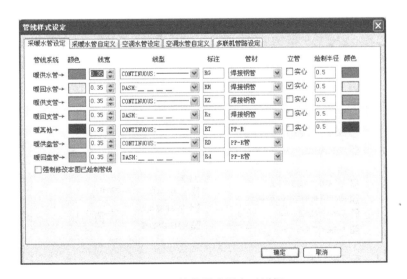

图 1-2-2　管线样式设定对话框

【标注文字设置】可修改文字样式、字高等参数（图 1-2-3）。

【散热器设置】设置散热器的尺寸、安装高度、接口尺寸等参数。

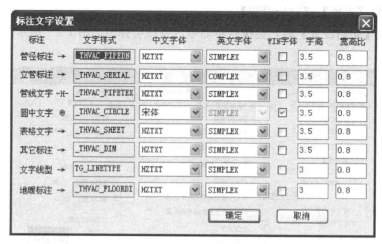

图 1-2-3　标注文字设置对话框

【界面设置】控制鼠标右键菜单的形式。选择【右键】，点鼠标右键调出来的是天正的右键菜单；选择【Ctrl＋右键】，则实现重复上一命令的功能。

1.3　天正选项

控制全局变量的用户自定义参数的设置界面，这里定义的参数保存在初始参数文件中，不仅用于当前图形，对新建的文件也起作用。

菜单位置：【设置】→【天正选项】（TZXX）

菜单点取【天正选项】或命令行输入"TZXX"后，系统弹出如图 1-3-1～图 1-3-3 所示的对话框：

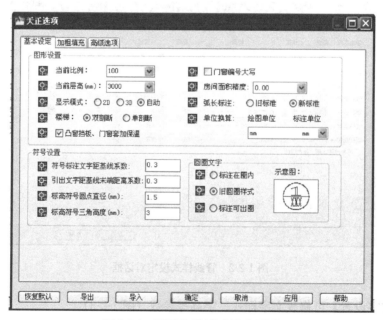

图 1-3-1　天正选项/基本设定界面

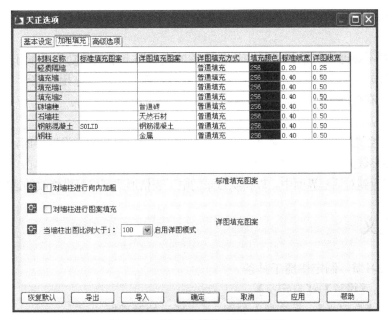

图 1-3-2　天正选项/加粗填充界面

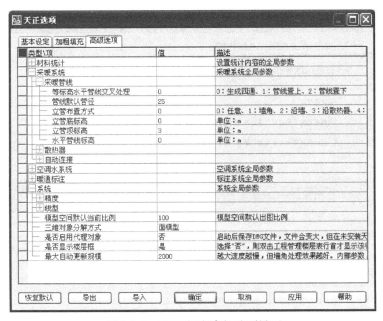

图 1-3-3　天正选项/高级选项界面

导入和导出：

是从 T-Hvac8 开始推出的新功能，单击"导出"按钮，创建选项设置定义的 XML 格式文件，这项文件可以经过仔细设计后导出，由一个设计团队统一导入，方便大家的参数统一设置，提高设计图纸质量。

恢复默认：

单击显示"导入设置"对话框，其中可选择需要恢复的部分保持勾选，对不需要恢复的部分去除勾选，单击"确认"返回，再次单击"确认"后，退出设置或自定义对话框，系统更新为默认的参数。

应用:

提供一种不必退出对话框即可使得修改后的变量马上生效的功能,便于继续进行例如"导出"等操作,特别需要指出的是:调整参数后,应先单击"应用"或者"确定"按钮,此后才能导出有效的参数。

高级选项:

本页面是控制天正软件－暖通系统全局变量的用户自定义参数的设置界面,这里定义的参数保存在初始参数文件中,不仅用于当前图形,对新建的文件也起作用。单击"高级选项"选项卡后,我们看到对话框界面中,以树状目录的电子表格形式列出可供修改的选项内容。

1.4　自定义

根据个人习惯,制定快捷工具条。

菜单命令:【设置】→【自定义】

菜单点取【自定义】,系统弹出如图 1-4-1 所示的对话框:

屏幕菜单:

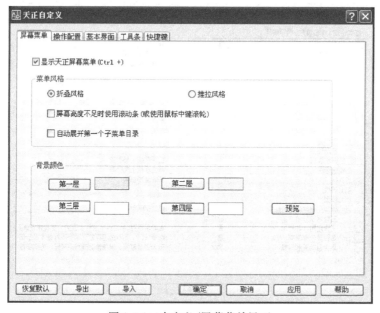

图 1-4-1　自定义/屏幕菜单界面

屏幕菜单提供折叠功能,可单击展开下级子菜单 A,在执行菜单 A 的命令时可随时切换到 A 的同级子菜单 B,此时 A 子菜单收回,B 子菜单展开,这样的设计避免了返回上级菜单的冗余动作,提高了使用效率。

其中分为"折叠"和"推拉"两种风格,"折叠"是指根菜单和子菜单自上而下折叠排列,菜单展开高度超过屏幕时在菜单最外层上下滚动;"推拉"是指菜单展开的高度总是维持屏幕高度不变,在各自不同位置推拉子菜单,如短则留空,长则在其中上下滚动。

操作配置(图 1-4-2):

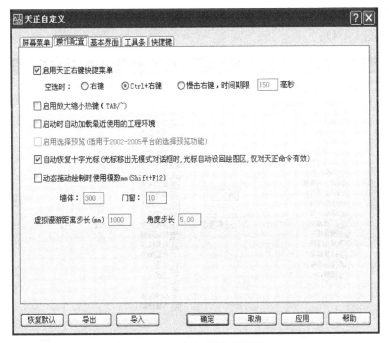

图 1-4-2　自定义/操作配置界面

基本界面（图 1-4-3）：

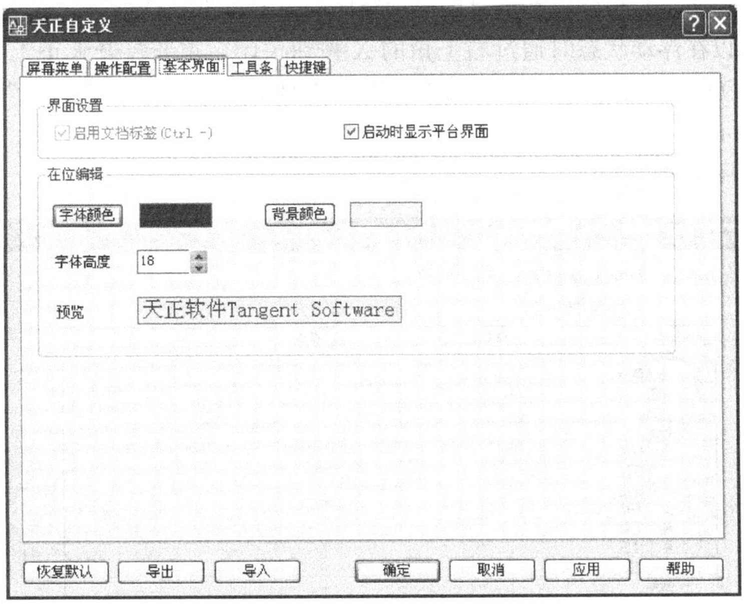

图 1-4-3　自定义/基本界面

选项卡中包括界面设置（文档标签）和在位编辑两部分内容：

"文档标签"是指用户在打开多个 DWG 时，在绘图窗口上方对应每个 DWG 提供一个图形名称选项卡，供用户在已打开的多个 DWG 文件之间快速切换，不勾选表示不显示图形名称切换功能。

"在位编辑"是指在编辑文字和符号尺寸标注中的文字对象时，在文字原位显示的文本编辑框使用的字体颜色、文字高度、编辑框背景颜色都由这里控制。

工具条（图 1-4-4）：

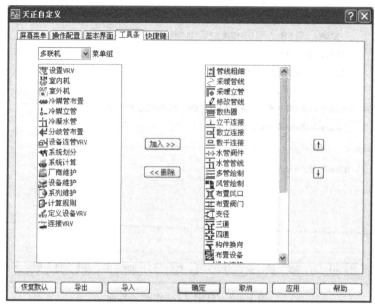

图 1-4-4　自定义/工具条界面

默认的自定义工具栏停靠在屏幕图形编辑区的下方，工具栏可以从默认位置拖动到其他位置，也可以在浮动状态时通过右上角的 X 按钮关闭，重新打开天正工具栏可以通过右击 AutoCAD 标准工具栏右方，在菜单中选择"TCH→用户定义工具栏"，勾选后工具栏即可重新显示。

快捷键（图 1-4-5）：

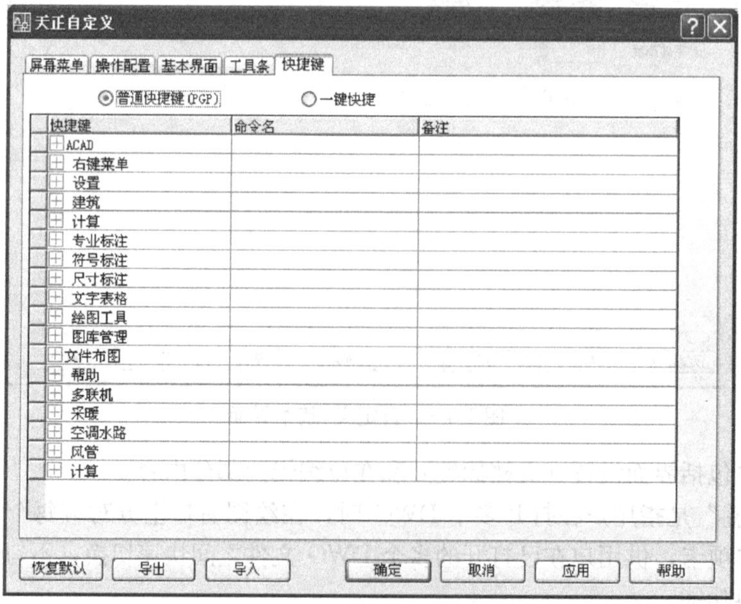

图 1-4-5　自定义/快捷键界面

本项设置的一键快捷键定义某个数字或者字母键，即可调用对应于该键的天正建筑或者 AutoCAD 的命令功能，在"命令名"栏目下可以直接单击表格单元内右边的按钮，即可进入天正命令选取界面，双击命令后获得有效的天正命令全名。

1.5　工具条

根据个人习惯，制定快捷工具条。

菜单命令：【设置】→【工具条】（GJT）

菜单点取【工具条】或命令行输入"GJT"后，系统弹出如图 1-5-1 所示的对话框：

▶ 对话框功能介绍：

【加入】将左侧选中的命令加入到工具条中。

【删除】删除工具条上的命令按钮。

【修改快捷】修改左侧选中命令的快捷键，下次启动软件时生效。

▶ 用户可根据自己绘图习惯采用"快捷工具条"执行天正命令。天正工具条具有位置记忆功能，并融入 ACAD 工具条组。也可在【选项】→【天正设置】中关闭工具条（图 1-5-2）。

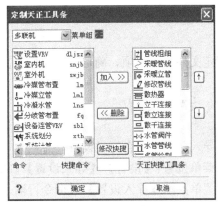

图 1-5-1　定制工具条对话框

图 1-5-2　工具条快捷菜单

▶ 使用【工具条】命令，可以使用户随心所欲地定制自己的图标菜单命令工具条（前 5 个不可调整），即用户可以将自己经常使用的一些命令组合起来做工具条放置于界面的任意位置。天正提供的自制工具条菜单可以放置天正软件-暖通系统的所有命令。

注意：工具条的位置有记忆功能。

1.6　导出设置

将本机的自定义设置导出，包括快捷命令，工具条设置等。

菜单位置：【设置】→【导出设置】（DCSZ）

菜单点取【导出设置】或命令行输入"DCSZ"后，会执行本命令，弹出如图 1-6-1 所示的对话框：

可以在导出选项中选择要导出的项目。如果要导出到特定的文件夹，可以勾选"导出

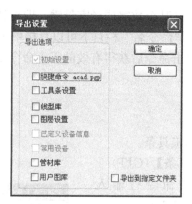

图 1-6-1　导出设置对话框

到指定文件夹"选项，确定之后即导出。

1.7　导入设置

导入已导出的自定义设置。

菜单位置：【设置】→【导入设置】（DRSZ）

菜单点取【导入设置】或命令行输入"DRSZ"后，会执行本命令，命令行提示：

选择导入设置文件的位置［读取默认位置(1)/到指定目录读取(2)］：<1>

回车之后命令行提示：已经完成导入设置。

您更新了 acad.pgp 文件。需要重新启动 ACAD 才能生效。

1.8　依线正交

根据选取行向线（line 或 pline 线）的角度修改正交方向，进行绘制管线。

菜单位置：【设置】→【依线正交】（YXZJ）

菜单点取【依线正交】或命令行输入"YXZJ"后，会执行本命令，命令行提示：

该命令仅当 AutoCAD 正交设为开状态［F8 切换］时起作用！选取参考线后十字光标更改坐标角度，这时需要打开正交（F8）。

如果需要恢复坐标系角度，则可以执行该命令，出现如下提示：

从当前图中选取行向线<不选取>：右键退出即可恢复正常正交状态。

1.9　线型管理

创建带文字的线型。

菜单位置：【设置】→【线型管理】（XXGL）

菜单点取【线型管理】或命令行输入"XXGL"后，系统会弹出如图 1-9-1 所示的对话框：

▶ 对话框功能介绍：

【文字设置】修改线上文字的文字高度，字型。

【创建】创建已经设置好的带文字的线型。

【修改】修改已有的带文字线型。

【删除】删除已有的带文字线型。

设置好线上文字与线的间距，点击【创建】后，加载的新线型就出现在预览框内了，如图 1-9-2 所示：

图 1-9-1　线型管理对话框

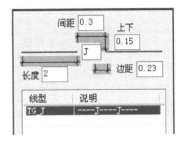

图 1-9-2　加载新线型对话框

1.10　线型库

将 CAD 中加载的线型导入到天正线型库中。

菜单位置：【设置】→【线型库】（XXK）

菜单点取【线型库】或命令行输入"XXK"后，会执行本命令，系统会弹出如图 1-10-1所示对话框：

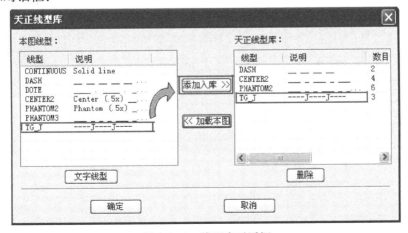

图 1-10-1　线型库对话框

▶ 对话框功能介绍：

【本图线型】当前 CAD 的线型，可以通过打开 CAD 的"线型管理器"加载其他线型。

【天正线型库】当前天正线型库中的线型样式。

【添加入库】将"本图线型"中的线型添加到"天正线型库"中。

【加载本图】将"天正线型库"中的线型添加到"本图线型"中。

【文字线型】创建带文字的线型。

【删除】删除在"天正线型库"中已经加载的线型。

第 2 章
建　　筑

内容提要

• 轴网的创建、标注

介绍直线轴网和圆弧轴网的创建方法、规范标注。

• 墙体的创建

墙体可以由绘制墙体命令直接创建，或由单线和轴网转换而来。

• 柱子的创建

介绍标准柱、角柱的创建方法。

• 门窗的创建

天正门窗分普通门窗与特殊门窗两类自定义门窗对象，新增了组合门窗，实现墙柱对平面门窗的遮挡，解决凸窗碰墙问题。

• 各种楼梯的创建

直接提供最常见的双跑和多跑楼梯的绘制，其他型式的楼梯由楼梯组件（梯段、休息平台、扶手等）拼合而成。

• 其他设施的创建

基于墙体创建包括阳台、台阶与坡道等自定义对象，具有二维与三维特征以及夹点对象编辑功能。

• 任意坡顶的创建

由封闭的任意形状 PLINE 线生成指定坡度的坡形屋顶，可采用对象编辑单独修改每个边坡的坡度。

• 墙体工具

包括修改墙体的一些辅助命令，如［倒墙角］、［修墙角］、［改墙厚］、［改外墙厚］、［改高度］、［改外墙高］、［边线对齐］、［基线对齐］、［净距偏移］。

• 删门窗名

删除图中的门窗标注。

• 转条件图

对当前打开的一张建筑图根据需要进行暖通条件图转换，在此基础上进行暖通平面图的绘制。

2.1 绘制轴网

用于生成轴网。

菜单位置：【建筑】→【绘制轴网】（HZZW）

菜单点取【绘制轴网】或命令行输入"HZZW"后，执行命令，弹出如图 2-1-1 所示的对话框：

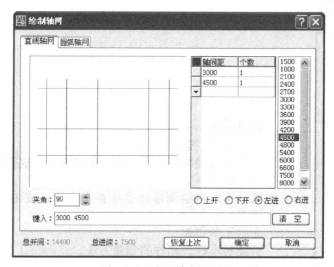

图 2-1-1　直线轴网对话框

▶【直线轴网】用于生成正交轴网、斜交轴网或单向轴网。

直线轴网设计实例：

上开间键入：4 * 6000，7500，4500　下开间键入：2400，3600，4 * 6000，3600，2400

左进深键入：4200，3300，4200　右进深与左进深同，不必输入

正交直线轴网，夹角为 90 度。

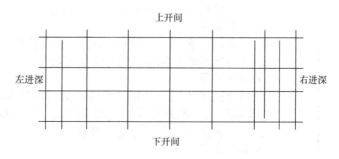

图 2-1-2　正交直线轴网

▶【圆弧轴网】由一组同心弧线和不过圆心的径向直线组成。

圆弧轴网设计实例：

进深：1500，3000　圆心角：20，3 * 30　内弧半径：3300

输入参数后，单击［共用轴线＜］按钮，在图上点取轴线 2，逆时针方向拖动。
标注完成的组合圆弧轴网，如图 2-1-3 所示：

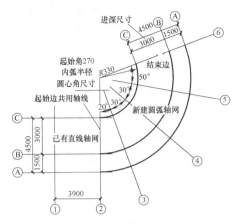

图 2-1-3 圆弧轴网的实例

2.2 绘制墙体

墙体的绘制，如图 2-2-1 所示。

菜单位置： 【建筑】→【绘制墙体】
（HZQT）

菜单点取【绘制墙体】或命令行输入
"HZQT"后，执行本命令。

本命令启动名为【绘制墙体】的非模
式对话框，其中可以设定墙体参数，不必
关闭对话框即可直接使用【直墙】、【弧
墙】和【矩形布置】三种方式绘制墙体对
象，墙线相交处自动处理，墙宽随时定
义、墙高随时改变，在绘制过程中墙端点
可以回退，用户使用过的墙厚参数在数据
文件中按不同材料分别保存。在对话框中
选取要绘制墙体的左右墙宽组数据，选择
一个合适的墙基线方向，然后单击下面的
工具栏图标，在【直墙】、【弧墙】、【矩形
布置】三种绘制方式中选择其中之一，进入绘图区绘制墙体。

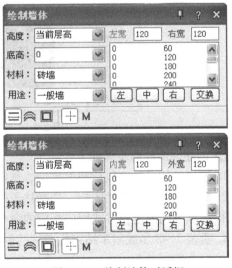

图 2-2-1 绘制墙体对话框

2.3 单线变墙

一是将 LINE、ARC 绘制的单线转为 TH 墙体对象；二是在基于设计好的轴网创建
墙体，然后进行编辑。

图 2-3-1 单线变墙对话框

菜单位置：【建筑】→【单线变墙】（DX-BQ）

菜单点取【单线变墙】或命令行输入"DXBQ"后，会执行本命令，系统会弹出如图 2-3-1 所示的对话框：

当前需要基于轴网创建墙体，即勾选"轴线生墙"复选框，此时只选取轴线图层的对象，命令行提示如下：

选择要变成墙体的直线、圆弧、圆或多段线：*指定两个对角点指定框选范围*；

选择要变成墙体的直线、圆弧、圆或多段线：*回车退出选取，创建墙体*；

如果没有勾选"轴线生墙"复选框，此时可选取任意图层对象，命令提示相同，根据直线的类型和闭合情况决定是否按外墙处理。

2.4 标准柱

在轴线的交点或任何位置插入矩形柱、圆柱或正多边形柱。

菜单位置：【建筑】→【标准柱】（BZZ）

菜单点取【标准柱】或命令行输入"BZZ"后，执行本命令，显示如图 2-4-1 所示对话框：

图 2-4-1 绘制标准柱对话框

▶ 创建标准柱的步骤如下：

1. 设置柱的参数，包括截面类型、截面尺寸和材料等；
2. 单击下面的工具栏图标，选择柱子的定位方式；
3. 根据不同的定位方式回应相应的命令行输入；
4. 重复 1～3 步或回车结束标准柱的创建。

2.5 角柱

在墙角插入轴线与形状与墙一致的角柱，可改各肢长度以及各分肢的宽度，宽度默认居中，高度为当前层高。

菜单位置：【建筑】→【角柱】（JZ）

菜单点取【角柱】或命令行输入"JZ"后，会执行本命令。

点取菜单命令后，命令行提示：

请选取墙角或[参考点(R)]＜退出＞:*点取要创建角柱的墙角或键入 R 定位*；

选取墙角后显示对话框如图 2-5-1 所示,用户在对话框中输入合适的参数:

图 2-5-1 绘制角柱对话框

参数输入完毕后,点取"确定",所选角柱即插入图中。

2.6 门窗

在墙上插入门窗。

菜单位置:【建筑】→【门窗】(MC)

菜单点取【门窗】或命令行输入"MC"后,执行本命令,显示如图 2-6-1 所示的对话框:

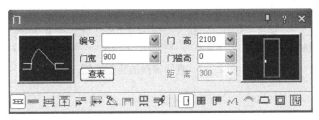

图 2-6-1 绘制门窗对话框

▶ 普通门、普通窗、弧窗、凸窗和矩形洞等的定位方式基本相同,因此用本命令即可创建这些门窗类型。

▶ 门窗参数对话框下有一工具栏,分隔条左边是定位模式图标,右边是门窗类型图标,对话框上是待创建门窗的参数,由于门窗界面是无模式对话框,单击工具栏图标选择门窗类型以及定位模式后,即可按命令行提示进行交互插入门窗。

> **注意:**在弧墙上使用普通门窗插入时,如门窗的宽度大,弧墙的曲率半径小,这时插入失败,可改用弧窗类型。

2.7 直线梯段

在对话框中输入梯段参数绘制直线梯段,可以单独使用或用于组合复杂楼梯与坡道。

菜单位置:【建筑】→【直线梯段】(ZXTD)

菜单点取【直线梯段】或命令行输入"ZXTD"后,执行命令,弹出如图 2-7-1 所示对话框:

单击[确定]按钮,命令行提示:

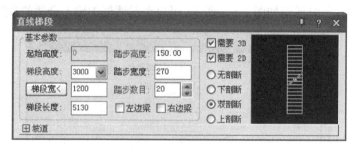

图 2-7-1 直线梯段对话框

点取位置或[转 90 度(A)/左右翻转(S)/上下翻转(D)/改转角(R)/改基点(T)]＜退出＞:点取梯段的插入位置和转角插入梯段。

直线梯段为自定义的构件对象，因此具有夹点编辑的特征，同时可以用对象编辑重新设定参数，直线梯段的绘图实例，如图 2-7-2 所示。

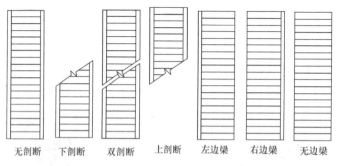

无剖断　　下剖断　　双剖断　　上剖断　　左边梁　　右边梁　　无边梁

图 2-7-2 直线梯段的绘图实例

2.8 圆弧梯段

创建单段弧线型梯段，适合单独的圆弧楼梯，也可与直线梯段组合创建复杂楼梯和坡道。

菜单位置：【建筑】→【圆弧梯段】（YHTD）

菜单点取【圆弧梯段】或命令行输入"YHTD"后，执行本命令，系统弹出如图 2-8-1所示对话框：

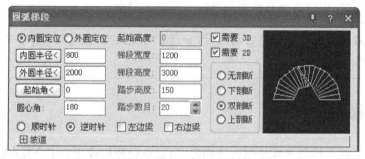

图 2-8-1 绘制圆弧梯段对话框

单击【确定】按钮，命令行提示：

点取位置或[转 90 度(A)/左右翻转(S)/上下翻转(D)/改转角(R)/改基点(T)]＜退出＞:点

取梯段的插入位置和转角插入圆弧梯段。

圆弧梯段为自定义对象，可以通过拖动夹点进行编辑，也可以双击楼梯进入对象编辑重新设定参数。圆弧梯段的绘图实例，如图 2-8-2 所示：

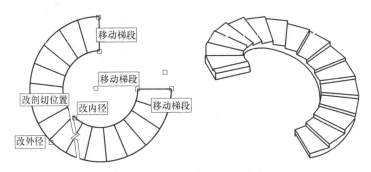

图 2-8-2　圆弧梯段的绘图实例

2.9　双跑楼梯

双跑楼梯是最常见的楼梯形式，由两跑直线梯段、一个休息平台、一个或两个扶手和一组或两组栏杆构成的自定义对象。

菜单位置：【建筑】→【双跑楼梯】（SPLT）

菜单点取【双跑楼梯】或命令行输入"SPLT"后，执行命令，弹出如图 2-9-1 所示对话框：

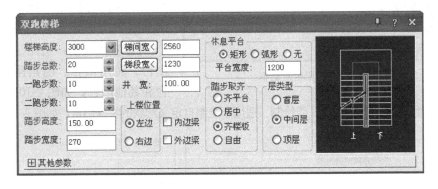

图 2-9-1　绘制双跑楼梯对话框

在确定楼梯参数和类型后，单击［确定］按钮后，命令行提示：

点取位置或［转 90 度（A）/左右翻转（S）/上下翻转（D）/改转角（R）/改基点（T）］＜退出＞:键入关键字改变选项,给点插入楼梯。

> **注意**：点取插入点后在平面图中插入双跑楼梯；对于三维视图，不同楼层特性的扶手是不一样的，其中顶层楼梯实际上只有扶手，而没有梯段。

双跑楼梯为自定义对象，可以通过拖动夹点进行编辑，也可以双击楼梯进入对象编辑重新设定参数。双跑楼梯的绘图实例，如图 2-9-2 所示：

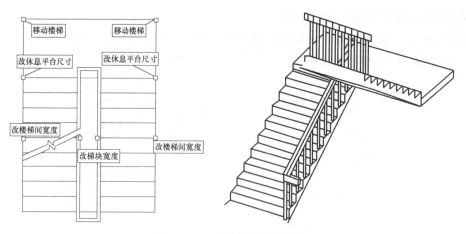

图 2-9-2   双跑楼梯的绘图实例

2.10   阳台

直接绘制阳台或把预先绘制好的 PLINE 线转成阳台，在一层的阳台可以自动遮挡散水。

图 2-10-1   绘制阳台对话框

菜单位置：【建筑】→【阳台】（YT）

菜单点【阳台】或命令行输入"YT"后，会执行本命令，系统弹出如图 2-10-1 所示的对话框：

▶ 直接绘制：适用于绘制直线阳台、转角阳台、阴角阳台、凹阳台和其他阳台，如图 2-10-2；

▶ 利用图中已有的 PLINE 线绘制：适用于绘制自定义形状的特殊阳台，如图 2-10-3 所示；

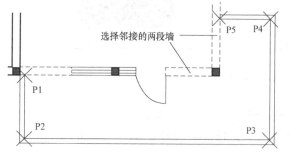

图 2-10-2   直接绘制阳台的绘图实例

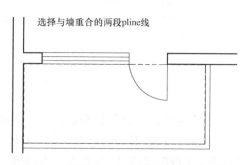

图 2-10-3   利用 PLINE 线绘制阳台的绘图实例

2.11   台阶

直接绘制台阶或把预先绘制好的 PLINE 转成台阶。

菜单位置：【建筑】→【台阶】（TJ）

菜单点取【台阶】或命令行输入"TJ"后，执行本命令，弹出如图 2-11-1 所示的对话框：

图 2-11-1 绘制台阶对话框

▶ 直接绘制，默认定义一个区域作为平台绘制，绘制实例如图 2-11-2 所示，命令行提示：

台阶平台轮廓线的起点或[点取图中曲线(P)/点取参考点(R)]＜退出＞:给点 *P1* 绘制台阶平台；

直段下一点[弧段(A)/回退(U)]＜结束＞:直接点取各顶点绘制台阶平台 P2－P5；

……

直段下一点[弧段(A)/回退(U)]＜结束＞:回车结束绘制；

请选择邻接的墙(或门窗)和柱:点取邻接墙在此共两段；

请点取没有踏步的边:虚线显示该边已选,回车结束,显示台阶对话框。

▶ 利用图中已有的闭合 PLINE 线定义为平台绘制，绘制实例如图 2-11-3 所示，命令行提示：

台阶平台轮廓线的起点或 [点取图中曲线（P）/点取参考点（R）]＜退出＞：P

选择一曲线（LINE/ARC/PLINE）：选取图上已有的多段线或直线、圆弧；

请点取没有踏步的边：点取平台内侧不要踏步的边；

……

请点取没有踏步的边：回车结束，显示台阶对话框。

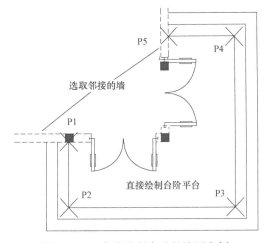

图 2-11-2 直接绘制台阶的绘图实例

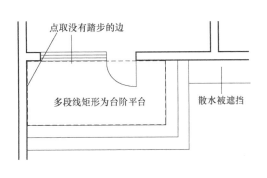

图 2-11-3 利用 PLINE 线绘制台阶的绘图实例

2.12   坡道

通过参数构造单跑的入口坡道，多跑、曲边与圆弧坡道由各楼梯命令中"作为坡道"选项创建。

菜单位置：【建筑】→【坡道】（PD）

菜单点取【坡道】或命令行输入"PD"后，会执行本命令，系统会弹出如图 2-12-1 所示的对话框：

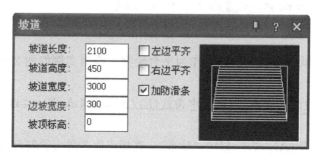

图 2-12-1   绘制坡道对话框

在该对话框中输入修改坡道有关数据，单击［确定］按钮后，命令行提示：

点取位置或［转 90 度(A)/左右翻转(S)/上下翻转(D)/改转角(R)/改基点(T)］<退出>:系统即将坡道插入图中，其他选项设置与楼梯类似。

坡道有多种变化形式，如图 2-12-2 所示，插入点在坡道上边中点处。

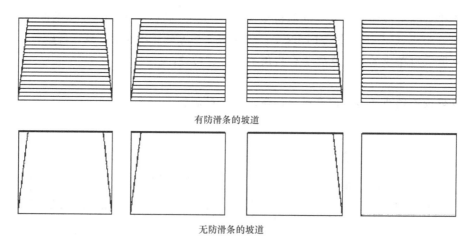

有防滑条的坡道

无防滑条的坡道

图 2-12-2   破道的变化形式图例

2.13   任意坡顶

由封闭的任意形状 PLINE 线生成指定坡度的坡形屋顶，可采用对象编辑单独修改每个边坡的坡度。

菜单位置：【建筑】→【任意坡顶】（RYPD）

菜单点取【任意坡顶】或命令行输入"RYPD"后，会执行本命令。

点取菜单命令后，命令行提示：

选择一封闭的多段线＜退出＞:点取屋顶线；

请输入坡度角＜30＞:输入屋顶坡度角；

出檐长＜600.000＞:如果屋顶有出檐,输入与搜屋顶线时输入的对应偏移距离。

随即生成等坡度的四坡屋顶，如图 2-13-1 所示，可通过夹点和对话框方式进行修改，屋顶夹点有两种，一是顶点夹点，二是边夹点；拖动夹点可以改变屋顶平面形状，但不能改变坡度。

双击坡屋顶，在对象编辑对话框中可以对各个坡面的坡度进行修改，如图 2-13-2 所示，在其中把端坡的坡角设置为 90°，可以创建双坡屋顶。

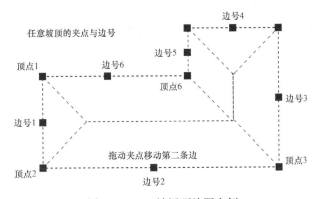

图 2-13-1　四坡屋顶绘图实例

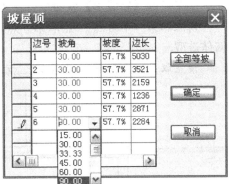

图 2-13-2　坡屋顶的双击编辑对话框

2.14　墙体工具

2.14.1　倒墙角

本命令功能与 AutoCAD 的圆角（Fillet）命令相似，专门用于处理两段不平行的墙体的端头交角，使两段墙以指定圆角半径进行连接，圆角半径按墙中线计算。

菜单位置：【建筑】→【墙体工具】→【倒墙角】（DQJ）

菜单点取【倒墙角】或命令行输入"DQJ"后，会执行本命令。命令行提示：

选择第一段墙或［设圆角半径(当前＝300)(R)］＜退出＞:　选择圆角的第一段墙体,或输入 R 设定圆角半径。

请输入倒角半径＜300＞:　500 键入圆角的半径如 500

选择要倒角的另一墙体:　选择圆角的第二段墙体,命令立即完成。

注意如下几点：

当圆角半径不为 0 时，两段墙体的类型、总宽和左右宽（两段墙偏心）必须相同，否则不进行倒角操作；

当圆角半径为 0 时，自动延长两段墙体进行连接，此时两墙段的厚度和材料可以不同，当参与倒角两段墙平行时，系统自动以墙间距为直径加弧墙连接。

在同一位置不应反复进行半径不为 0 的圆角操作，在再次圆角前应先把上次圆角时创建的圆弧墙删除。

2.14.2　修墙角

本命令提供对属性完全相同的墙体相交处的清理功能，当用户使用 AutoCAD 的某些编辑命令，或者夹点拖动对墙体进行操作后，墙体相交处有时会出现未按要求打断的情况，采用本命令框选墙角可以轻松处理，本命令也可以更新墙体、墙体造型、柱子以及维护各种自动裁剪关系，如柱子裁剪楼梯，凸窗一侧撞墙情况。修墙角举例如图 2-14-1 所示。

菜单位置：【建筑】→【墙体工具】→【修墙角】（XQJ）

菜单点取【修墙角】或命令行输入"XQJ"后，会执行本命令，命令行提示：

请点取第一个角点：*点取第一点，输入两个对角点，框选需要处理的墙体交角或柱子、墙体造型。*

请点取另一个角点：*点取第二点*

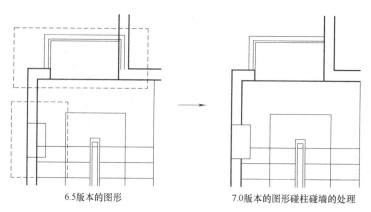

6.5版本的图形　　　　　　　7.0版本的图形碰柱碰墙的处理

图 2-14-1　修墙角举例

> **注意**：本命令已经取代 6.X 版本中的【更新造型】命令，复制、移动或修改墙体造型后，请执行本命令更新墙体造型。

2.14.3　改墙厚

单段修改墙厚使用"对象编辑"即可，本命令按照墙基线居中的规则批量修改多段墙体的厚度，但不适合修改偏心墙。

菜单位置：【建筑】→【墙体工具】→【改墙厚】（GQH）

菜单点取【改墙厚】或命令行输入"GQH"后，会执行本命令。

命令行提示：

请选择墙体：*选择要修改的一段或多段墙体，选择完毕选中墙体亮显；*

新的墙宽<120>：*输入新墙宽值，选中墙段按给定墙宽修改，并对墙段和其他构件的连接处进行处理。*

2.14.4 改外墙厚

用于整体修改外墙厚度，执行本命令前应事先识别外墙，否则无法找到外墙进行处理。

　　菜单位置：【建筑】→【墙体工具】→【改外墙厚】（GWQH）

　　菜单点取【改外墙厚】或命令行输入"GWQH"后，会执行本命令，命令行提示：

　　请选择外墙： 光标框选墙体,只有外墙亮显;

　　内侧宽<120>： 输入外墙基线到外墙内侧边线距离;

　　外侧宽<240>： 输入外墙基线到外墙外侧边线距离

　　交互完毕按新墙宽参数修改外墙，并对外墙与其他构件的连接进行处理。

2.14.5 改高度

本命令可对选中的柱、墙体及其造型的高度和底标高成批进行修改，是调整这些构件竖向位置的主要手段。修改底标高时，门窗底的标高可以和柱、墙联动修改。

　　菜单位置：【建筑】→【墙体工具】→【改高度】（GGD）

　　菜单点取【改高度】或命令行输入"GGD"后，会执行本命令，命令行提示：

　　选择墙体、柱子或墙体造型： 选择需要修改的建筑对象

　　新的高度<3000>： 输入新的对象高度

　　新的标高<0>： 输入新的对象底面标高(相对于本层楼面的标高)

　　是否维持窗墙底部间距不变?（Y/N）[N]： 输入 Y 或 N,认定门窗底标高是否同时修改。

　　回应完毕选中的柱、墙体及造型的高度和底标高按给定值修改。如果墙底标高不变，窗墙底部间距不论输入 Y 或 N 都没有关系，但如果墙底标高改变了，就会影响窗台的高度，比如底标高原来是 0，新的底标高是 −300，以 Y 响应时各窗的窗台相对墙底标高而言高度维持不变，但从立面图看就是窗台随墙下降了 300；如以 N 响应，则窗台高度相对于底标高间距就作了改变，而从立面图看窗台却没有下降，详见图 2-14-2 所示。

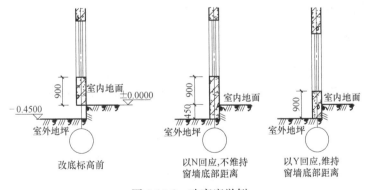

图 2-14-2　改高度举例

2.14.6 改外墙高

本命令与【改高度】命令类似，只是仅对外墙有效。运行本命令前，应已作过内外墙的识别操作。

菜单位置：【建筑】→【墙体工具】→【改外墙高】（GWQG）

菜单点取【改外墙高】或命令行输入"GWQG"后，会执行本命令。

此命令通常用在无地下室的首层平面，把外墙从室内标高延伸到室外标高。

2.14.7 边线对齐

本命令用来对齐墙边，并维持基线不变，边线偏移到给定的位置。换句话说，就是维持基线位置和总宽不变，通过修改左右宽度达到边线与给定位置对齐的目的。通常用于处理墙体与某些特定位置的对齐，特别是和柱子的边线对齐。墙体与柱子的关系并非都是中线对中线，要把墙边与柱边对齐，无非两个途径，直接用基线对齐柱边绘制，或者先不考虑对齐，而是快速地沿轴线绘制墙体，待绘制完毕后用本命令处理。后者可以把同一延长线方向上的多个墙段一次取齐，推荐使用。

菜单位置：【建筑】→【墙体工具】→【边线对齐】（BXDQ）

菜单点取【边线对齐】或命令行输入"BXDQ"后，会执行本命令，命令行提示：

请点取墙边应通过的点： 取墙体边线通过的一点（如图 2-14-3 中 P 点）；

选择墙体： 选中墙体边线改为通过指定点。

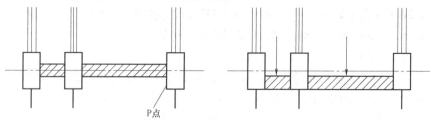

图 2-14-3 边线对齐举例

墙体移动后，墙端与其他构件的连接在命令结束后自动处理，上图中的左右两个图形分别为墙体执行【边线对齐】命令前后的示意，图中 P 为指定的墙边线通过点，右图墙体外皮已移到与柱边齐平位置。事实上本命令并没有改变墙体的位置（即基线的位置），而是改变基线到两边线的距离（即左、右墙宽）。

2.14.8 基线对齐

本命令用于纠正以下两种情况的墙线错误：（1）由于基线不对齐或不精确对齐而导致墙体显示或搜索房间出错；（2）由于短墙存在而造成墙体显示不正确情况下去除短墙并连接剩余墙体。

菜单位置：【建筑】→【墙体工具】→【基线对齐】（JXDQ）

菜单点取【基线对齐】或命令行输入"JXDQ"后，会执行本命令，命令行提示：

请点取墙基线的新端点或新连接点或［参考点（R）］＜退出＞：点取作为对齐点的一个基线端点，不应选取端点外的位置；

请选择墙体（注意：相连墙体的基线会自动联动！）＜退出＞：选择要对齐该基线端点的墙体对象；

请选择墙体（注意：相连墙体的基线会自动联动！）＜退出＞：继续选择后回车退出；

请点取墙基线的新端点或新连接点或［参考点（R）］＜退出＞：点取其他基线交点作为

对齐点

基线对齐实例如图 2-14-4 所示，共进行两次基线对齐操作。

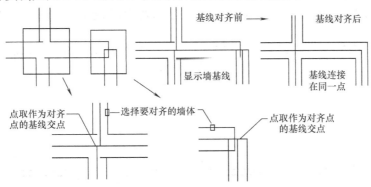

图 2-14-4 基线对齐举例

2.14.9 净距偏移

本命令功能类似 AutoCAD 的 Offset（偏移）命令，可以用于室内设计中，以测绘净距建立墙体平面图的场合，命令自动处理墙端交接，但不处理由于多处净距偏移引起的墙体交叉，如有墙体交叉，请使用【修墙角】命令自行处理。

菜单位置：【建筑】→【墙体工具】→【净距偏移】（JJPY）

菜单点取【净距偏移】或命令行输入"JJPY"后，会执行本命令，命令行提示：

输入偏移距离<3000>： 键入两墙之间偏移的净距；

请点取墙体一侧<退出>： 点取指定要生成新墙的位置；

请点取墙体一侧<退出>： 回车结束选择，绘制新墙。

本命令可用于室内设计，以测绘净距建立墙体平面图，命令自动清理墙端，但不处理墙体交叉，请使用【修墙角】命令自行处理，如图 2-14-5 所示。

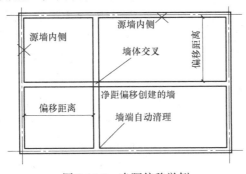

图 2-14-5 净距偏移举例

2.15 删门窗名

删除图中的门窗标注。

菜单位置：【建筑】→【删门窗名】（SMCM）

菜单点取【删门窗名】或命令行输入"SMCM"后，会执行本命令。

点取菜单命令后，命令行提示：

请选择需要删除属性字的图块<退出>：

框选中需要删除的门窗，右键确定，系统会自动完成删除，如图 2-15-1 所示。

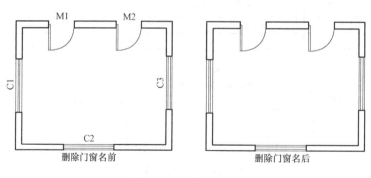

图 2-15-1　删门窗名

2.16　转条件图

对当前打开的建筑图根据需要进行暖通条件图转换，在此基础上进行暖通平面图的绘制。

菜单位置：【建筑】→【转条件图】（ZTJT）

图 2-16-1　转条件图对话框

菜单点取【转条件图】或命令行输入"ZTJT"后，系统会弹出如图 2-16-1 所示的对话框：

▶ 转条件图步骤：

1. 在对话框中选择转条件图时需保留的图层，未选图层及其上的图元信息将被自动删除；

2. 不执行【转条件图】命令，打开［预演］，框选转图范围，可以清楚的看到转条件图后 DWG 图，能够达到用户要求时，再执行命令；

3. 如果不能达到用户的要求，从预演状态回到对话框，使用对话框中［修正非天正图元］下的［同层整体修改］和［改为＊＊层］，依次对每一层进行修正，同时在修改层时系统会自动伴随［预演］查看效果，每层预演状态的所有待转图元成虚线显示，如果用户还要保留另外的未转图元时，可直接在预演状态下的图元上点取，程序会自动搜索到这一类图元将它们变为虚线显示；

4. 如果图纸特别复杂，反复修改后仍不能达到要求，就可采用对话框中的【删门窗名】命令，预演满意后，再执行【转条件图】。

图 2-16-2 是一张建筑图，去掉了轴线、轴标、楼梯、房间、洁具转换后的图，如图 2-16-3所示：

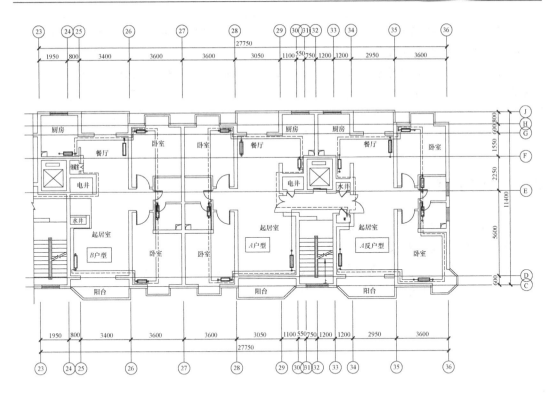

图 2-16-2 转换前的建筑图

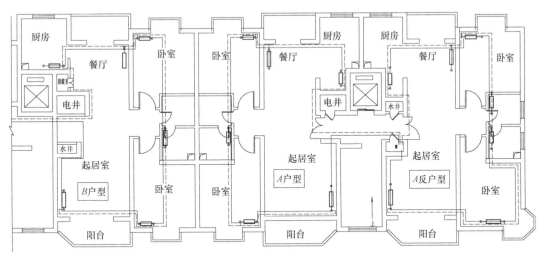

图 2-16-3 转换后的暖通条件图

转化建筑图时，除需要保留的图层和修正后的图元，系统将删除与之无关的所有信息，这包括无用的图层及其上的图元、预演中未显示的图元和已转层之外无关的任何信息。转化后的建筑图表现在墙线变细，柱子由实心变为空心，门窗的编号被删除。

注意：1. 转换完毕后应该选择与原来建筑图不同的文件名另存一张图，这样做的目的是保留原有的建筑图便于以后使用。

2. 由于建筑设计师绘图的不规范而导致在直接转条件图时系统会自动删除一些其认为与暖通专业绘图无关的图元。针对此情况，我们建议您在执行【转条件图】命令前使用［预演］功能，查看转化后效果，如不能满意，就需要您结合［预演］多次使用［修正非天正图元］下的每一项改层命令，对图纸进行修正，直至达到满意为止。

2.17　柱子空心

填充的柱子转换成不填充的状态。

菜单位置：【建筑】→【柱子空心】（ZZKX）

菜单点取【柱子空心】或命令行输入"ZZKX"后，会执行本命令。

执行命令后，填充的柱子转换为不填充的状态。

第 3 章
采　暖

内容提要

• 管线初始设置

对管线的颜色、线型、加粗后的线宽、管材等进行初始设置。支持采暖自定义管线设置。

• 散热器采暖设计

采暖管线中带有管径、标高等信息，双击可编辑修改，采暖平面图的绘制中提供了方便快捷的连接方式，如【立干连接】、【散立连接】、【散干连接】等均可实现自动连接。

3.1 管线初始设置

对管线的颜色、线型、加粗后的线宽、管材等进行初始设置。

快捷工具条【初始设置】对话框中【天正设置】→【管线设置】；

管线设置对话框如图 3-1-1、图 3-1-2、图 3-1-3 所示。

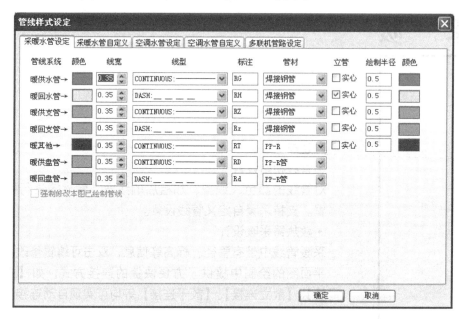

图 3-1-1　采暖水管设置对话框

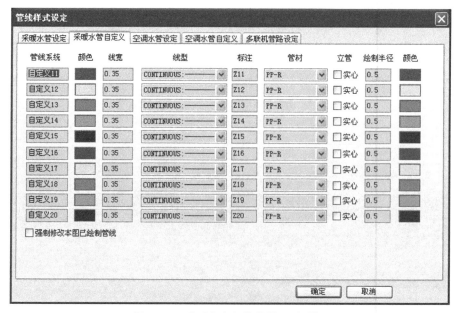

图 3-1-2　采暖自定义管线设置对话框

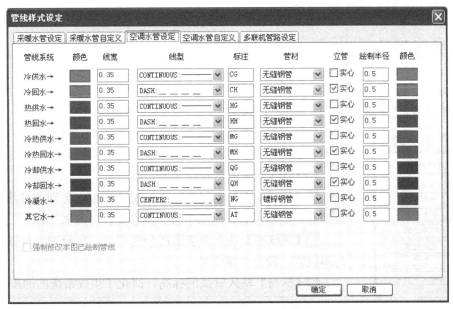

图 3-1-3　空调水管设置对话框

▶【颜色】点取颜色，可按照用户的习惯选择管线图层的颜色。

▶【线宽】设定加粗显示以后的线宽，即为实际出图时的线宽，如果在【初始设置】中设置默认管线以细线方式显示，选择屏幕菜单中【管线设置】→【管线粗细】命令加粗管线，或点取快捷工具条中的管线粗细图标，如图 3-1-4 所示。

图 3-1-4　管线粗细图标

▶【线型】选择管线的线型。在快捷工具条和初始设置中选择管线是否以粗线形式显示，如图 3-1-5 所示。

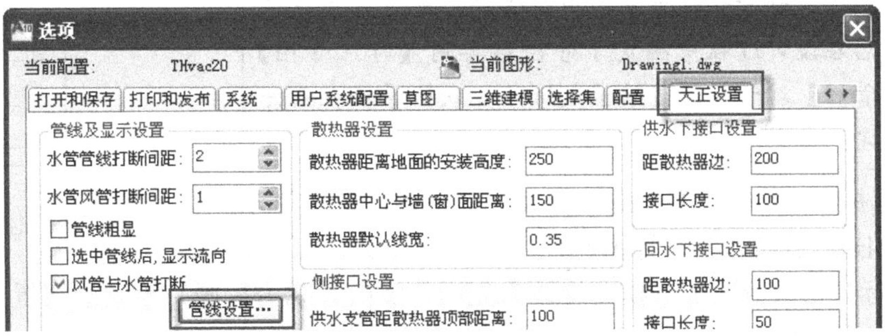

图 3-1-5　天正设置下的管线粗显设置

▶【标注】选择管线标注时使用的字母，应用于两个方面，在【管线文字】中自动提取字母的情况下，自动提取此字母对管线进行标注；在【立管标注】时，提取此字母作为标注开头的表示类型的字母。

▶【管材】设置各管线选用的管材。根据选材不同计算内径，影响后续的计算和材料统计。

▶【立管】选择绘制立管时，是以实心绘制还是空心绘制。

▶【绘制半径】平面图中立管圆的显示半径。

3.2 采暖管线

在图中绘制采暖管线。

菜单位置：【采暖】→【采暖管线】（CNGX）

图 3-2-1　采暖管线对话框

菜单点取【采暖管线】或命令行输入"CNGX"后，执行本命令，系统弹出如图 3-2-1 所示对话框。

▶【管线设置】见管线初始设置。

▶【管线类型】绘制管线前，先选取相应类别的管线，管线类型有：供水干管、回水干管、供水支管、回水支管。

▶【系统图】选上系统图这个选项后，所绘制的管线均显示为单线管，没有三维效果。

▶【标高】输入管线的标高，简化了生成系统图的步骤。

注意：1. 可以采用 0m 的标高，在确定了标高后可以再用【单管标高】或【修改管线】命令进行修改。2. 在一段管线上引出另一段管线时，引出管线的类型、管径、标高值等都会自动读取被引管线的信息。

▶【管径】选择或输入管线的管径。由于管线与其上的文字标注是定义在一起的实体，故选择或输入了管线信息后，绘制出的管线就带有了管径、标高等信息，但不显示，可从对象特性工具栏中查阅。取【管径标注】命令可自动读取标注这些信息，如图 3-2-2 所示。

注意：在绘制管线时可以不用输管径，也可采用默认管径，之后在设计过程中确定了管径后再用【标注管径】或【修改管径】对管径进行赋值或修改，默认管径在初始设置中设定。

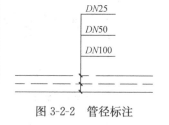

图 3-2-2　管径标注

▶【等标高管线交叉】对管线交叉处的处理，有三种方式：生成四通、管线置上、管线置下。

1. 在标高相同情况下（横向管线为先画，竖向管线为后画）绘制管线置上或置下，只改变遮挡优先关系，如图 3-2-3、图 3-2-4 所示。

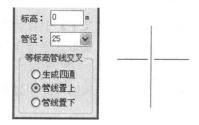

图 3-2-3　标高相同时管线置上举例

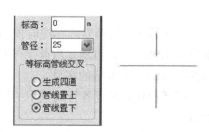

图 3-2-4　标高相同时管线置下举例

2. 标高不同的情况下，标高高的管线自动遮挡标高低的管线，如图 3-2-5、图 3-2-6 所示。

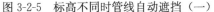
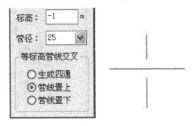

图 3-2-5　标高不同时管线自动遮挡（一）　　　　图 3-2-6　标高不同时管线自动遮挡（二）

> **注意**：由于后画的管线标高高于先画的，即使选择了遮挡关系，系统还是以标高优先的原则来确定遮挡关系；标高优先于遮挡级别，也就是说标高高的管线即使遮挡级别低，仍然遮挡标高低的管线。

选择相应的管线类型，进行管线的绘制。

点取菜单后，命令行提示：

请点取管线的起始点[参考点（R）/距线（T）/两线（G）/墙角（C）]＜退出＞：

点取起始点后，命令行反复提示：

请点取管线的终止点[参考点（R）/距线（T）/两线（G）/墙角（C）/轴锁度数[0 度（A）/30 度（S）/45 度（D）]/回退（U）]＜结束＞：

输入字母［R］，选取任意参考点为定位点；

输入字母［T］，选取参考线来定距布置管线；

输入字母［G］，选取两条参考线来定距布置管线；

输入字母［C］，选取墙角利用两墙线来定距布置管线；

输入字母［A］，进入轴锁 0°，在正交关的情况下，可以任意角度绘制管线；

输入字母［S］，进入轴锁 30°方向上绘制管线；

输入字母［D］，进入轴锁 45°方向上绘制管线；

输入字母［U］，若管线绘制错误，按 U 键退到上一步操作，重新绘制管线，不用退出命令。

管线的绘制过程中伴随有距离的预演，如图 3-2-7 所示。

5.23m

图 3-2-7　管线距离预演示意图

3.3　采暖双线

在图中同时绘制采暖供、回水双管。

菜单位置：【采暖】→【采暖双线】（CNSX）

图 3-3-1 采暖双线对话框

菜单点取【采暖双线】或命令行输入"CNSX"，执行命令，系统弹出如图 3-3-1 的对话框。

▶【管线设置】 见管线初始设置。

▶【管线类型】 绘制管线前，先选取相应类别的管线，如图 3-3-2、图 3-3-3 所示。

图 3-3-2 管线类型　　　　图 3-3-3 采暖双线举例

▶【系统图】 选上系统图这个选项后，所绘制的管线均显示为单线管，没有三维效果，调整标高后，绘制如图3-3-4所示。

▶【间距】 设定采暖供水管与回水管之间的距离。

▶【管径】选择或输入管线的管径。

由于管线与其上的文字标注是定义在一起的实体，故选择或输入了管线信息后，绘制出的管线就带有了管径、标高等信息，但不显示，可从对象特性工具栏中查阅。用【多管标注】命令可自动读取标注这些信息。

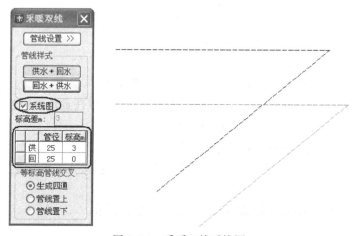

图 3-3-4　采暖双线系统图

> **注意**：在绘制管线时可以不用输管径，也可采用默认管径，之后在设计过程中确定了管径后再用【标注管径】或【修改管径】对管径进行赋值或修改，默认管径在初始设置中设定。

▶【标高】输入管线的标高，简化了生成系统图的步骤。

> **注意**：1. 可以采用 0m 的标高，在确定了标高后可以再用【单管标高】或【修改管线】命令进行修改。2. 在一段管线上引出另一段管线时，引出管线的类型、管径、标高值等都会自动读取被引管线的信息。

▶【等标高管线交叉】管线交叉处的处理，有三种方式：生成四通、管线置上、管线置下。

1. 在标高相同情况下：对已生成四通的管线使用【管线连接】命令，相当于绘制管线置上或置下，只改变遮挡优先关系。

2. 标高不同的情况下：标高高的管线自动遮挡标高低的管线。

> **注意：** 由于后画的管线标高高于先画的，即使选择了遮挡关系，系统还是以标高优先的原则来确定遮挡关系；标高优先于遮挡级别，也就是说标高高的管线即使遮挡级别低，仍然遮挡标高低的管线。

选择相应的管线类型，进行管线的绘制。

点取命令后，命令行提示：

请点取管线的起始点[参考点(R)/沿线(T)/两线(G)/墙角(C)]<退出>：

点取起始点后，命令行反复提示：

请点取管线的终止点[参考点(R)/沿线(T)/两线(G)/墙角(C)/回退(U)]<退出>：

输入字母[R]，选取任意参考点为定位点；

输入字母[T]，选取参考线来定距布置管线；

输入字母[G]，选取两条参考线来定距布置管线；

输入字母[C]，选取墙角利用两墙线来定距布置管线；

输入字母[U]，若管线绘制错误，按 U 键退到上一步操作，重新绘制管线，不用退出命令。

3.4 采暖立管

在图中布置采暖立管。

菜单位置：【采暖】→【采暖立管】(CNLG)

菜单点取【采暖立管】或命令行输入"CNLG"，执行命令，弹出如图 3-4-1 所示对话框。

▶【管线设置】见管线初始设置；

▶【管线类型】绘制立管前，选取相应类别的管线。管线类型：供、回水立管、供回双管、其他管、自定义管；

▶【管径】选择或输入管线的管径，默认管径在初始设置中设定；

▶【编号】立管的编号由程序以累计加一的方式自动按序标注，也可采用手动输入编号；

▶【距墙】是指从立管中心点到所选墙之间的距离，可在【采暖立管】对话框内更改，也可在【初始设置】中进行设定，如图 3-4-2 所示。

▶【布置方式】分为 5 种，如图 3-4-3 所示。

任意布置：立管可以随意放置在任何位置；

图 3-4-1 采暖立管对话框

墙角布置：选取要布置立管的墙角，在墙角布置立管；

沿墙布置：选取要布置立管的墙线，靠墙布置立管；

沿散热器：选取要布置立管的散热器，沿散热器布置立管；

两散热器相交：选取两散热器，在其管线相交处布置立管。

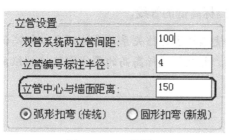

图 3-4-2　立管设置

图 3-4-3　布置立管的方式

▶【底标高、顶标高】根据需要输入立管管底、管顶标高，简化了生成系统图的步骤。

▶【楼号】根据需要输入立管楼号，标注时可对立管进行带楼号标注。

> **注意**：在绘制管线和布置立管时，可以先不用确定管径和标高的数值，而采用默认的管径和标高，之后在设计过程中确定了管径和标高后，再用【单管标高】【管径标注】【修改管线】等命令对标高、管径进行赋值，或者选择管线后在对象特征工具栏中进行修改，在已知管径和标高的情况下，绘制时编辑输入，所绘制出的管线与设置一致。

3.5　散热器

在平面图中布置散热器。

菜单位置：【采暖】→【散热器】（SRQ）

菜单点取【散热器】或命令行输入"SRQ"后，执行本命令，会弹出如图 3-5-1 所示对话框。

▶【布置方式】分为 3 种布置方式，如图 3-5-2 所示。

任意布置：散热器可以随意布置在任何位置；下面对应的设置有【角度】、【标高 mm】。

沿墙布置：选取要布置散热器的墙线，进行沿墙布置；下面对应的设置有【距墙 mm】、【标高 mm】。

窗中布置：选取要布置散热器的窗户，沿窗中布置；下面对应的设置有【距窗 mm】、【标高 mm】。

图 3-5-1　布置散热器对话框

图 3-5-2　散热器的布置方式

▶【距墙】指散热器中心线距墙的距离如图 3-5-3 所示。

▶【绘制立管样式】绘制管线前，先选取相应类别的管线，如图 3-5-4 所示。

不绘制立管：单纯布置散热器；

绘制单立管：单管系统，绘制散热器时带立管，分跨越式和顺流式；

单边双立管：双管系统，绘制散热器时带立管，立管在散热器同侧；

双边双立管：双管系统，绘制散热器时带立管，立管在散热器两侧。

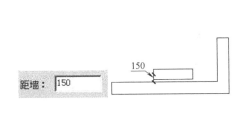

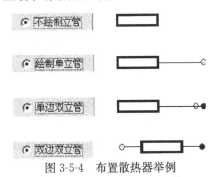

图 3-5-3　散热器距墙距离

图 3-5-4　布置散热器举例

3.6　系统散热器

在平面图及系统图中点插布置散热器。

菜单位置：【采暖】→【系统散热器】（XTSRQ）

菜单点取【系统散热器】或命令行输入"XTSRQ"后，会执行本命令，系统会弹出如图 3-6-1 所示对话框：

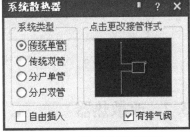

图 3-6-1　系统散热器对话框

· 【系统类型】提供了传统单管、传统双管、分户单管、分户双管等系统形式；

· 【自由插入】自由任意插入散热器。

· 【有排气阀】绘制散热器时，选择是否绘制排气阀。

· 【点击更改接管样式】有传统单管、传统双管、分户单管、分户双管系统分别提供了几种常见的连接样式，如图 3-6-2～图 3-6-5 所示；选择后确定，【系统散热器】对话框中的预览图就会显示所选择的样式。

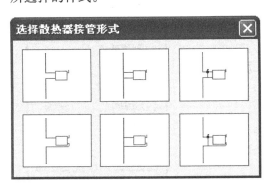

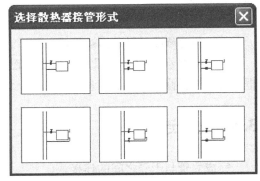

图 3-6-2　传统单管散热器接管形式

图 3-6-3　传统双管散热器接管形式

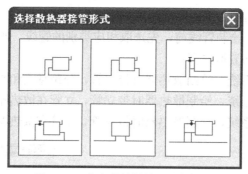

图 3-6-4   分户单管散热器接管形式

命令行提示：

请选择供水管<退出>：

请点取系统散热器插入位置[右(A)/左(B)/上(C)/下(D)]<完成>：

实际绘制效果图如图 3-6-6 所示。

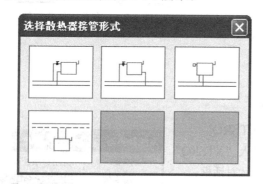

图 3-6-5   分户双管散热器接管形式

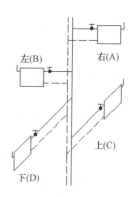

图 3-6-6   实际绘制效果图

3.7   改散热器

修改平面图及系统图中布置的散热器参数。

菜单位置：【采暖】→【改散热器】(GSRQ)

菜单点取【改散热器】或命令行输入"GSRQ"后，会执行本命令。

点取该命令，命令行提示：

请选择要修改的散热器<退出>：

选择需要修改的散热器后，弹出如图 3-7-1 所示的对话框，可以选择修改散热器的参数。

3.8   立干连接

完成立管与干管之间的连接。

菜单位置：【采暖】→【立干连接】(LGLJ)

图 3-7-1   改散热器对话框

菜单点取【立干连接】或命令行输入 "LGLJ" 后，会执行本命令，如图 3-8-1 所示。
命令行提示：
请选择要连接的干管及附近的立管<退出>：

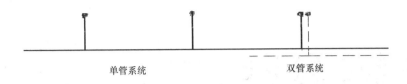

图 3-8-1 立干连接

单管系统时，干管既供又回，与供水立管和回水立管均可以产生连接；双管系统时，立干之间会对应连接，即供水立管与供水干管相连，回水立管与回水干管相连。

3.9 散立连接

完成散热器与立管的连接。
菜单位置：【采暖】→【散立连接】（SLLJ）
菜单点取【散立连接】或命令行输入 "SLLJ" 后，会执行本命令，系统会弹出如图 3-9-1 所示对话框。

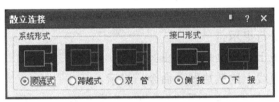

图 3-9-1 散立连接对话框

▶【系统形式】分为单管和双管系统，其中单管有顺流式和跨越式之分，选择系统形式后，散热器与立管便自动进行相应的连接。
跨越式连接可设置跨越管位置，点击跨越式的图标，会弹出如图 3-9-2 的对话框：
更改后，跨越式连接就会显示出跨越管，如图 3-9-3 所示：

图 3-9-2 跨越管设置的对话框

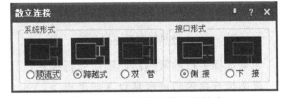

图 3-9-3 设置跨越管后的样式

▶【接口形式】有侧接和下接之分。

3.10 散干连接

完成散热器与干管的连接。

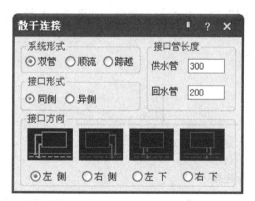

图 3-10-1　散干连接对话框

菜单位置:【采暖】→【散干连接】
(SGLJ)

菜单点取【散干连接】或命令行输入
"SGLJ"后,会执行本命令,弹出如图 3-10-1
所示对话框。

▶【系统形式】分为单管和双管系统,其
中单管有顺流式和跨越式之分,选择系统形
式后,散热器与干管便自动进行相应的连接。

▶【接口形式】有同侧和异侧之分,可根
据工程需要选用。

▶【接口管长度】可设置供、回水管与散
热器连接的横管长度。

▶【接口方向】有左侧、右侧、左下、右下四种形式。

3.11　散散连接

完成散热器与散热器之间的连接。

菜单位置:【采暖】→【散散连接】(SSLJ)

菜单点取【散散连接】或命令行输入"SSLJ"后,会执行本命令。

点取命令后,命令行提示:

请选择在一条直线上的散热器<退出>:

如果选择在一条直线上的散热器,命令行提示:

当前模式:[双管连接],按[C]键改为[单管连接]<双管连接>:

散热器连接如图 3-11-1、图 3-11-2 所示。

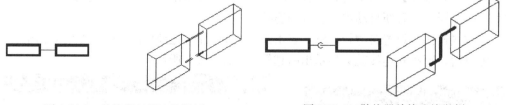

图 3-11-1　散热器双管连接举例　　　　　图 3-11-2　散热器单管连接举例

如果选择平行的散热器,则命令行提示:

请选择散热器的进水接口点<退出>:

点取散热器端部边线后,会进行自动连接,如图 3-11-3 所示。

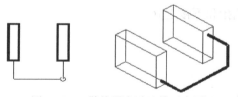

图 3-11-3　散热器自动连接示意图

3.12 水管阀件

在管线上插入平面或系统形式的阀门阀件以及仪表。

菜单位置：【采暖】→【水管阀件】（SGFJ）

菜单点取【水管阀件】或命令行输入"SG-FJ"后，执行本命令，系统弹出如图 3-12-1 所示的对话框。

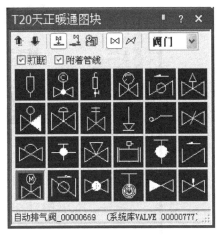

点取命令后，命令行提示：

请指定对象的插入点{放大[E]/缩小[D]/左右翻转[F]/上下翻转[S]/换阀门[C]}＜退出＞：

将阀门阀件插入在水管上，按 E、D 键，实现阀门阀件的放大缩小；按 F、S 键，实现阀门阀件的左右、上下翻转；按 C 键，调出水管阀门阀件的图库，可任意选择所需阀门阀件后插入。可在附件处进行"阀门""附件""仪表"的切换，如图 3-12-2 所示。

图 3-12-1 水管阀件对话框

图 3-12-2 水管阀件举例

3.13 采暖设备

在图上插入采暖设备。

菜单位置：【采暖】→【采暖设备】（CNSB）

菜单点取【采暖设备】或命令行输入"CNSB"后，执行本命令，弹出如图 3-13-1 所示对话框。

图 3-13-1 采暖设备对话框

点采暖设备的预览图可调出采暖平面设备的图库，如图 3-13-2 所示：

点取命令后，命令行提示：

指定对象的插入点{放大（E）/缩小（D）/左右翻转（F）/上下翻转（S）/换设备（C）}＜退出＞：

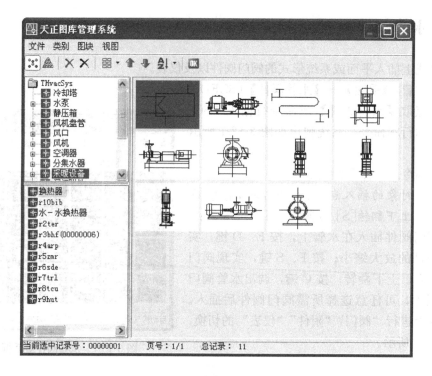

图 3-13-2　采暖设备图库

　　设备插入时，按 E、D 键，可实现设备的放大、缩小；按 F、S 键，可实现设备的左右、上下翻转；按 C 键，可调出采暖平面设备的图库，可任意选择所需采暖设备后插入。

3.14　采暖原理

　　绘制采暖原理图。

图 3-14-1　采暖原理对话框

　　菜单位置：【采暖】→【采暖原理】(CNYL)

　　菜单点取【采暖原理】或命令行输入"CNYL"后，会执行本命令，弹出如图 3-14-1 所示的对话框。

　　【立管形式】可以选择单侧连接、双侧连接，平面样式、系统样式，如图 3-14-2 所示；

　　【点击更改接管样式】选择不同的样式接管，如图 3-14-3、图 3-14-4 所示；

　　【楼层参数】设置层高和楼层数；

　　【多立管系统】设置立管间的间距和立管数。

　　全部设置完成以后，点【采暖原理】对话框中的确定，命令行提示：

　　请点取原理图位置＜退出＞：

　　采暖原理如图 3-14-5 所示。

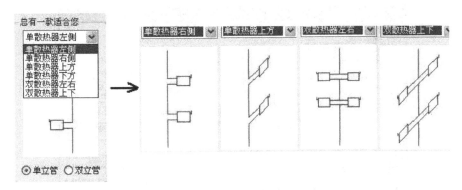

图 3-14-2　散热器连接形式选择

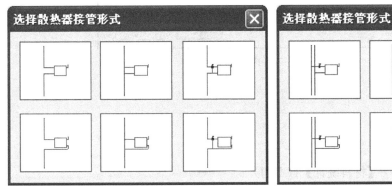

图 3-14-3　单立管散热器连接形式

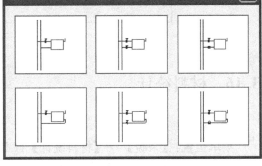

图 3-14-4　双立管散热器连接形式

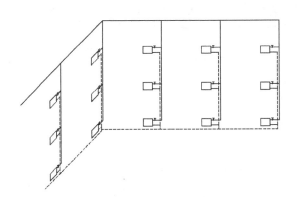

图 3-14-5　采暖原理图实例

3.15　大样图库

在图中任意插入提供的大样图。

菜单位置:【采暖】→【大样图库】(DYTK)

菜单点取【大样图库】或命令行输入"DYTK"后,会执行本命令,系统会弹出如图 3-15-1 所示对话框。

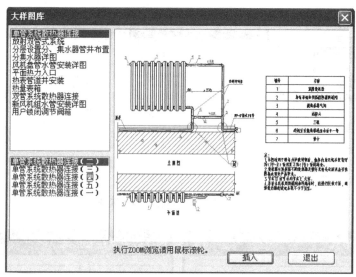

图 3-15-1　大样图库对话框

3.16　材料统计

进行材料统计。

菜单位置：【采暖】→【材料统计】（CLTJ）

菜单点取【材料统计】或命令行输入"CLTJ"后，执行本命令，弹出如图 3-16-1 所示的对话框。

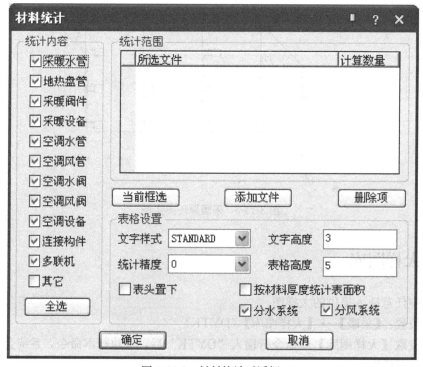

图 3-16-1　材料统计对话框

对话框功能介绍：

▶【统计内容】可根据工作需要，选择所需类型进行材料统计；

▶【统计范围】这个范围主要是指图纸上的范围，可以框选，也可以全选；

▶【表格设置】可以设置统计表格的高度、文字的样式及高度，统计数值的精度。

提供"按材料厚度统计风管面积"的功能。

☑按材料厚度统计表面积：风管统计时，统计结果以表面积显示。

点取命令后，命令行提示：请选择要统计的内容后按确定＜整张图＞：

如果想统计图纸上的一部分内容，则点对话框中的［当前框选］按钮，然后框选要统计的图面，最后点［确定］按钮；

如果是想统计整张图的内容，则直接在图面上点鼠标右键，然后点［确定］按钮，命令行提示：请点取表格左上角的位置［输入参考点（R）］＜退出＞：

点取表格的放置位置，即完成操作，图 3-16-2 所示的是进行统计后生成的材料表。

材料表

序号	图例	名称	规格	单位	数量	备注
1		采暖设备	换热器	台	1	
2		柔性风管	900 × 120	个	2	
3		方形散流器	400 X 400	台	6	
4		方形散流器	190 X 200	台	2	
5		圆形散流器	400 X 400	台	2	
6		方形散流器	200 X 200	台	2	
7		风机盘管	FP-85	台	1	
8		风管	钢板风道 630×320	米	3	
9		空调水管	无缝钢管 DN20	米	15	
10		风管	钢板风道 900×120	米	3	
11		法兰	钢板风道 900×120	对	4	

图 3-16-2 材料统计举例

3.17 绘制地沟

绘制地沟线。

菜单位置：【采暖】→【绘制地沟】（HZDG）

菜单点取【绘制地沟】或命令行输入"HZDG"后，会执行本命令，命令行提示：

请输入地沟宽度＜600（mm）＞： 　　　　　　　　输入地沟的宽度；

请输入地沟绘制线宽度＜2.0（mm）＞： 　　　　　　输入地沟的线宽；

请选择地沟绘制线型［实线（C）/虚线（D）］＜实线＞： 选择虚线或者实线；

请输入地沟起始点＜退出＞：

请输入地沟下一点＜退出＞：

鼠标依次点取，交叉管线将自动处理，可记忆上一次输入数据，实现快捷绘制。

第 4 章
地　暖

内容提要

• 地暖设计

可以进行地板有效散热量的计算，提供了 4 种不同的盘管样式，可以绘制不同样式的地热盘管，可调整盘管间距、出口方向等，双击可编辑修改，并且通过【盘管统计】功能，可以统计盘管的长度及间距。

4.1 地板有效散热量及盘管间距的计算

菜单位置：【地暖】→【地热计算】（DRJS）

菜单点取【地热计算】或命令行输入"DRJS"后，执行本命令，系统弹出如图 4-1-1、图 4-1-2 所示对话框。

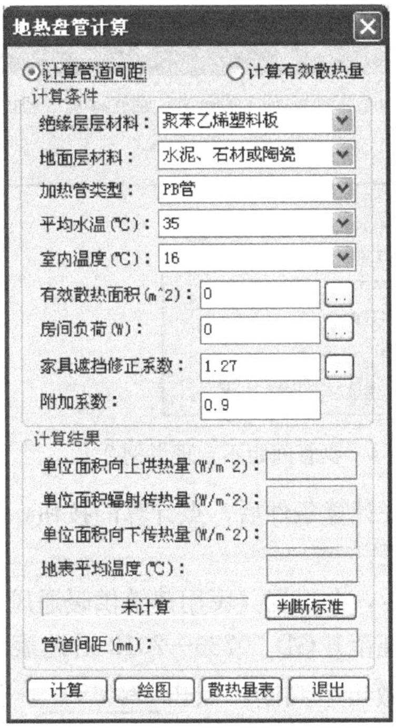

图 4-1-1 计算管道间距对话框 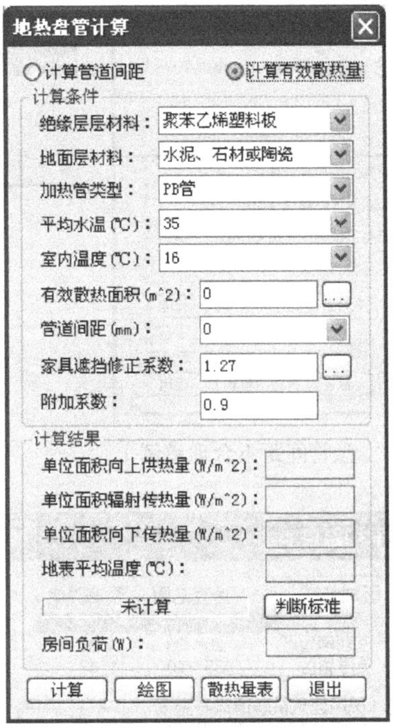   图 4-1-2 计算有效散热量对话框

▶【计算管道间距】：在计算条件处，选取地面层材料、加热管类型、平均水温、室内温度、有效散热面积、有效散热量，其中，有效散热面积和有效散热量可以手动输入数值，也可直接从图上读取。

点击有效散热面积后的图标 ⋯，命令行提示：请点取封闭区域第一点＜退出＞：在屏幕上点取有效散热面积的首尾各点连成封闭区域，右键确认后，面积会自动计算并显示在对话框中；

点击有效散热量后的图标 ⋯，命令行提示：请选择天正软件暖通房间对象＜退出＞：选择进行经负荷计算并赋值到房间的房间对象，就可直接提取出该房间的负荷值。

> **注意**：设置好计算条件后，点计算的按钮，会显示出计算结果。但有时根据所给的数据，计算的盘管间距超出了合理的间距范围，会给出相应的对话框提示。

下面举例说明，如图 4-1-3、图 4-1-4 所示：

▶【计算有效散热量】 在计算条件处，选取绝热层材料、地面层材料、加热管类型、平均水温、室内温度、有效散热面积、管道间距，其中，有效散热面积，也可直接从图上读取。

图 4-1-3　盘管间距不合理举例 1

图 4-1-4　盘管间距不合理举例 2

图 4-1-5　判断标准对话框

设置好计算条件后，点计算的按钮，会显示出计算结果。

计算后，会根据《民用建筑供暖通风与空气调节设计规范》GB 50736—2012 对地表温度是否适宜，做出个判断，点击 判断标准 ，弹出如图 4-1-5 所示对话框。

▶【绘图】计算后，可点击绘图按钮，直接进入地热盘管的绘制。

▶【散热量表】根据计算条件中的设置，链接《辐射供暖供冷技术规程》JGJ 142—2012 相应的"单位地面面积的散热量和向下传热损失"表，方便查找。

4.2　绘制地热盘管

在图上绘制地热盘管。

菜单位置：【地暖】→【地热盘管】（DRPG）

菜单点取【地热盘管】或命令行输入"DRPG"，执行本命令，系统弹出如图 4-2-1 所示对话框。

【样式】软件中提供了回折型、平行型、双平行、交叉双平行 4 种样式。

【方向】地热盘管出口的方向，一共有 1～8 方向，如图 4-2-2 所标示；

在绘制过程中，出口方向有如下几种方法确定：

方法一：绘制前，可以在【地热盘管】的对话框中首先设置好出口方向；

图 4-2-1　地热盘管对话框

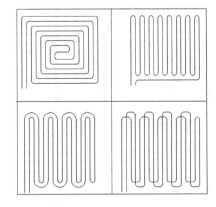

图 4-2-2　地热盘管样式

方法二：绘制中，命令行有"［改变进出口方向：正向（A）/逆向（F）］＜退出＞:"的提示，可通过 A 或 F 键，调整出口方向；

方法三：绘制后，可以通过拖拽夹点位置更改盘管的出口方向，如图 4-2-3 所示。

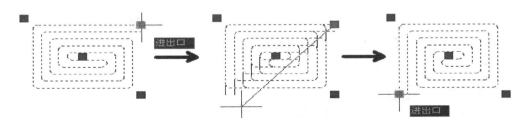

图 4-2-3　地热盘管更改方向

图 4-2-4　地热盘管区域宽度

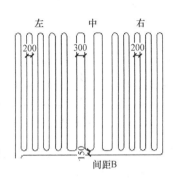

图 4-2-5　地热盘管区域宽度绘图举例

【曲率】根据盘管的间距，设置曲率半径；

【距墙】可调整盘管距墙的距离；

【线宽】控制加粗后的线宽。

可以选择统一间距绘制，也可按区域宽度、区域比例不等间距绘制。

区域宽度如图 4-2-4、图 4-2-5 所示。

区域比例如图 4-2-6、图 4-2-7 所示。

图 4-2-6 地热盘管区域比例

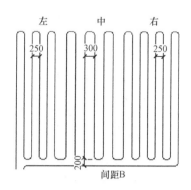

图 4-2-7 地热盘管区域比例绘图举例

4.3 手绘盘管

手动绘制单线、双线盘管。

菜单位置：【地暖】→【手绘盘管】（SHPG）

菜单点取【手绘盘管】或命令行输入"SHPG"后，会执行本命令，弹出如图 4-3-1 所示的对话框。

图 4-3-1 地热盘管区域比例

命令行提示：请点取管线起点［盘管间距（W）/倒角半径（R）/距线距离（T）］：

【绘制类型】选择绘制的盘管为单线盘管或双线盘管。

【盘管间距】设置双线盘管的绘制间距，也可在命令行中输入 W，实时修改。

【倒角半径】设置盘管的倒角半径，也可在命令行中输入 R 修改。

【距线距离】盘管的定位管距基准线的距离，也可在命令行中输入 T 实时修改。

确定盘管起点后，命令行提示：

请输入下一点［弧线（A）/沿线（T）/换定位管（E）/供回切换（G）/盘管间距（W）/连接（L）/回退（U）］：

【弧线（A）】支持绘制带弧线的盘管管线。

【沿线（T）】可沿直线绘制盘管。

【换定位管（E）】切换绘制时的定位管位置。

【供回切换（G）】定位管在供、回水管之间切换。

【连接（L）】可以实现盘管与盘管，盘管与分集水器之间的连接。

【回退（U）】如果发现管线绘制错误，可以按 U 键回退到上一步的操作，重新绘制出错的管线，而不用退出命令。

绘制完成后，命令行提示：是否闭合管线＜Y＞/N：默认为闭合管线，如需不闭合，输入 N 即可。

绘制管线形式及换定位管如图 4-3-2、图 4-3-3 所示。

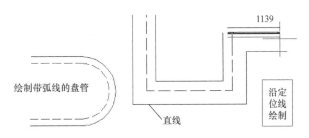

图 4-3-2　绘制管线形式预览

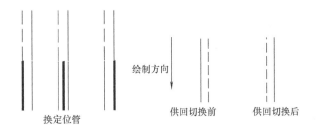

图 4-3-3　换定位管预览

注意：通过【手绘盘管】中的连接命令可实现盘管与盘管，盘管与分集水器之间的自动连接，如图 4-3-4 所示。

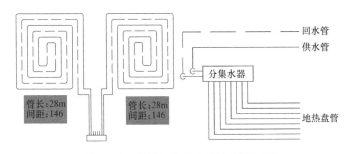

图 4-3-4　盘管与分集水器连接效果图

4.4　异形盘管

可根据房间形状，鼠标点取围成一个封闭区域，进行不规则地热盘管的布置，如图

4-4-1所示。

　　菜单位置:【地暖】→【异形盘管】(YXPG)

　　菜单点取【异形盘管】或命令行输入"YXPG"后,会执行本命令,命令行提示如下:

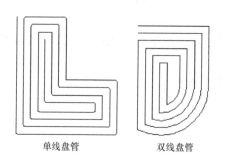

单线盘管　　　　　　双线盘管

图 4-4-1　不规则房间通过异形盘管布置效果

不规则地热盘管<单线模式>

请指定多边区域的第一点或[选择闭合多段线(S)]<退出>:

请输入下一点[弧段(A)]<退出>:

请输入下一点[弧段(A)/回退(U)]<退出>:鼠标依次点取,首尾相连围成闭合区域,即可实现自动绘制。

　　【回退】如果发现管线绘制错误,可以按U键回退到上一步的操作,重新绘制出错的管线,而不用退出命令。

4.5　分集水器

　　在图上插入分集水器。

　　菜单位置:【采暖】→【分集水器】(HFSQ)

　　菜单点取【分集水器】或命令行输入"HFSQ"后,会执行本命令,系统会弹出如图4-5-1所示的对话框。

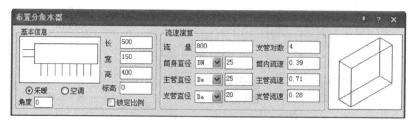

图 4-5-1　分集水器对话框

　　【基本信息】可更改设备的长、宽、高、标高、角度等信息;

　　【流速演算】根据流量、支管对数、直径等可计算管内流速。

　　鼠标点击一下对话框图块的预览图,会弹出分集水器的系统图库,如图 4-5-2 所示。

　　分集水器布置后,自动引出支管,如图 4-5-3 所示。

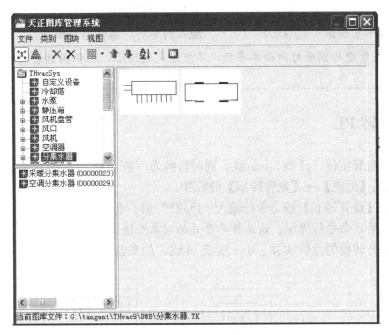

图 4-5-2 分集水器系统图库

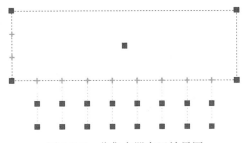

图 4-5-3 分集水器布置效果图

4.6 盘管倒角

绘制盘管后，利用本命令可以统一进行倒角，如图 4-6-1 所示。

菜单位置：【地暖】→【盘管倒角】（PGDJ）

菜单点取【盘管倒角】或命令行输入"PGDJ"后，会执行本命令，命令行提示：

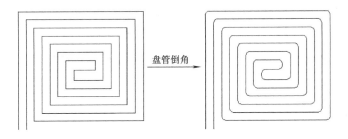

图 4-6-1 盘管倒角实例

请选择一组地热盘管＜退出＞：　　　　选择需要倒角的盘管；

请输入曲率半径值＜0＞：　　　　　　输入曲率后，盘管自动倒角。

> **注意**：盘管进行倒角时的曲率半径，不宜过大或过小，应根据盘管间距等实际情况决定。

4.7　盘管转 PL

可以实现盘管实体、pl 线、line 线，同时转换为一条 pl 线，如图 4-7-1 所示。

菜单位置：【地暖】→【盘管转 pl】（PGZP）

菜单点取【盘管转 pl】或命令行输入"PGZP"后，会执行本命令。

点取命令后，命令行提示：请选择要合并的对象＜退出＞：

框选要进行转换的盘管实体、line 线或 pl 线，如果盘管间连接正常，可整体转换为 pl 环路。

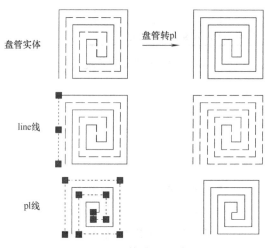

图 4-7-1　盘管转 pl 示意图

4.8　盘管复制

带基点复制盘管对象。

菜单位置：【地暖】→【盘管复制】（PGFZ）

菜单点取【盘管复制】或命令行输入"PGFZ"后，会执行本命令。

点取命令后，命令行提示：请指定基点-选择对象＜退出＞：

> **注意**：【盘管复制】命令可对在地暖供回水图层下的管线进行带基点复制。

4.9　盘管连接

完成盘管与盘管、盘管与分集水器之间的连接。

菜单位置：【地暖】→【盘管连接】（PGLJ）

菜单点取【盘管连接】或命令行输入"PGLJ"后，会执行本命令。

点取命令后，命令行提示：请选取待连接的管线＜退出＞：

选择地热盘管对象，右键确认，命令行提示：

请选取要连接到的管线或分集水器支管＜退出＞：

连接示例，如图 4-9-1、图 4-9-2 所示。

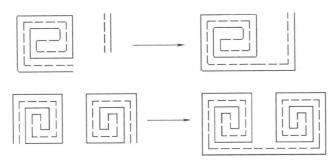

图 4-9-1　盘管与盘管连接

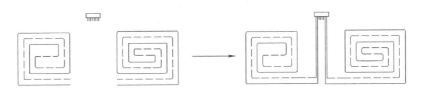

图 4-9-2　盘管与分集水器连接

4.10　盘管移动

对平行型盘管进行伸缩处理，盘管移动效果如图 4-10-1 所示。

菜单位置：【地暖】→【盘管移动】（PGYD）

菜单点取【盘管移动】或命令行输入"PGYD"后，会执行本命令。

点取命令后，命令行提示：请选取要移动的管线＜退出＞：指定对角点：找到 0 个

请选取要移动的管线＜退出＞：指定对角点：找到 6 个

请选取要移动的管线＜退出＞：

指定基点＜退出＞：

指定第二个点＜退出＞：

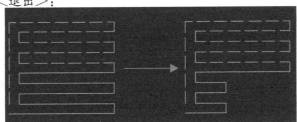

图 4-10-1　盘管移动效果图

4.11 盘管统计

可统计出盘管的长度及间距。

菜单位置：【地暖】→【盘管统计】（PGTJ）

菜单点取【盘管统计】或命令行输入"PGTJ"后，会执行本命令，如图 4-11-1 所示。

【盘管长度】自动计算目标盘管的长度。

【盘管间距】自动读取地热盘管的间距，异形盘管、手绘盘管则需手动输入数值。

【负荷】是否标注盘管对应的房间的负荷值，需手动输入。

【盘管管径】是否标注盘管管径。

【文字背景屏蔽】标注文字是否需要屏蔽背景。

【盘管统计精度】设置统计精度。

【附加长度】输入盘管的附加长度。

【统计方式】选择盘管的统计方式。

点取命令后，命令行提示：请选择盘管：＜退出＞

点取盘管后，命令行会提示：请点取标注点：＜取消＞

点取标注位置后，显示如图 4-11-2 所示。

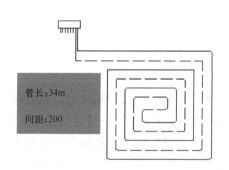

图 4-11-1　盘管统计对话框　　　　　　图 4-11-2　盘管统计

4.12 供回分区

设置供、回水的分离点。

菜单位置：【地暖】→【供回区分】（GHQF）

菜单点取【供回区分】或命令行输入"GHQF"后，会执行本命令。

点取命令后，命令行提示：请选取一条直线、多段线或弧线＜退出＞：

点选供回水的分离点后命令行提示：请选择供水图层管段＜当前闪烁管段＞：

选择好供水图层后，命令行提示：设置供回成功！

操作步骤示例如图 4-12-1：

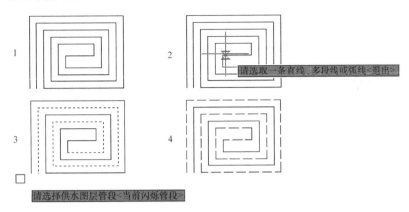

图 4-12-1　供回分区

4.13　盘管加粗

控制盘管或 line 线、pl 线的粗细。

菜单位置：【地暖】→【盘管加粗】（PGJC）

菜单点取【盘管加粗】或命令行输入 "PGJC" 后，会执行本命令，本命令即时生效，如图 4-13-1 所示。

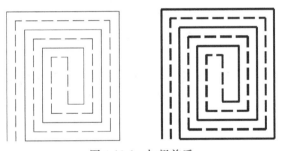

图 4-13-1　加粗前后

在初始设置中，可设置盘管的线宽，在管线加粗时，可以根据设置生效，如图 4-13-2 所示。

管线系统	颜色	线宽	线型	标注	管材	立管	绘制半径	颜色
暖供水管→		0.35	CONTINUOUS: ———	RG	焊接钢管	□实心	0.5	
暖回水管→		0.35	DASH: _ _ _ _	RH	焊接钢管	☑实心	0.5	
暖供支管→		0.35	CONTINUOUS: ———	RZ	焊接钢管	□实心	0.5	
暖回支管→		0.35	DASH: _ _ _ _	Rz	焊接钢管	□实心	0.5	
暖其他→		0.35	CONTINUOUS: ———	RT	PP-R	□实心	0.5	
暖供盘管→		0.35	CONTINUOUS: ———	RD	PP-R管			
暖回盘管→		0.35	DASH: _ _ _ _	Rd	PP-R管			

管线样式设定

采暖水管设定　采暖水管自定义　空调水管设定　空调水管自定义　多联机管路设定

□强制修改本图已绘制管线

图 4-13-2　管线设定

第 5 章
多联机

内容提要

- 多联机布置与连接

通过【室内机】、【室外机】布置 VRV 设备，【冷媒管布置】绘制管线，【冷凝水管】绘制冷凝管线，通过【连接 VRV】、【设备连管】等进行设备与管线的连接，可自动生成分歧管。

- 多联机数据库的维护

通过【厂商维护】、【设备维护】、【系列维护】对多联机厂商、设备及系列进行数据维护，通过【计算规则】维护各厂商的计算规则，通过【定义设备】进行设备的扩充。

- 多联机系统计算

通过【系统划分】、【系统计算】进行多联机系统的计算，可计算出冷媒管径、分歧管型号、充注量等，同时，可输出原理图及材料表。

5.1 多联机布置与连接

5.1.1 设置

对分歧管的绘制样式及大小、厂商系列、自动连管伸出长度等进行设置。

菜单位置：【多联机】→【设置】（DLJSZ）

菜单点取【设置】或命令行输入"DLJSZ"后，执行本命令，显示对话框如图 5-1-1 所示：

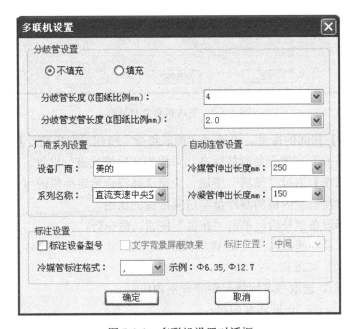

图 5-1-1 多联机设置对话框

▶【分歧管设置】样式包括填充、不填充两种样式，可调整分歧管和分歧管支管的长度（实际长度为输入值乘以当前图纸的比例）只能为正数，不允许为负数和零。

▶【厂商系列设置】数据库中录入的设备厂商及各个系列会在下拉列表中，可根据实际情况进行选取。

▶【自动连管设置】设备与管线连接时，冷媒管及冷凝管伸出设备的长度设置。

▶【标注设置】绘制室内外机时，是否标注设备型号、标注位置的设置；标注冷媒管线的格式设置。

5.1.2 室内机

显示【设置】中所选的厂商及系列对应的室内机产品库。

菜单位置：【多联机】→【室内机】（SNJBZ）

菜单点取【室内机】或命令行输入"SNJBZ"后，执行命令，显示对话框如图 5-1-2 所示：

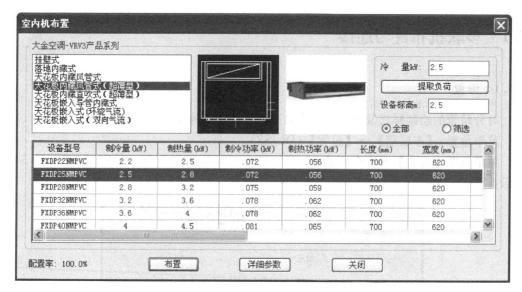

图 5-1-2　室内机布置对话框

▶【冷量 kW】房间的冷量，可通过"提取负荷"按钮提取负荷计算标注的结果。

▶【设备标高 m】布置设备时的标高，可根据实际情况进行设置。

▶【全部、筛选】通过"筛选"按钮，快速选择符合给定冷量的室内机设备。

▶【配置率】所选室内机的制冷量与房间冷量的比值。

输入冷量选择设备型号后，单击"布置"按钮，命令行：

请指定多联机设备的插入点〈沿墙布置［W］/转 90 度（A）/改转角［R］/左右翻转［F］/上下翻转［S］〉＜退出＞：

输入字母［W］，选取参考墙线定距布置室内机；

输入字母［A］，按 90°旋转室内机；

输入字母［R］，修改室内机的旋转角度；

输入字母［F］，左右翻转室内机；

输入字母［S］，上下翻转室内机；

可连续布置设备，或以右键结束布置，返回对话框。

5.1.3　室外机

显示【设置】中所选的厂商及系列对应的室外机产品库。

菜单位置：【多联机】→【室外机】（SWJBZ）

菜单点取【室外机】或命令行输入"SWJBZ"后，执行命令，显示对话框如图 5-1-3所示：

▶【冷量 kW】可直接"输入"或者"根据室内机"统计生成。

▶【设备标高 m】布置设备时的标高，可根据实际情况进行设置。

▶【全部、筛选】通过"筛选"按钮，快速选择符合给定冷量的室外机设备。

▶【配置率】所选室外机的制冷量与输入冷量的比值。

输入冷量选择设备型号后，单击"布置"按钮，命令行提示：

图 5-1-3　室外机布置对话框

请指定多联机设备的插入点 {沿墙布置［W］/转 90 度（A）/改转角［R］/左右翻转［F］/
上下翻转［S］}＜退出＞：

　　输入字母［W］，选取参考墙线定距布置室外机；

　　输入字母［A］，按 90°旋转室外机；

　　输入字母［R］，修改室外机的旋转角度；

　　输入字母［F］，左右翻转室外机；

　　输入字母［S］，上下翻转室外机；

　　可连续布置设备，或以右键结束布置，返回对话框。

5.1.4　冷媒管绘制

　　进行冷媒管线的布置。

　　菜单位置：【多联机】→【冷媒管绘制】（LMBZ）

　　菜单点取【冷媒管绘制】或命令行输入"LMBZ"，执
行命令，显示对话框如图 5-1-4 所示：

　　▶【管线设置】对于管线颜色、线宽、线型等进行初始
设置。

　　▶【管线参数】冷媒管的管径及标高参数，可根据实际
情况进行设置。

　　管径及标高设置好后，即可绘制，命令行提示：

　　请点取管线的起始点［参考点（R）/距线（T）/两线
（G）/墙角（C）]＜退出＞：

　　点取起始点后，命令行反复提示：

　　请点取终点［参考点（R）/沿线（T）/两线（G）/墙角（C）/轴锁度数［0（A）/30（S）/45
（D)]/回退（U)]＜结束＞：

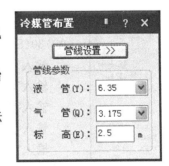

图 5-1-4　冷媒管布置对话框

输入字母［R］，选取任意参考点为定位点；

输入字母［T］，选取参考线来定距布置管线；

输入字母［G］，选取两条参考线来定距布置管线；

输入字母［C］，选取墙角利用两墙线来定距布置管线；

输入字母［A］，进入轴锁 0°，在正交关的情况下，可以任意角度绘制管线；

输入字母［S］，进入轴锁 30°方向上绘制管线；

输入字母［D］，进入轴锁 45°方向上绘制管线；

输入字母［U］，如果发现管线绘制错误，可以按 U 键回退到上一步的操作，重新绘制出错的管线，而不用退出命令。

绘制过程中，管长可实时预览，右键结束绘制。

5.1.5 冷凝水管

进行冷凝水管线的绘制。

菜单位置：【多联机】→【冷凝水管】（SGGX）

菜单点取【冷凝水管】或命令行输入"SGGX"后，执行本命令，显示对话框如图 5-1-5所示：

▶【管线设置】对于管线颜色、线宽、线形等进行初始设置。

▶【系统图】勾选该选项后，所绘制的管线均显示为单线管，没有三维效果。

▶【标高、管径】对管线的标高和管径进行设置。

▶【等标高管线交叉】冷媒管的管径及标高参数，可根据实际情况进行设置。

设置好相关参数后，即可绘制，命令行提示：

请点取管线的起始点［参考点（R）/距线(T)/两线(G)/墙角(C)]＜退出＞：

点取起始点后，命令行反复提示：

请点取终点[参考点(R)/沿线(T)/两线（G）/墙角（C）/轴锁度数［0(A)/30(S)/45(D)]／回退(U)]＜结束＞：

输入字母［R］，选取任意参考点为定位点；

输入字母［T］，选取参考线来定距布置管线；

输入字母［G］，选取两条参考线来定距布置管线；

输入字母［C］，选取墙角利用两墙线来定距布置管线；

输入字母［A］，进入轴锁 0°，在正交关的情况下，可以任意角度绘制管线；

图 5-1-5 空水管线
布置对话框

输入字母［S］，进入轴锁 30°方向上绘制管线；

输入字母［D］，进入轴锁 45°方向上绘制管线；

输入字母［U］，如果发现管线绘制错误，可以按 U 键回退到上一步的操作，重新绘制出错的管线，而不用退出命令。

支持流量的提取。绘制过程中，流速、管长等可实时预览，右键结束绘制。

5.1.6　冷媒立管

进行冷媒立管的布置。

菜单位置:【多联机】→【冷媒立管】(LMLG)

菜单点取【冷媒立管】或命令行输入"LMLG",执行命令,显示对话框如图 5-1-6 所示:

▶【管线设置】对于管线颜色、线宽、线形等进行初始设置。

▶【编号】布置立管过程中,编号自动顺延,支持手动修改。

▶【距墙】当布置方式选择在墙角布置及沿墙布置时,立管距墙距离的设置。

▶【管径参数】立管的管径参数,可根据实际情况进行设置。

▶【布置方式】提供了任意布置、墙角布置、沿墙布置 3 种布置方式,如果是天正 wall 层上的墙体对象的话,可直接进行沿墙、墙角布置,快速定位。

▶【顶底标高】立管的顶、底标高,可根据实际情况进行设置。

设置好相关参数后,即可布置,命令行提示:

请指定立管的插入点 [参考点 (R)/距线(T)/两线(G)/墙角 (C)]<退出>:

图 5-1-6　冷媒立管布置对话框

确定立管插入点后,命令行提示:

请点取标注点<退出>:

输入字母 [R],选取任意参考点为定位点;

输入字母 [T],选取参考线来定距布置管线;

输入字母 [G],选取两条参考线来定距布置管线;

输入字母 [C],选取墙角利用两墙线来定距布置管线;

右键结束绘制。

5.1.7　分歧管布置

任意布置分歧管或者与冷媒管连接。

菜单位置:【多联机】→【分歧管】(FQGBZ)

菜单点取【分歧管】或命令行输入"FQGBZ"后,执行命令,显示对话框如图 5-1-7 所示:

图 5-1-7　分歧管绘制对话框

选择"任意布置",命令行提示:

请指定分歧管的插入点 {[基点变换 (T)/转90度 (A)/左右翻(S)/上下翻(D)/改转角(R)]}<退出>:

输入字母 [T],变换分歧管的插入基点;

输入字母 [A],按 90°旋转室外机;

输入字母 [S],左右翻转室外机;

输入字母 [D],上下翻转室外机;

输入字母 [R],修改室外机的旋转角度;

选择"连接冷媒管",命令行提示：

请选择主管：注意分歧管的方向是由点取的主管方向决定的。

请选择支管：选择支管后，将自动连接上分歧管，右键结束命令。

> **注意**：1. 多联机设备及管线布置界面显示的标高，均是相对于本层地面设置的，而非相对于0标高而言。2. 涉及的命令有：【室内机】【室外机】【冷媒管布置】【冷凝水管】【冷媒立管】【分歧管布置】，布置时需注意，否则可能影响系统计算的结果。

5.1.8 连接 VRV

实现室内、外机和冷媒管及冷凝管线的连接。

菜单位置：【多联机】→【连接 VRV】(DLJLG)

菜单点取【连接 VRV】或命令行输入"DLJLG"后，执行本命令，显示对话框如图所示：

请框选多联机对象：指定对角点：

选择要连接的管线与室内机或室外机设备，右键确定。

请选择分歧管方向点：

右键确定，管线将自动与设备连接上，并生成分歧管。

连接 VRV 说明，如图 5-1-8 所示。

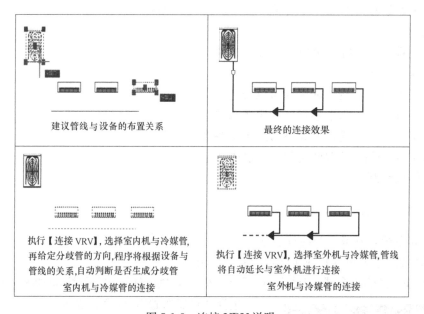

图 5-1-8　连接 VRV 说明

VRV 布置实例：在本实例中绘制的是简单的单层多联机系统，如图 5-1-9 所示。

> **注意**：1. 对于室内机，布置冷媒管线时，建议冷媒管线的终点不要超出最末一个室内机接口点，这样执行【连接 VRV】进行自动连接时，才能正确处理分歧管是否生成；2. 对于室外机，布置冷媒管线时，冷媒管端点不要超出室外机接口点；3. 建议室内机与管线、室外机与管线，分别框选进行连接。

5.1.9　设备连管

主要实现带风管接口的室内机和风管之间的连接。

菜单位置：【多联机】→【设备连管】（SBLG）

菜单点取【设备连管】或命令行输入"SBLG"，执行命令，显示对话框如图 5-1-10 所示：

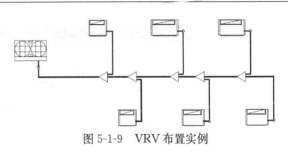

图 5-1-9　VRV 布置实例

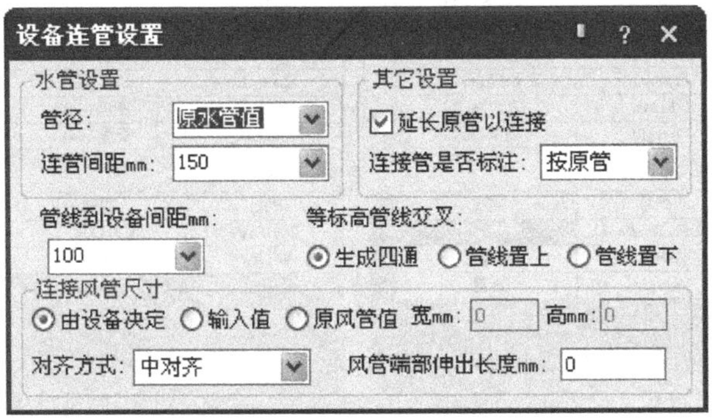

图 5-1-10　设备连管设置对话框

▶【水管设置】设置连接水管的管径和连管间距。

▶【管线到设备间距】设置最内侧管线到设备的间距。

▶【连接风管尺寸】设置多联机设备和风管管线之间的连接管尺寸，可由设备决定、自行输入值，或按原分管尺寸。

▶【其他设置】设置连接管是否自动标注。

设置好相关参数，命令行提示：

请选择要连接的设备及管线＜退出＞：

框选要连接的多联机设备及管线，右键结束命令。

> 注意：1.【设备连管】主要处理带风管接口的室内机和风管管线间的连接。2. 冷媒管线与设备连接时，使用【设备连管】不能自动生成分歧管，建议使用【连接 VRV】进行连接。

5.2　多联机数据库的维护

5.2.1　厂商维护

在对话框中可添加或删除厂商表，并可对新添加厂商的室内、外机添加自定义列。

菜单位置：【多联机】→【厂商维护】（CSWH）

菜单点取【厂商维护】或命令行输入"CSWH"，执行命令，显示对话框如图 5-2-1 所示：

图 5-2-1 厂商表结构维护对话框

▶【厂商产品信息】显示设备厂商的基本信息，如中英文名称等，并可添加新厂商、删除指定厂商。

▶【室内机必备列】数据库中录入的室内机必须具备的相关参数。

▶【室外机必备列】数据库中录入的室外机必须具备的相关参数。

▶【自定义列】添加新厂商后，插入除必备列中参数以外的其余参数，也可进行删除。

> 注意：新厂商一旦保存，便不可对自定义列进行插入和删除操作，所以在保存前确保自定义列已添加完好。

5.2.2 设备维护

对各厂商各系列进行设备数据库的扩充维护。

菜单位置：【多联机】→【设备维护】（SJWH）

菜单点取【设备维护】或命令行输入"SJWH"，执行命令，显示对话框如图 5-2-2 所示：

▶【过滤条件】对厂商、室内/室外机、系列、设备进行筛选查看，同时可新建和删除室内/室外机类型。

▶【图示、照片】根据左边筛选的厂商、系列及设备，显示相应的 dwg 图和产品实际图片。

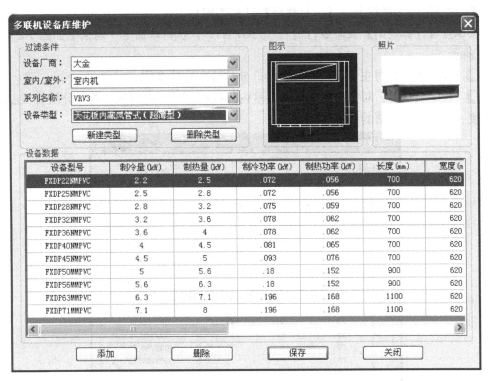

图 5-2-2　多联机设备库维护对话框

▶【设备数据】根据上面筛选的厂商、系列及设备，显示其相应的数据参数，包括冷量、热量、制冷功率等等。

▶【添加】、【删除】添加或删除某一设备类型下的设备型号。

▶【保存】设备扩充完毕，进行数据库的保存。

> **注意：** 产品实际图片的链接具体位置为，安装盘/Tangent/THvac9/sys/VRVPic

5.2.3　系列维护

对所选厂商及系列进行计算规则的对应设置。

菜单位置：【多联机】→【系列维护】(XLWH)

菜单点取【系列维护】或命令行输入"XLWH"，执行命令，显示对话框如图 5-2-3 所示：

根据所选厂家及系列，设置好对应的计算规则，点取"保存"即可。

5.2.4　计算规则

对各厂商各系列的计算规则进行维护。

图 5-2-3　多联机系列维护对话框

菜单位置：【多联机】→【计算规则】（JSGZWH）

菜单点【计算规则】或命令行输入"JSGZWH"，执行本命令，对话框如图 5-2-4～图 5-2-7 所示。

▶【配管规则】对主管及配管的管径、分歧管型号的维护。

▶【长度及落差】对室内机间落差、室内外机间落差、室内机与第一分歧管长度、单管长度、总长度的限值的维护。

图 5-2-4　配管规则计算规则维护对话框

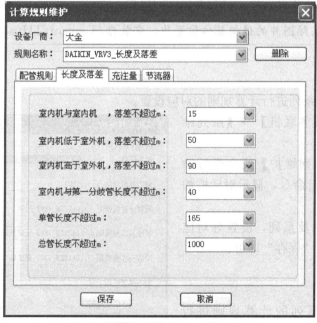

图 5-2-5　长度及落差计算规则维护对话框

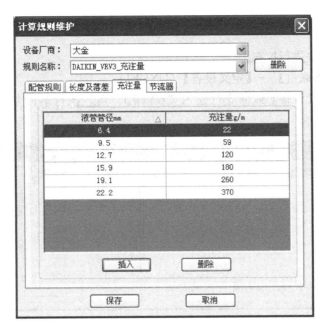

图 5-2-6　充注量计算规则维护对话框

图 5-2-7　节流器计算规则维护对话框

▶【充注量】不同液管管径对应的冷媒充注量的维护。

▶【节流器】对节流器型号的维护。注：目前录入的厂家无此项规则，故暂时为空。
每项规则录入完毕，点"保存"即可。

注意：每项规则录入时，请务必保证规则名称和数据的完整填写，才能保存成功。

5.2.5   定义设备

对室内外机图块进行扩充。

菜单位置：【多联机】→【定义设备】（DYDLJ）

菜单点取【定义设备】或命令行输入"DYDLJ"后，执行本命令，显示对话框如图 5-2-8～图 5-2-11 所示：

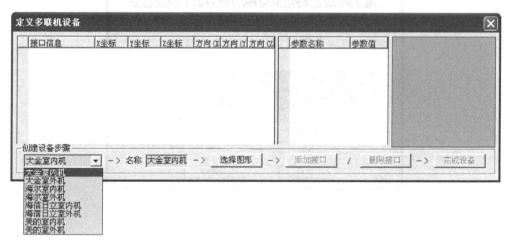

图 5-2-8   定义多联机设备的类型和名称

选好要扩充的设备类型（如大金室内机、大金室外机等）及名称，点取"选择图形"，弹到图形界面，命令行提示：

请选择要做成图块的图元<退出>：指定对角点：

框选图元，右键确定

请点选插入点<中心点>：

点取插入点或者直接右键默认为中心点，回到定义多联机设备界面，如图 5-2-9 所示：

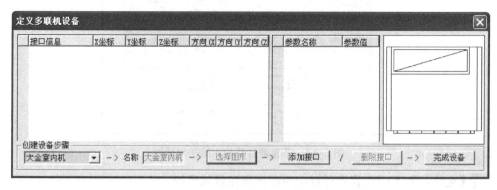

图 5-2-9   添加多联机设备接口

进行冷媒管、冷凝管、风管接口的添加，需点取"添加接口"，弹到图形界面，命令行提示：

请在该设备对应的二维图块上用光标指定接口位置<无接口>：

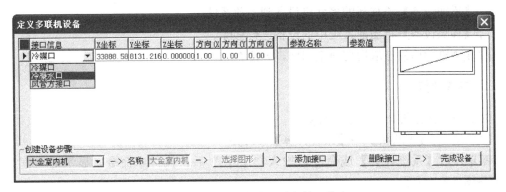

图 5-2-10 设定多联机设备接口信息

鼠标指定接口位置或直接右键默认无接口

请用光标指定接口方向＜垂直向上＞：用鼠标指定接口方向或直接右键默认垂直向上

如图 5-2-10 所示，回到定义多联机设备界面，可修改已添加接口的信息，也可以继续添加接口。

确认添加完毕之后，点取"完成设备"，提示图块成功入库，点击"确定"，完成定义多联机，如图 5-2-11。

图 5-2-11 成功入库

注意：已定义的设备，可以通过"通用图库"调出图库管理器进行查看。

5.3 多联机系统计算

5.3.1 系统划分

对图面上的多联机系统进行划分。

菜单位置： 【多联机】→【系统划分】（XTHF）

菜单点取【系统划分】或命令行输入"XTHF"后，执行本命令，显示对话框如图 5-3-1所示：

▶【系统名称】显示当前系统的名称，未新建系统前，均为默认系统。

▶【新建系统】新建一个多联机系统。

▶【删除系统】删除当前显示的多联机系统。

▶【重命名】对当前系统进行重命名。

▶【设备列表】显示当前系统中所包含的室内、外机型号及冷量。

图 5-3-1 系统划分

▶【添加设备】添加新的多联机设备到当前系统。

▶【移除设备】将当前系统中的设备进行移除。

▶【浏览图面】点取后切换至图面，方便查看。

5.3.2　系统计算

对划分好的系统，进行系统计算。

菜单位置：【多联机】→【系统计算】（XTJS）

菜单点取【系统计算】或命令行输入"XTJS"后，执行本命令，显示对话框如图 5-3-2～图 5-3-7 所示：

图 5-3-2　新建楼层

▶【楼层信息】显示已建的楼层号及所在层高。

▶【新建】新建楼层表信息，以便后续进行系统计算。

注：可连续建多层。

▶【重建】对选中的楼层表进行重新建立。

▶【删除】删除所选的楼层表信息。

▶【浏览】浏览所选的楼层表信息。

▶【保存并退出】保存所选的楼层表信息。

▶【开始计算】点取按钮，进入到系统计算界面。

首先建楼层表，点"新建"，命令行提示：

请选择该楼层区域左上角点：

请选择该楼层区域右下角点：

建好楼层表后，楼层维护对话框如图 5-3-3 所示：

点取"开始计算"按钮，弹出如图 5-3-4 所示"系统计算"对话框：

校核结果：当前系统的实际计算结果，与【计算规则】中录入的该产品的长度落差规则进行比对，如果在限值之内，则显示"通过"，如果超出限值，则显示"未通过"。

图 5-3-3　楼层维护

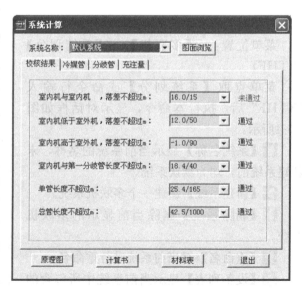

图 5-3-4　校核系统计算结果

冷媒管：通过统计出的管段冷量，根据【计算规则】中录入的该产品的配管规则选取管径，如图 5-3-5。

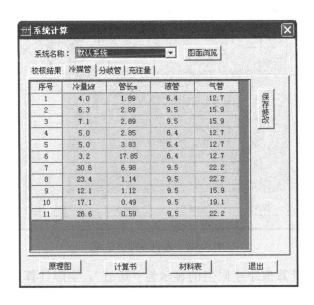

图 5-3-5 冷媒管径计算结果

分歧管：通过统计出的分歧管冷量，根据【计算规则】中该产品的配管规则选分歧管型号，如图 5-3-6 所示。

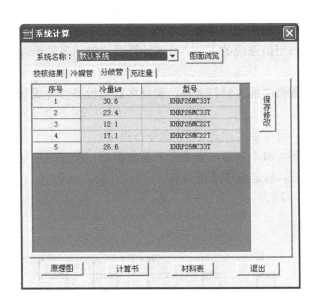

图 5-3-6 选取分歧管结果

充注量：通过计算出的液管管径，根据【计算规则】中录入的该产品的充注量规则统计，如图 5-3-7 所示。

▶【校核结果】当前系统的实际计算值与长度与落差计算规则中的限值进行比较，如

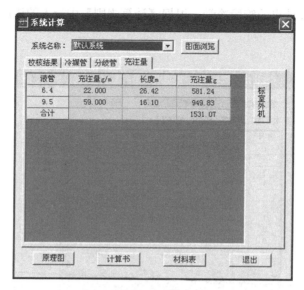

图 5-3-7   统计充注量结果

图 5-3-7 所示，实际计算值小于限值的显示为"通过"，实际计算值大于限值的显示为
"未通过"。

▶【冷媒管】统计当前系统中冷媒管段的冷量、管长，并根据配管规则选取管径。

▶【分歧管】统计当前系统中分歧管的冷量，并根据配管规则选取分歧管型号。

▶【充注量】根据充注量规则，计算系统的充注量。

▶【标室外机】将系统充注量标于指定的室外机。

▶【原理图】绘制当前系统的原理图到图纸界面。

▶【计算书】输出当前系统的 Excel 格式计算书，包括多联机设备、冷媒管及分歧管
的相关参数等。

▶【材料表】在图面中插入材料表格，包括多联机设备、冷媒管及分歧管的相关参数
等。

生成系统原理图，请点取"原理图"，命令行提示：

请选择第一分歧管＜回车从第一分歧管开始出图＞：点选第一分歧管或者直接回车

请选择原理图起点：给定原理图插入点

原理图如图 5-3-8 所示：

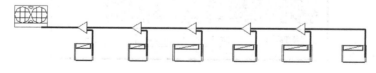

图 5-3-8   原理图

在图形界面中插入材料表，请点取"材料表"，命令行提示：

请点取表格左上角点＜退出＞：给定左上角点，右键退出。

设备及材料表如图 5-3-9 所示：

设备及材料表

序号	名称	规格	单位	数量	备注
1	天花板内藏风管式〈超薄型〉	FXDP40NMPVC	台	1	
2	天花板内藏风管式〈超薄型〉	FXDP63MMPVC	台	1	
3	天花板内藏风管式〈超薄型〉	FXDP71MMPVC	台	1	
4	天花板内藏风管式〈超薄型〉	FXDP50MMPVC	台	2	
5	天花板内藏风管式〈超薄型〉	FXDP32NMPVC	台	1	
6	VRV3	RHXYQ12PAY1	台	1	
7	分歧管	KHRP26MC33T	个	3	
8	分歧管	KHRP26MC22T	个	2	
9	冷媒液管	PP-R Φ6.4	米	26.42	
10	冷媒气管	PP-R Φ12.7	米	26.42	
11	冷媒液管	PP-R Φ9.5	米	16.10	
12	冷媒气管	PP-R Φ15.9	米	6.90	
13	冷媒气管	PP-R Φ22.2	米	8.71	
14	冷媒气管	PP-R Φ19.1	米	0.49	

图 5-3-9 设备及材料表

注意:

1. 系统计算是按照当前设置厂商的计算规则计算的,所以计算之前保存的多联机系统图纸,首先需确定厂商后,再进行计算,避免图纸绘制的与当前程序设置的厂商不一致。

2. 对于多层系统的计算:

1) 在楼层维护中建立楼层表,注意按楼层顺序(1、2、3......)进行框选,便于接下来进行系统计算时可正确进行管长统计及生成原理图。

2) 建议【系统划分】划分的系统和【系统计算】建立的楼层表,所包含的设备能完全一致,以确保计算的完整性和正确性。当楼层维护中建立的楼层表与系统计算时选择的系统不匹配时,界面下方会有相应的提示:"楼层维护中只划分了所选系统的部分设备,计算结果将不完全!"

3) 多层系统,楼层与楼层间的立管长度,取决于楼层表中的层高信息,与实际立管长度无关,但与室外机相连的立管会考虑实际长度。

第 6 章
空调水路

内容提要

- 水管管线

布置空调水路管线，支持双击编辑。

- 多管绘制

同时绘制多条空调水路管线，支持从管线引出绘制，可识别管线类型，自由设定管间距，实现快速绘制。

- 水管立管

在图中或管线上插入水管立管。

- 水管阀件

在图中或管线上插入水管阀门阀件。

- 分集水器

分集水器布置，支持夹点引出绘制管线，也可通过【设备连管】与水管进行自动连接。

6.1　水管管线

在平面图中绘制空调水路管线。

菜单位置：【空调水路】→【水管管线】（SGGX）

菜单点取【水管管线】或命令行输入"SGGX"后，系统弹出如图 6-1-1 所示对话框。

【管线设置】见管线基本概念。

【管线类型】绘制管线前，先选取相应类别的管线。

提供的管线类型有：冷水供水、冷水回水、热水供水、热水回水、冷（热）水供水、冷（热）水回水、冷却水供水、冷却水回水、冷凝水、其他管线和自定义管线。自定义管线可由用户用于扩充管线，方便之后与设备进行自动连接。自定义管线的名称、颜色、线宽、线形等设置可以在【管线设置】中的［空调水路自定义］中修改，如图 6-1-2 所示。

图 6-1-1　水管管线对话框

图 6-1-2　自定义管线

【系统图】选上系统图这个选项后，所绘制的管线均显示为单线管，没有三维效果。

【标高】输入管线的标高，简化了生成系统图的步骤。

> **注意**：1. 可以采用 0m 的标高，在确定了标高后可以再用【单管标高】或【修改管线】命令进行修改。
>
> 2. 在一段管线上引出另一段管线时，引出管线的类型、管径、标高值等都会自动读取被引管线的信息。

【管径】选择或输入管线的管径，由于管线与其上的文字标注是定义在一起的实体，故选择或输入了管线信息后，绘制出的管线就带有了管径、标高等信息，但不显示，可从对象特性工具栏中查阅。

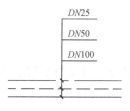

图 6-1-3　管径标注

在绘制管线时可以不用输管径，也可采用默认管径，之后在设计过程中确定了管径后再用【标注管径】或【修改管径】对管径进行赋值或修改，默认管径在初始设置中设定。

点取【管径标注】命令可自动读取多选标注这些信息，如图 6-1-3 所示。

【等标高管线交叉】对管线交叉处的处理，有三种方式：生成四通、管线置上、管线置下。

1. 在标高相同情况下（横向管线为先画，竖向管线为后画）绘制管线置上或置下，只改变遮挡优先关系，如图 6-1-4、图 6-1-5 所示。

<1>后画的管线置上　　　　　　　　<2>后画的管线置下

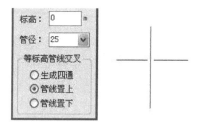
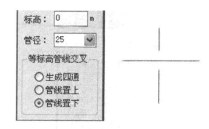

图 6-1-4　标高相同时管线置上　　　　图 6-1-5　标高相同时管线置下

2. 标高不同的情况下，标高高的管线自动遮挡标高低的管线，如图 6-1-6、图 6-1-7 所示。

<1>先画的管线　　　　　　　　　　<2>后画的管线

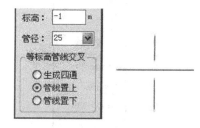

图 6-1-6　标高不同时管线置上　　　　图 6-1-7　标高不同时管线置上

> **注意：** 由于后画的管线标高高于先画的，即使选择了遮挡关系，系统还是以标高优先的原则来确定遮挡关系；标高优先于遮挡级别，也就是说标高高的管线即使遮挡级别低，仍然遮挡标高低的管线。

选择相应的管线类型，进行管线的绘制，点取命令后，命令行提示：

请点取管线的起始点[参考点(R)/距线(T)/两线(G)/墙角(C)]<退出>：

点取起始点后，命令行反复提示：

请点终点[参考点(R)/距线(T)/两线(G)/墙角(C)/轴锁 0[A]/30[S]/45[D]/回退(U)]<结束>：

输入字母［R］，选取任意参考点为定位点；

输入字母［T］，选取参考线来定距布置管线；

输入字母［G］，选取两条参考线来定距布置管线；

输入字母［C］，选取墙角利用两墙线来定距布置管线；

输入字母［A］，进入轴锁 0°，在正交关的情况下，可以任意角度绘制管线；

输入字母［S］，进入轴锁 30°方向上绘制管线；

输入字母［D］，进入轴锁 45°方向上绘制管线；

输入字母［U］，如果发现管线绘制错误，可以按 U 键回退到上一步的操作，重新绘制出对的管线，而不用退出命令。

管线的绘制过程中伴随有距离的预演，如图 6-1-8 所示。

图 6-1-8　管线距离预演示意图

6.2　多管绘制

在图中同时绘制多条空调水路管线。

菜单位置：【空调水路】→【多管绘制】（DGHZ）

菜单点取【多管绘制】或命令行输入"DGHZ"后，执行本命令，弹出如图 6-2-1 所示对话框。

【新绘制管线】点【增加】按钮可添加管线，其管线类型可通过点击管线栏进行调整，在下拉选项框中点取即可；同样，可调整管径、管线间距和标高，如图 6-2-2 所示。

图 6-2-1　多管绘制对话框

图 6-2-2　多管绘制

管线间距的第一行为目标插入点距第一个立管的横向或纵向距离，其余各行为管线之间间距。点击【确定】按钮后，命令行提示：

请点取管线的起始点[参考点(R)/距线(T)/两线(G)/墙角(C)/管线引出(F)]<退出>:

在图上点取绘制第一点,命令行提示:

请输入终点[生成四通(S)/管线置上(D)/管线置下(F)/回退(U)/换定位管(E)](当前状态:置上)<退出>:

可随意调整管线关系,继续绘制,如图6-2-3所示。

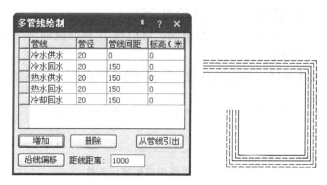

图 6-2-3 多管绘制举例

绘制多根不同标高的管线,通过更改【标高】来实现,下面举例说明(图6-2-4):

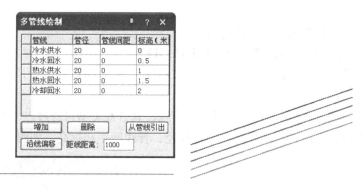

图 6-2-4 多管绘制举例

【从立管引出绘制多管线】点击【从管线引出】,选择立管,右键确认后,会从各立管的中心点引出与所选立管管线类型相同的管线,可继续绘制,直到右键结束,如图6-2-5、图6-2-6所示。

从管线引出绘制多管线:点击【从管线引出】,选择管线,在其上点取引出的位置

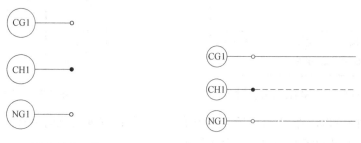

图 6-2-5 框选所选立管 图 6-2-6 引出绘制管线

点，则从此位置点引出了与所选管线类型相同的管线，可以继续绘制，直到右键结束命令，如图 6-2-7 所示。

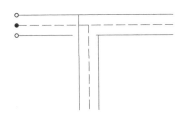

图 6-2-7　从管线引出绘制管线

沿线偏移绘制多管线：输入距离所选偏移参考线距离，点击【沿线偏移】，选择偏移参考线，指定偏移管线相对于参考线方位，右键确定，绘制成功，如图 6-2-8 所示。

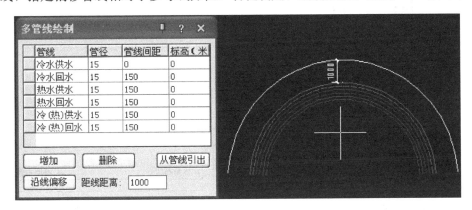

图 6-2-8　从管线引出绘制管线

6.3　水管立管

在图中插入水管立管。

菜单位置：【空调水路】→【水管立管】（SGLG）

菜单点取【水管立管】或命令行输入"SGLG"后，执行命令，弹出如图 6-3-1 所示对话框。

【管线设置】见管线初始设置。

【管线类型】绘制立管前，先选取相应类别的管线。

提供的管线类型有：冷水供水、冷水回水、热水供水、热水回水、冷（热）水供水、冷（热）水回水、冷却水供水、冷却水回水、冷凝水、其他管线。

【管径】同绘制管线，默认管径在初始设置中设定。

【编号】立管的编号由程序以累计加一的方式自动按序标注，也可采用手动输入编号。

【距墙】指立管中心距墙的距离，立管距墙的距离是指从立管中心点到所选墙之间的距离，可以在空水立管的对话框中设定以外，还可在【初始设置】中进行设定，如下图 6-3-2 所示。

【布置方式】分为四种，如图 6-3-3 所示：

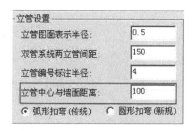

图 6-3-2　立管中心距墙距离的设置

图 6-3-1　水管立管对话框　　　　　　　图 6-3-3　立管的布置方式

任意布置：立管可以随意放置在任何位置；

墙角布置：选取要布置立管的墙角，在墙角布置立管；

沿墙布置：选取要布置立管的墙线，靠墙布置立管；

【底标高、顶标高】根据需要输入立管管底、管顶标高，简化了生成系统图的步骤。

> **注意：** 在绘制管线和布置立管时，可以先不用确定管径和标高的数值，采用默认的管径和标高，之后在设计过程中确定了管径和标高，在用【单管标高】【管径标注】【修改管线】命令对标高、管径进行赋值，或者选择管线后在对象特征工具栏中进行修改，如果在已知管径和标高的情况下，在绘制时编辑输入，所绘制出的管线与设置一致。

点取命令后，命令行提示：

请指定立管的插入点[输入参考点(R)]＜退出＞：

除了以上几种的布置方式，还可以输入参考点的方式来定位立管。

6.4　水管阀件

在图中点插水管阀门阀件。

菜单位置：【空调水路】→【水管阀件】（SGFJ）

菜单点取【水管阀件】或命令行输入"SGFJ"后，执行命令，系统弹出如图 6-4-1 所示的对话框。

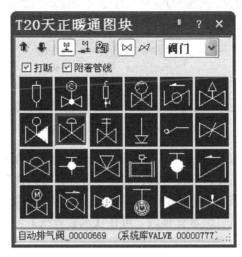

图 6-4-1　水管阀件对话框

点取命令后，命令行提示：

请指定对象的插入点{放大[E]/缩小[D]/左右翻转[F]/上下翻转[S]/换阀门[C]}＜退出＞：

将阀门阀件插入在水管上，按 E、D 键，实现阀门阀件的放大缩小；按 F、S 键，实现阀门阀件的左右、上下翻转；按 C 键，调出水管阀门阀件的图库，可任意选择所需阀门阀件后插入，如图 6-4-2 所示。可在附件处进行"阀门""附件""仪表"的切换。

图 6-4-2　水管阀件插入举例

插入后，双击阀件，可进行编辑操作，弹出如图 6-4-3 所示对话框。

图 6-4-3　水管阀件的编辑对话框

6.5　分集水器

在图中布置分集水器。

菜单位置：【空调水路】→【分集水器】（AFSQ）

菜单点取【分集水器】或命令行输入"AFSQ"后，会执行本命令，弹出如图 6-5-1 所示对话框。

图 6-5-1　布置分集水器对话框

- 【基本信息】可更改设备的长、宽、高、标高、角度等信息；
- 【流速演算】根据流量、支管对数、直径等可计算管内流速；

鼠标点击一下对话框图块的预览图，会弹出分集水器的系统图库。布置后，如图 6-5-2 所示，鼠标点中十字可以引出水管管线，可在【水管管线】对话框中选取欲连接管线类型，方便引出绘制。

图 6-5-2　分集水器引出管线

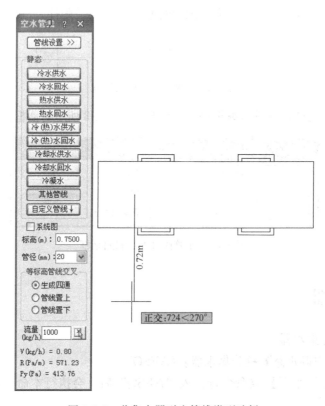

图 6-5-3　分集水器引出管线类型选择

命令交汇：利用【设备连管】命令，可实现分集水器与管线的自动连接，如图 6-5-3 所示，三维效果如图 6-5-4 所示。

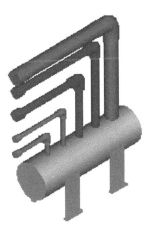

图 6-5-4 分集水器设备连管三维效果图

6.6 分水器

分水器的选型计算与平面图绘制。

菜单位置：【空调水路】→【分水器】（FSQ）

菜单点取【分水器】或命令行输入"FSQ"后，会执行本命令，弹出如图 6-6-1 所示对话框。

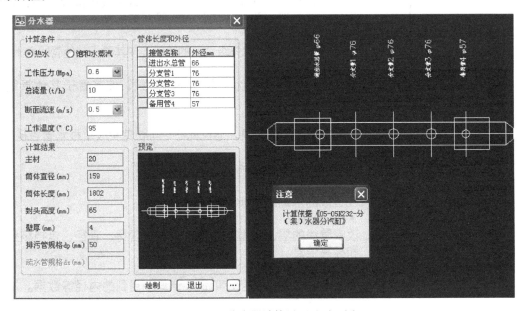

图 6-6-1 分水器计算界面及平面图

第 7 章
水管工具

内容提要

- 上下扣弯

在已绘制的平面管线上插入扣弯。

- 管线打断

将一段完整的管线从选取的两点间打断。

- 管线倒角

对水管工具管线或空调水路管线进行倒角。

- 管线连接

将处于同一水平线上的两段管线相连成为一段完整的管线；或将延长线相互垂直的两条管线连接成直角；对已形成四通的管线，将其中处于同一直线上的两根管线连接成一条管线后，此线的遮挡关系优先，另一管线被打断。

- 管线置上

修改同标高下遮挡优先级别低的管线，使其置于其他管线之上。

- 管线置下

修改同标高下遮挡优先级别高的管线，使其置于其他管线之下。

- 更改管径

更改水管管径的工具，通过此命令可快速更改单根水管管径。

- 单管标高

修改选中的单根管线或立管的标高。

- 断管符号

在管线的末端插入断管符号。

- 修改管线

改变管线的层、线型、颜色、线宽、管材、管径、遮挡级别和标高信息。

- 管材规格

设置系统管材的管径，可定义计算中用到的内径等数据。

- 三维碰撞

将图中管线交叉的地方用红圈表示出来，提醒用户修改管线标高。

- 管线粗细

设置当前图中的所有管线是否以实际出图时的线宽显示。

7.1　上下扣弯

在已绘制的平面管线上插入扣弯。

菜单位置：【水管工具】→【上下扣弯】（SXKW）

菜单点取【上下扣弯】或命令行输入"SXKW"后，会执行本命令。

▶ 在一段完整的管线上插入扣弯

在管线上点取插入扣弯的位置，通过变红段管线的提示，先后给出扣弯前后两段管线的标高，右键确认后即可生成扣弯，如图 7-1-1 所示。

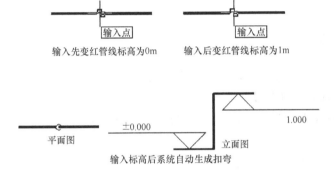

图 7-1-1　在一段完整管线上插入扣弯

▶ 在标高不同的管线接点处插入扣弯

点取平面管线上的接点，程序会根据各管线间的标高关系自动生成扣弯，如图 7-1-2 所示。

▶ 在管线的端点插入扣弯

点取管线的端点后，输入末端竖管的终点标高，右键确认后结束命令，程序会根据管线的标高关系在端点处生成立管。如图 7-1-3 所示。

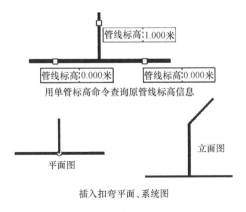

图 7-1-2　在标高不同的管线接点处插入扣弯　　　　图 7-1-3　在管线的端点插入扣弯

▶ 在管线拐点处插入扣弯

点取管线拐点位置插入扣弯，依据变红管线的先后顺序给出标高值即可生成扣弯，如图 7-1-4 所示。

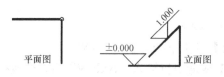

平面图   ±0.000   立面图

图 7-1-4   在管线拐点处插入扣弯

> **注意**：扣弯的形式在【初始设置】中可以调整，有传统弧形和新规范圆形两种，用户可以根据需要进行选择。

7.2 双线水管

绘制双线水管，可自动生成弯头、三通、四通、法兰、变径和扣弯。

菜单位置：【水管工具】→【双线水管】（SXSG）

菜单点取【双线水管】或命令行输入"SXSG"后，会执行本命令，系统会弹出如图 7-2-1 所示的对话框。

▶【水管管径】选择绘制的水管管径。

▶【管道连接方式】选择管道的连接方式，分为焊接连接和法兰连接，如图 7-2-2 所示：

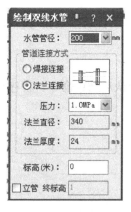

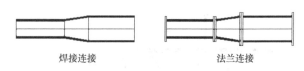

焊接连接   法兰连接

图 7-2-1 双线水管对话框   图 7-2-2 双线水管样式图

▶【标高】确定所绘制双管线的标高，可在绘制过程中直接改变，管线会自动升降生成扣弯。

▶【立管 终标高】勾选后，根据上一初始标高值给出最终标高值，可绘制立管。

设定参数后按命令行提示绘制双管线即可，如图 7-2-3、图 7-2-4 所示。

提示：双击"双线水管"可进入【绘制双管线】对话框进行编辑；双击"弯头"可以修改其曲率；双击"变径管"可修改其长度，如图 7-2-5 所示。在转换轴测视图和着色渲染后，可看到双线水管系统的三维形式。

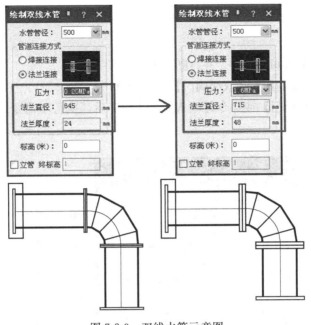

图 7-2-3　双线水管示意图

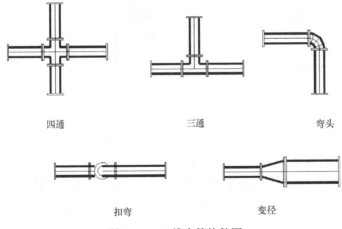

四通　　　　　　　　　三通　　　　　　　　　弯头

图 7-2-4　双线水管构件图

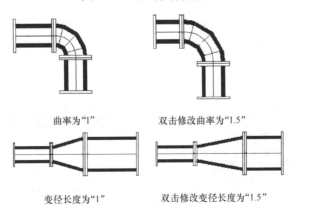

曲率为"1"　　　　　双击修改曲率为"1.5"

变径长度为"1"　　　双击修改变径长度为"1.5"

图 7-2-5　双线水管系统示意图

7.3 双线阀门

在双线水管上插入阀门阀件，并打断水管。

菜单位置：【水管工具】→【双线阀门】（SXFM）

菜单点取【双线阀门】或命令行输入"SXFM"后，执行本命令，弹出如图 7-3-1 所示对话框。

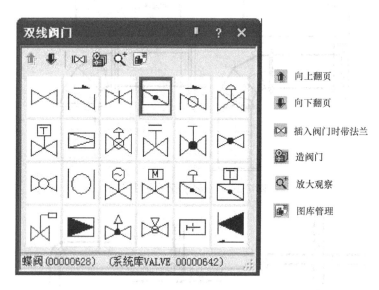

图 7-3-1 双线阀门图库

在对话框中选定要插入的阀门，按命令行提示进行插入：

指定阀件的插入点〈左右翻转(F)/上下翻转(S)〉＜退出＞：

双线阀门插入管线效果如图 7-3-2 所示。

提示：插入阀门的大小会随双管管径的大小自动进行调整，如果想修改阀门或自定义其大小及带法兰双线的长短，即可双击已插入的阀门，在弹出的【阀门编辑】对话框中设置，如图 7-3-3 所示。

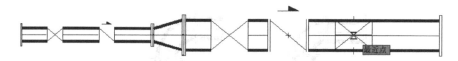

图 7-3-2 双线阀门插入管线效果图

图 7-3-3 阀门编辑对话框

7.4　管线打断

将一段完整的管线从选取的两点间打断。

菜单位置：【水管工具】→【水管打断】（GXDD）

菜单点取【水管打断】或命令行输入"GXDD"后，会执行本命令。

命令行提示：

请选取要打断管线的第一截断点＜退出＞:*在管线上点取要打断的第一点；*

再点取该管线另一截断点＜退出＞:*再点取要打断另一点。*

此时管线发生打断，见图 7-4-1。

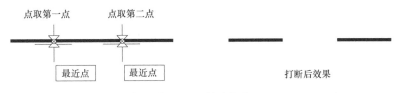

图 7-4-1　管线打断

> **注意**：管线打断不同于当管线之间存在相互遮挡关系时的打断。打断后的管线是两段独立的管线；而管线交叉处的打断只是由优先级或标高所决定的遮挡，管线并没有被打断。所以不应用此命令对管线交叉处进行打断。

7.5　管线倒角

对水管工具管线或空调水路管线进行倒角。

菜单位置：【水管工具】→【水管倒角】（GXDJ）

菜单点取：【水管倒角】或命令行输入"GXDJ"后，会执行本命令，命令行提示：

请选择第一根管线:＜退出＞:*选择需要倒角的第一根管线；*

请选择第二根管线:＜退出＞:*选择需要倒角的第二根管线；*

请输入倒角半径:＜退出＞:*输入倒角的半径后，回车或者单击右键，管线倒角命令执行完毕。*

7.6　管线连接

将处于同一水平线上的两段管线相连成为一段完整的管线；将延长线相互垂直的两条管线连接成直角；对已形成四通的管线，将其中处于同一直线上的两根管线连接成一条管线后，此线的遮挡关系优先，另一管线被打断。

菜单位置：【水管工具】→【水管连接】（GXLJ）

菜单点取【水管连接】或命令行输入"GXLJ"后，会执行本命令。

命令行提示：

请拾取要连接的第一根管线<退出>：
请拾取要连接的第二根管线<退出>：
先后点取延长线相互垂直的两条管线，系统自动完成直角处理，如图 7-6-1 所示。

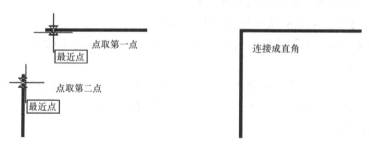

图 7-6-1　连接管线直角

拾取两根要连接的管线，系统会自动完成连接，如图 7-6-2 所示。

图 7-6-2　同一水平线上的两段管线相连接成一段完整的管线

对于已生成四通的管线，在其中一根上应用此命令时，该管线连接并对另一根进行遮挡。如图 7-6-3 所示。

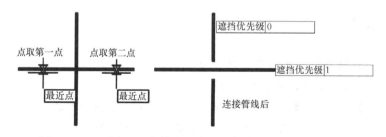

图 7-6-3　已形成四通的管线连接成一条管线后遮挡关系优先

7.7　管线置上

修改同标高下遮挡优先级别低的管线，使其置于其他管线之上。
菜单位置：【水管工具】→【水管置上】（GXZS）
菜单点取【水管置上】或命令行输入"GXZS"后，会执行本命令。
命令行提示：
选择需要置上的管线<退出>：
右键确认后，系统会在除此之外的管线中选择一根遮挡优先级别最高的管线，在此之上加一并赋值于这根需要置上的管线，如图 7-7-1 所示。

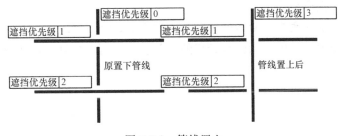

图 7-7-1　管线置上

> **注意**：为了使出图达到理想的效果，用户可以根据自己的需要调整管线打断的间距，在【初始设置】中编辑【水管打断间距】即可。

7.8　管线置下

修改同标高下遮挡优先级别高的管线，使其置于其他管线之下。

菜单位置：【水管工具】→【水管置下】（GXZX）

菜单点取【水管置下】或命令行输入"GXZX"后，会执行本命令。

命令行提示：

选择需要置下的管线＜退出＞：

右键确认后，系统会在除此之外的管线中选择一根遮挡优先级别最低的管线，在此之上减一并赋值于这根需要置下的管线，如图 7-8-1 所示。

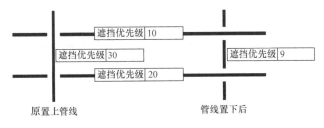

图 7-8-1　管线置下

> **注意**：同【水管置上】一样打断间距也是由【初始设置】中的【水管打断间距】确定。

7.9　更改管径

更改水管管径的工具，通过此命令可快速更改单根水管管径。

菜单位置：【水管工具】→【更改管径】（GGGJ）

菜单点取【更改管径】或命令行输入"GGGJ"后，会执行本命令。

命令行提示：

请选取要更改管径的管线＜退出＞：

选择管线后，命令行提示：

请在编辑框内输入文字＜回车键或鼠标右键完成，ESC 键退出＞：

弹出一个悬浮框，框中显示的是管线的当前管径，可进行修改，如图 7-9-1 所示：

图 7-9-1　更改管径示例

7.10　单管标高

修改选中的单根管线或立管的标高。

菜单位置：【水管工具】→【单管标高】（DGBG）

菜单点取【单管标高】或命令行输入"DGBG"后，会执行本命令。

点取命令后，鼠标的指针变为方框，命令行提示：

选择管线＜退出＞：

当方框移向该管线时就会动态显示出管线的当前标高，如图 7-10-1 中图 1 所示；

单击左键后，在编辑框内输入新的管线标高，如图 7-10-1 中图 2 所示，右键确认即可。随后进入下一管线的标高修改，右键结束命令。

图1 显示当前管线标高　　　　图2 输入新的管线标高

图 7-10-1　单管标高举例

应用此命令修改立管，鼠标的指针变为方框，当方框移向该立管时就会动态显示出当前标高，如图 7-10-2 中图 3 所示。

单击左键后，会弹出图 7-10-2 中图 4 的对话框，在编辑框内输入新的管线标高确认即可。

图3 显示当前立管标高

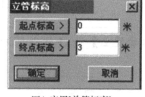

图4 应用[单管标高]
修改立管标高对话框

图 7-10-2　单管标高的编辑对话框

7.11　断管符号

在管线的末端插入断管符号。

菜单位置：【水管工具】→【断管符号】（DGFH）

菜单点取【断管符号】或命令行输入"DGFH"后，会执行本命令。

命令行提示：

请选择要插入断管符号的管线＜退出＞：

点选或框选需添加断管符号的管线，右键确认后，系统将自动在管线末端生成断管符号。

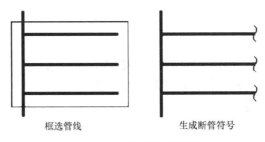

框选管线   生成断管符号

图 7-11-1 断管符号举例

7.12 修改管线

改变管线的层、线型、颜色、线宽、管材、管径、遮挡级别和标高信息。

菜单位置：【水管工具】→【修改管线】（XGGX）

菜单点取【修改管线】或命令行输入"XGGX"后，会执行本命令，命令行提示：

请选择要修改的管线＜退出＞:选择后，右键确定；

菜单点取或双击管线，弹出【修改管线】对话框，如图 7-12-1 所示，用户可以在此对话框中对所选管线的所有信息和属性进行修改：包括［更改线型］、［更改图层］、［更改

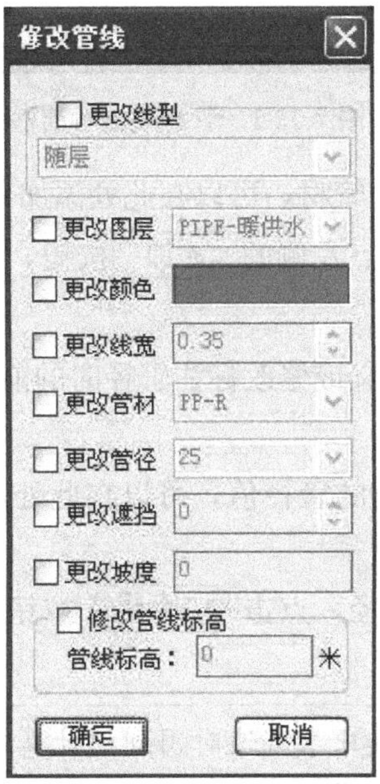

图 7-12-1 修改管线对话框

颜色]、［更改线宽]、［更改管材]、［更改管径]、［更改遮挡]和［修改管线标高]几个选择框，用户如果要更改管线的某个属性只需选中选择框，这时后面的编辑框或下拉菜单就变为可编辑的状态了。

> **注意**：可以在绘制管线的同时确定管线标高、管径等参数，也可以通过此命令对已画的管线参数进行修改。

7.13 管材规格

设置系统管材的管径，可定义计算中用到的内径等数据。

菜单位置：【水管工具】→【管材规格】（GCGG）

菜单点取【管材规格】或命令行输入"GCGG"后，会执行本命令，弹出如图7-13-1所示对话框。

图 7-13-1　管材规格对话框

▶ 管材名称：水管和风管的管材，可以在此处添加和删除管材；

在空白框里写上管材名称，点左侧的 添加 按钮，即可添加新的管材进入到相应的系统。

还可以在【管材规格】里定义或修改标注管径时的前缀，点击按钮 定义标注前缀De ，弹出如图 7-13-2 所示对话框：

▶ 管材数据：对应不同管材的管径值，可以在此处添加管径和将所选的一组管径值删除；

在新公称直径后添加新的管径，点击 添加新规格 按钮，即为添加了一组新管径值，在表格中调整外径及内径值。

> **内径**：指的是诸如水力计算中求流速时用到的计算内径等；用户在此对话框中定义的管径值将会在后续计算中被调用。

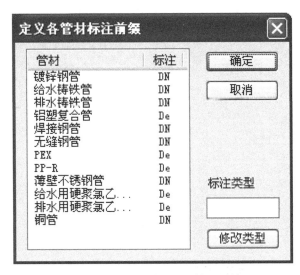

图 7-13-2　定义管材标注前缀对话框

7.14　管线粗细

设置当前图中的所有管线是否以实际出图时的线宽显示。

菜单位置:【水管工具】→【水管粗细】(GXCX)

菜单点取【水管粗细】或命令行输入"GXCX"后,会执行本命令。

执行该命令后,如果图中管线以细线显示,则所有管线按照已设定的粗细即实际出图宽度显示。加粗后的线宽可在【初始设置】中的[管线设置]进行调整,修改宽度后选中[强制修改管线]的选项,可将整图的所有管线一并进行修改。

> **注意:** 由于软件的设计原则为所见即所得,区别于设计师认为的管线加粗显示,命令的粗线形式是依据设定好的线宽以实际出图宽度显示,细线形式则是按细线显示,设计师可以根据个人习惯选择以粗线或细线画图,但在出图时应选择用粗线显示,以保证出图效果,管线粗细如图 7-14-1 所示。

细管线　　　　　　　　　　　　　　　　　　粗管线

图 7-14-1　管线粗细举例

第 8 章
风 管

内容提要

- 风管设置

提供了风管的系统设置，包括风管的管线、连接件、中心线的设置；提供了构件默认值设置，计算设置等风管的基础设置。

- 风管绘制

提供了空调的风管设计、立风管的布置功能。提供弯头、三通、四通、法兰等连接件对风管进行连接。提供了更新关系的功能。

- 风管编辑及调整

提供了构件换向、局部改管、平面对齐、竖向调整、打断合并等功能，轻松转换连接件气流方向，实现风管绕梁绕柱，整体抬高降低等操作。

8.1 设置

在绘制风系统前，进行相关的初始设置。

菜单位置：【风管】→【设置】

菜单点取【设置】后，执行本命令，系统弹出如图8-1-1所示的对话框。

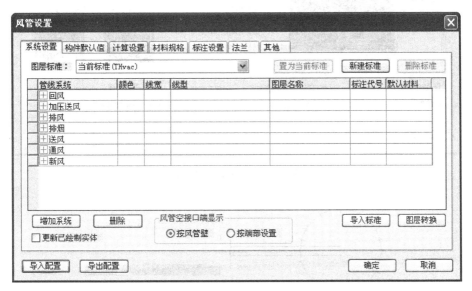

图 8-1-1　风管设置对话框

- 系统设置

1. 此处列出了软件自带的管线系统，这里不仅可以对已有系统的参数进行修改，还可以通过"增加系统"和"删除"来进行扩充和删减。

2. "图层标准"、"导入标准"、"图层转换"，命令类似于【图层管理】，可建立不同的风管图层标准，相同的风系统之间可进行图层的转换。具体可参见《风管图层标准》。

3. "风管空接口端显示"：通过控制风管端部按照风管壁或者端线本身设置，来控制风管端线是否加粗。

4. 【导入配置】【导出配置】可以通过导出命令将风管设置中做的设置生成配置文件T-Hvac_Config.mdb，可在重装或换机器时直接导入设置。

- 构件默认值

构件默认值设置如图8-1-2所示：

1. 构件默认设置左侧列表为构件类型，中间图片部分为所选构件类型的不同样式，其中红框锁定的样式为连接和布置时默认的样式，构件参数项目处可设置所选构件的默认参数值。

2. "风口连接形式"、"立风管样式"、"变高弯头形式"、"变高乙字弯样式"点击图片可选择。

3. 绘制选项，勾选"锁定角度"绘制风管的时候会有角度辅助如图8-1-3所示，并且可以设置角度间隔。

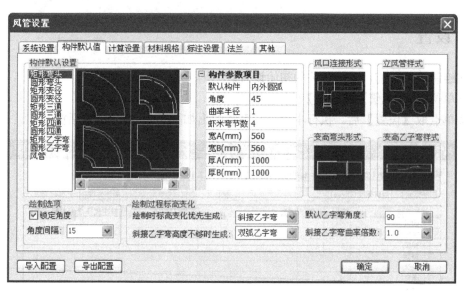

图 8-1-2　构件默认值设置

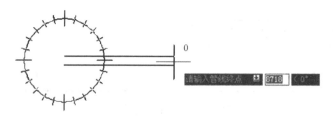

图 8-1-3　锁定角度示意图

4. "连续绘制过程中标高发生变化"时，自动生成变高弯头或乙字弯的相关设置。

- 计算设置

计算设置如图 8-1-4 所示：

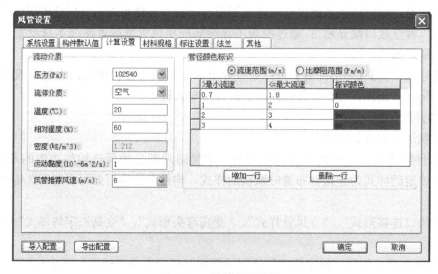

图 8-1-4　计算相关设置

1. 关于流动介质参数的一些设置。

2. 进行风管水力计算之后，可以通过计算菜单下的"结果预览"命令以流速或比摩阻范围为条件进行颜色标识，此处是对相关范围和颜色的设置。

3. 关于风管推荐风速设置，支持手动输入，在此设置推荐流速后，在风管绘制界面中可按此数值计算推荐截面尺寸进行绘制。

- 材料规格

材料规格设置如图 8-1-5 所示：

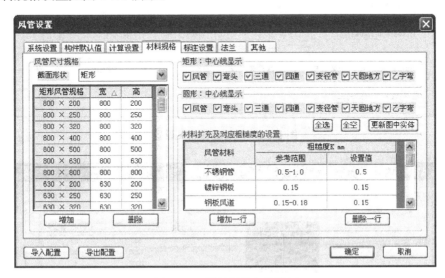

图 8-1-5　材料规格相关设置

1. 风管尺寸规格设置，开放可扩充和删除。

2. 矩形和圆形中心线显示设置，风管和各类连接件之前勾选则显示中心线，不勾选则不显示，并可通过"更新图中实体"对已绘制部分进行中心线显示与否的更新。

3. 材料扩充以及对应粗糙度的相关设置。

- 标注设置

标注设置如图 8-1-6 所示：

1. 标高基准和自动标注位置的设置。

2. 标注样式：可设置文字样式、高度和箭头样式、大小。

3. 标注内容：提供自动标注和斜线引标两种形式，可根据设计习惯自定义设置标注项目。绘制风管过程中可自动进行标注，也可通过【风管标注】命令进行标注。

4. 标高前缀设置。

5. 圆风管标注样式选择。

6. 风管长度和距墙距离标注的单位设置。

- 法兰

法兰设置如图 8-1-7 所示：

1. 默认法兰样式设置，改变默认法兰样式后可通过"更新图中法兰"对图面上已有法兰进行更新。

2. 法兰出头尺寸设置，风管最大边范围中的"-"表示无穷大或无穷小，可增加或删

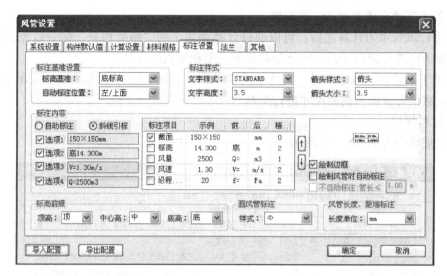

图 8-1-6　风管标注相关设置

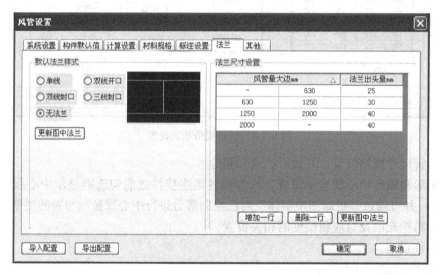

图 8-1-7　法兰相关设置

除行，修改参数后同样可以通过"更新图中法兰"来对已有法兰进行更新。

• 其他

其他设置如图 8-1-8 所示：

1. 风管厚度设置，可切换不同的风管材料及截面类型，可增加或删除行，修改参数后同样可以通过"更新图中风管"来对已有风管壁厚进行更新。数值将在材料统计【按壁厚统计风管】结果中具体体现。

2. 联动设置：

位移联动：拖动风管夹点，可实现构件与风管的联动；

尺寸联动：更改风管尺寸或拖动调整尺寸夹点，与其有连接关系的构件及风管尺寸会自动随之变化；

自动连接/断开：移动、复制阀门到新管，原风管可自动闭合、新风管自动打断。

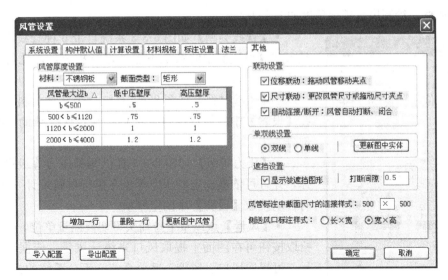

图 8-1-8 其他设置

3. "单双线设置"可以控制风管的单双线形式，并可以通过"更新图中实体"来对图总已绘的风管进行单双线强制转化。

4. "遮挡设置"当风管上线遮挡的时候，是否以虚线显示出来，可通过这里进行控制。

5. 打断间隙：当双线风管之间因标高差造成上下遮挡时，其被打断的间距通过这里进行设置。

6. 风管标注中截面尺寸的连接符号可在中间方框中进行修改。

8.2 更新关系

对于使用天正命令绘制出来的图形对象，有时由于管线间的连接处理不到位，可能造成提图识别不正确，可以使用此命令先处理后，再进行提图。

菜单位置：【风管】→【更新关系】（RCOV）

菜单点取【更新关系】或命令行输入"RCOV"会执行本命令。

点击命令按钮启动更新关系命令，图面上光标变为拾取框并且命令行提示：

"请选择需要更新遮挡效果的管件："

框选，右键确定完成关系更新。

命令交汇：可在风管水力计算提图之前或者打印出图之前对图面管件进行更新关系处理。

8.3 风管绘制

在图中绘制风管管线。

菜单位置：【风管】→【风管绘制】（FGHZ）

菜单点【风管绘制】或命令行输入"FGHZ"后，执行命令，系统弹出如图 8-3-1 所示的对话框，绘制风管锁定角度如图 8-3-2 所示。

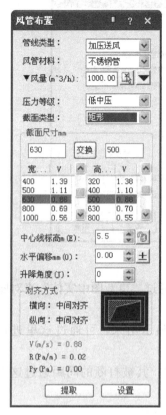

图 8-3-1　风管布置对话框

• 【管线类型】如图 8-3-3 系统自带 6 种管线类型，并且可在【设置】中的系统设置处进行扩充，详见帮助文档设置部分。

• 【风管材料】如图 8-3-4 系统自带 9 种材料，并且可在【设置】中的材料规格处进行扩充，详见帮助文档设置部分。

• 【压力等级】如图 8-3-5 提供两种压力等级供用户选择，并且可依据选定的压力等级在进行材料统计（按壁厚）时自动读取【设置】中的壁厚项。

• 【风量】点风量下拉箭头可切换风量单位，点击右边拾取按钮可在图面上提取风口来统计风量，依据命令行提示，可提取风口、风管，区分系统、不分系统的累计风量。点击黑三角可以按【设置】中的"推荐流速"进行"推荐截面尺寸"的计算。

• 【截面类型】矩形风管与圆形风管切换。

• 【截面尺寸】支持手动输入，也可从下面的列表中选择，通过"交换"按钮可使风管宽高值对换。

• 【中心线标高】可通过右边功能按钮来锁定中心线标高。

• 【水平偏移】如图 8-3-6 所示从圆心引出的线应为无偏移时风管中心线位置，设置了偏移后即为下图效果，可达到沿线定距绘制风管的目的。

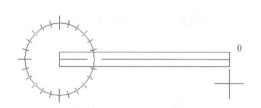

图 8-3-2　绘制风管锁定角度示意

图 8-3-3　管线类型选择

图 8-3-4　风管材料选择

图 8-3-5　压力等级选择

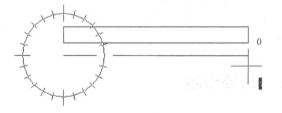

图 8-3-6　水平偏移示意

• 【升降角度】绘制带升降角度的风管，此处的角度即为"俯视图"情况下风管与水平方向夹角。

・【对齐方式】包括 9 种对齐方式，如图 8-3-7 所示。

・【V，R，Py】提供风速、比摩阻、沿程阻力的即时计算值以供参考。

・【提取】可提取管线的信息，将对话框的参数自动设置成所提取管线的信息，方便绘制。

・【设置】调出风管的设置对话框，详见【设置】帮助说明。

・命令行相关提示：

启动绘制命令后命令行提示：

"请输入管线起点［宽（直径）（W）/高（H）/标高（E）/参考点（R）/两线（G）/墙角（C）/弯头曲率（Q）］＜退出＞:"

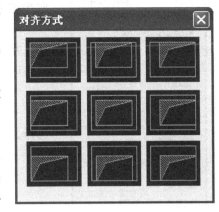

图 8-3-7　风管对齐方式选择

输入起始点后的命令行提示：

"请输入管线终点［宽（直径）（W）/高（H）/标高（E）/弧管（A）/参考点（R）/两线（G）/墙角（C）/弯头曲率（Q）/插立管（L）/回退（U）］:"

输入字母［A］，可绘制弧线风管；

输入字母［R］，选取任意参考点为定位点；

输入字母［G］，选取两条参考线来定距布置风管；

输入字母［C］，选取墙角利用两墙线来定距布置风管；

输入字母［Q］，改变风管绘制时，连接弯头的曲率半径值；

输入字母［L］，在绘制的风管上插立风管；

输入字母［U］，如果发现管线绘制错误，可以按 U 键回退到上一步的操作，重新绘制出错的管线，而不用退出命令。

提供【显示模式】功能，用于切换二、三维显示，根据设计习惯进行设置。

完全二维：风管只显示二维样式，支持不等标高风管的连接，连接时不受标高影响

完全三维/自动确定：不支持不等标高风管的连接。不等标高的风管连接时提示"风管标高相差太大，无法生成管件！请修改风管标高或在菜单设置中将显示模式更改为'完全二维'模式。"

8.4　立风管

布置风管立管。

菜单位置：【风管】→【立风管】（LFG）

菜单点【立风管】或命令行输入"LFG"后，执行本命令，系统弹出如图 8-4-1 所示的对话框。

・【管线类型】系统自带 6 种管线类型，并且可在【设置】中的系统设置处进行扩充，详见帮助文档设置部分。

・【风管材料】系统自带 9 种材料，并且可在【设置】中的材料规格处进行扩充，详

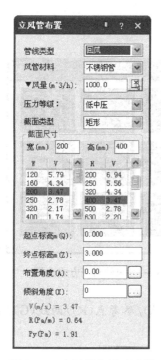

图 8-4-1 立风管布置对话框

见帮助文档设置部分。

- 【风量】点风量下拉箭头可切换风量单位，点右边拾取按钮可在图面上提取风口来统计风量。
- 【压力等级】如图 8-4-2 提供两种压力等级供用户选择，并且可依据选定的压力等级在进行材料统计（按壁厚）时自动读取【设置】中的壁厚项。
- 【截面类型】矩形风管与圆形风管切换。
- 【截面尺寸】支持手动输入，也可从下面的列表中选择。
- 【起点标高】【终点标高】设置立管的始末标高。
- 【角度】控制立管布置角度，如图 8-4-3 所示：
- 【V，R，Py】提供风速、比摩阻、沿程阻力的即时计算值以供参考。

启动命令后，命令行提示：

"请输入位置点［基点变换（T）/转 90 度（S）/参考点（R）/距线（D）/两线（G）/墙角（C）]＜退出＞："

可以任意布置立管，也可以通过提供的命令进行定位布置立管。

相关设置：【设置】中的"构件默认值设置"可选择立管默认样式如图 8-4-4。

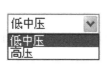

图 8-4-2 压力等级选择

图 8-4-3 立风管布置角度示意

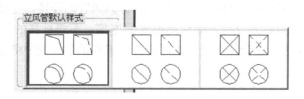

图 8-4-4 立风管样式选择

8.5 弯头

任意布置弯头或两风管之间弯头连接。

菜单位置：【风管】→【弯头】（WT）

菜单点取【弯头】或命令行输入"WT"后，会执行本命令，也可以选中任意风管或连接件通过右键菜单调出，执行命令后系统会弹出如图 8-5-1 所示的对话框。

- 【截面设置】如上图 8-5-1 为矩形弯头界面，切换到圆形弯头则界面如图 8-5-2 所

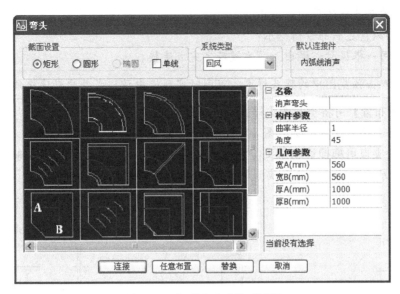

图 8-5-1　矩形弯头连接对话框

示，且此处可设置弯头的单双线表示形式。

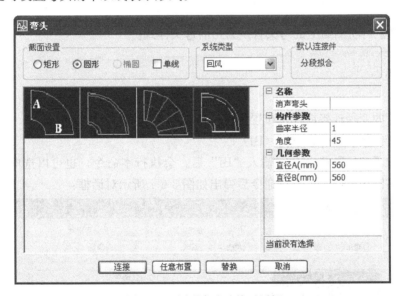

图 8-5-2　圆形弯头连接对话框

- 【系统类型】任意布置时设定其所属的风系统，当执行连接操作时，无需设置，程序会根据风管类型自动判断。
- 【默认连接件】此处显示默认样式的名称，默认连接样式可以在【设置】中进行修改。
- 【弯头样式预览图】图中红框框选样式即为当前选中样式，即进行连接、替换时使用的样式。
- 【弯头参数设置】包括构件参数与几何参数。
- 【连接】两段等高风管进行弯头连接，点击按钮命令行提示：

"请选择弯头连接的风管＜退出＞："

选中一根风管之后命令行提示：

"请选择另一根风管＜退出＞:"右键确定完成连接。

> **注意**：双击预览图中的弯头样式，可同时实现选中该样式并启动连接命令。

　•【任意布置】可将当前弯头样式任意布置到图中。

　夹点操作：任意布置弯头如图 8-5-3 所示，选中弯头有"＋"形状夹点和蓝色方块夹点，蓝色方块夹点可拖拽移动弯头位置；弯头两端的"＋"夹点可以直接拖拽引出风管，如图 8-5-4 所示；中间的"＋"夹点可以拖拽引出风管并且使当前弯头变为三通，如图 8-5-5所示。

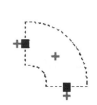
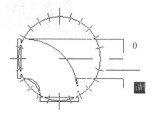

图 8-5-3　弯头夹点示意图　　图 8-5-4　弯头夹点引出风管　　图 8-5-5　弯头夹点引出生成三通

　•【替换】可将图面上的弯头替换为当前弯头样式。

8.6　变径

进行风管的变径连接或任意布置变径。

菜单位置：【风管】→【变径】（BJ）

菜单点取【变径】或命令行输入"BJ"后，会执行本命令，也可以选中任意风管或连接件通过右键菜单调出，执行命令后弹出如图 8-6-1 所示对话框：

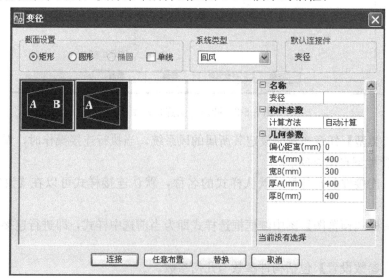

图 8-6-1　矩形变径连接对话框

• 【截面设置】如图 8-6-1 为矩形管变径界面，切换到圆风管变径则界面如图8-6-2所示，且此处可设置变径的单双线表示形式。

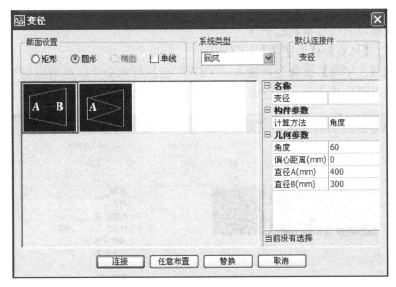

图 8-6-2　圆形变径连接对话框

• 【系统类型】任意布置时设定其所属的风系统，当执行连接操作时，无需设置，程序会根据风管类型自动判断。

• 【默认连接件】此处显示默认样式的名称，默认连接件样式可以在【设置】中进行修改。

• 【变径样式预览图】图中红框框选样式即为当前选中样式，即进行连接、替换时使用的样式。

• 【变径参数设置】包括构件参数与几何参数。

• 【连接】变径连接命令，点击按钮命令行提示：

"请框选两个平行的风管＜退出＞："　　框选右键确定自动生成变径连接。

> **注意**：双击预览图中的变径样式，可同时实现选中该样式并启动连接命令。

• 【任意布置】可将当前变径样式任意布置到图面中。

夹点操作：任意布置变径如图 8-6-3 所示，选中变径看到有"＋"形状夹点和蓝色方块夹点，蓝色方块夹点可以拖拽移动变径位置，变径两端的"＋"夹点可以直接拖拽引出风管，如图 8-6-4 所示：

• 【替换】可将图面上的变径替换为当前设置变径样式。

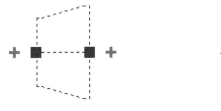

图 8-6-3　变径夹点示意图

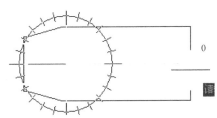

图 8-6-4　变径夹点引出风管

8.7 乙字弯

乙字弯连接以及任意布置乙字弯。

菜单位置:【风管】→【乙字弯】(YZW)

菜单点取【乙字弯】或命令行输入"YZW"会执行本命令,也可以选中风管或连接件通过右键菜单调出该命令,执行命令后弹出如图 8-7-1 所示对话框。

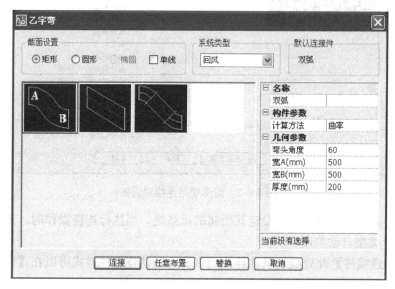

图 8-7-1 矩形乙字弯连接对话框

• 【截面设置】如图 8-7-1 为矩形乙字弯界面,切换到圆形乙字弯则界面如图 8-7-2 所示,且此处可设置乙字弯的单双线表示形式。

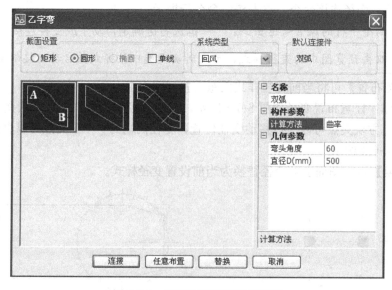

图 8-7-2 圆形乙字弯连接对话框

• 【系统类型】任意布置时设定其所属的风系统，当执行连接操作时，无需设置，程序会根据风管类型自动判断。

• 【默认连接件】此处显示默认样式的名称，默认连接样式可以在【设置】中进行修改。

• 【乙字弯样式预览图】图中红框框选样式即为当前样式，即进行连接、替换时使用的样式。

• 【乙字弯参数设置】包括构件参数与几何参数。

• 【连接】乙字弯连接，点击按钮命令行提示：

"请点取第一根风管（点取位置决定连接方向）＜退出＞："

选中一根风管之后命令行提示

"请点取第二根风管＜退出＞："右键确定完成连接。

• 【任意布置】可将当前乙字弯样式任意布置到图面中。

夹点操作：任意布置乙字弯如图 8-7-3 所示，选中乙字弯看到有十字形状夹点和蓝色方块夹点，蓝色方块夹点可拖拽移动乙字弯位置；乙字弯两端的十字夹点可以直接拖拽引出风管，如图 8-7-4 所示。

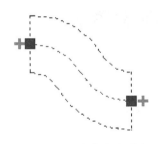 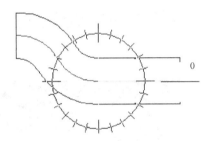

图 8-7-3　乙字弯夹点示意　　　　　图 8-7-4　乙字弯夹点引出风管

• 【替换】可将图上的乙字弯替换为当前设置样式。

8.8　三通

进行风管的三通连接和任意布置三通。

菜单位置：【风管】→【三通】（3T）

菜单点【三通】或命令行输入"3T"后，执行本命令，也可以选中风管或连接件通过右键菜单调出该命令，执行命令后系统弹出如图 8-8-1 所示的对话框。

• 【截面设置】如图 8-8-1 为矩形管三通界面，切换到圆管三通则界面如图 8-8-2 所示，且此处可设置变径的单双线表示形式。

• 【系统类型】任意布置时设定其所属的风系统，当执行连接操作时，无需设置，程序会根据风管类型自动判断。

• 【默认连接件】此处显示默认样式的名称，默认连接件样式可以在【设置】中进行修改。

• 【三通样式预览图】图中红框框选样式即为当前样式，即进行连接、替换时使用的样式。

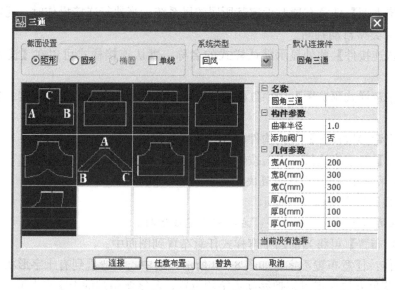

图 8-8-1　矩形三通连接对话框

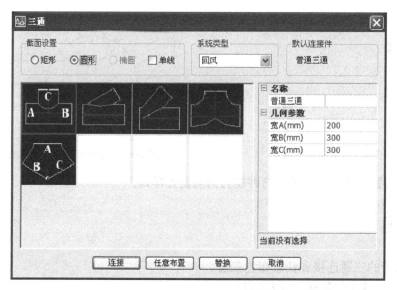

图 8-8-2　圆形三通连接对话框

- 【三通参数设置】包括构件参数与几何参数。
- 【连接】三通连接命令，点击按钮命令行提示：

"请选择三通连接的风管："　框选三根截面类型相同的风管右键确定完成三通连接。

如果当前连接样式为矩形承插、斜接、圆角，以及圆形承插、斜接这些三通样式时，框选风管右键确定后命令行会出现提示：

"请选择主风管＜退出＞："　　　点选主管确定流向完成连接。

- 【任意布置】可将当前三通样式任意布置到图面中。

夹点操作：任意布置三通如图 8-8-3 所示，选中三通看到有"＋"形状夹点和蓝色方块夹点。蓝色方块夹点可以拖拽移动三通位置，三通端点的"＋"夹点可以直接拖拽引出风管，如下图 8-8-4 所示，中间位置"＋"夹点可拖拽引出风管并使当前三通变为四通，如图 8-8-5 所示：

 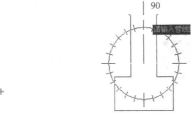 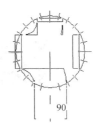

图 8-8-3　三通夹点示意　　　　图 8-8-4　三通夹点引出风管　　　图 8-8-5　三通夹点引出生成四通

• 【替换】可将图面上的变径替换为当前设置的三通样式。

8.9　四通

进行风管的四通连接和任意布置四通。

菜单位置：【风管】→【四通】（4T）

菜单点取【四通】或命令行输入"4T"后，执行本命令，也可以选中风管或连接件通过右键菜单调出该命令，执行命令后系统弹出如图 8-9-1 所示的对话框。

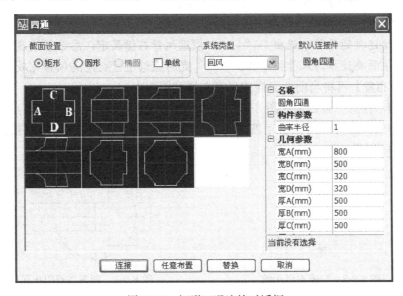

图 8-9-1　矩形四通连接对话框

• 【截面设置】如图 8-9-1 为矩形管四通界面，切换到圆风管四通则界面如图8-9-2所示，且此处可设置变径的单双线表示形式。

• 【系统类型】任意布置时设定其所属的风系统，当执行连接操作时，无需设置，程序会根据风管类型自动判断。

• 【默认连接件】此处显示默认样式的名称，默认连接件样式可以在【设置】中进行修改。

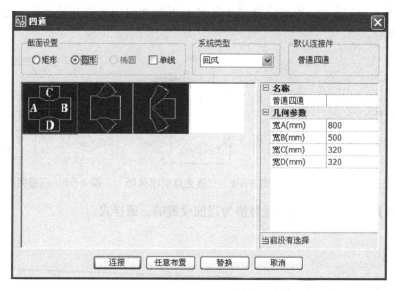

图 8-9-2　圆形四通连接对话框

• 【四通样式预览图】图中红框框选样式即为当前样式，即进行连接、替换时使用的样式。

• 【四通参数设置】包括构件参数与几何参数。

• 【连接】四通连接命令，点击按钮命令行提示：

"请选择要连接的风管＜退出＞："　　　框选风管右键确定，命令行出现如下提示：

"请选择主管要连接的风管＜退出＞："　　此时点选主管要连的风管完成连接。

• 【任意布置】可将当前四通样式任意布置到图面中。

夹点操作：任意布置四通如图 8-9-3 所示，选中四通看到有十字形状夹点和蓝色方块夹点，蓝色方块夹点可以拖拽移动四通位置；四通四端的十字夹点可以直接拖拽引出风管，如图 8-9-4 所示：

图 8-9-3　四通夹点示意

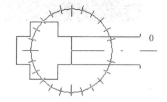

图 8-9-4　四通夹点引出风管

• 【替换】可将图面上的四通替换为当前设置四通样式。

8.10　法兰

插入和删除法兰、更新法兰样式等。

菜单位置：【风管】→【法兰】(FL)

菜单点取【法兰】或命令行输入"FL"后，会执行本命令，系统弹出如图 8-10-1 所示的对话框：

• 法兰形式：

如图 8-10-2 所示，法兰形式从左到右依次为单线、双线、双竖线、三线；选择"无法兰"然后在图面上框选确定，则框选范围内的所有法兰将被删除。

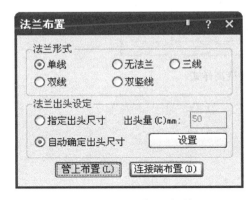

图 8-10-1　法兰布置对话框

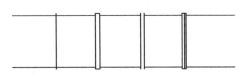

图 8-10-2　法兰样式

• 法兰出头设定：

"指定出头尺寸"在后边直接输上出头尺寸即可；

"自动确定出头尺寸"点击后边的按钮则会启动【设置】中的"法兰"页面，此处内容详见帮助文档【设置】部分。

•【管上布置】可以在风管上任意位置插入法兰。

•【连接端布置】可对图面上风管和连接件之间的法兰进行删除或更新等操作。

8.11　变高弯头

在风管上插入向上或向下的变高、变低弯头，以及自动生成立风管，如图 8-11-1所示。

菜单位置：【风管】→【变高弯头】（BGWT）

菜单点取【变高弯头】或命令行输入"BGWT"会执行本命令，命令行提示：

"请点取水平管上要插入弯头的位置＜退出＞"

点取水平管上一点后，命令行提示：

"请输入竖风管的另一标高（米）当前标高 3.000＜退出＞"

直接右键确定即为原标高值，或者输入新的标高值。

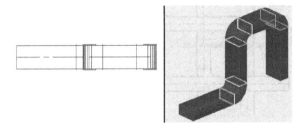

图 8-11-1　变高弯头

变高弯头样式的选择，可在风管/设置中设置，其中提供了变高弯头样式的选择切换，如图 8-11-2 所示。

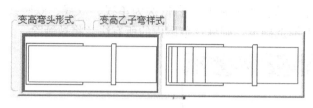

图 8-11-2 提供两种变高样式

8.12 空间搭接

对标高不同的风管实现空间连接。

菜单位置：【风管】→【空间搭接】（KJDJ）

菜单点取【空间搭接】或命令行输入"KJDJ"后会执行本命令。

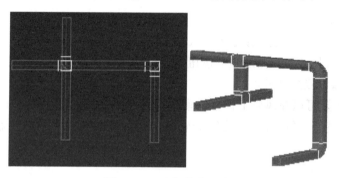

图 8-12-1 空间搭接示意图

8.13 构件换向

实现三通、四通变换方向。

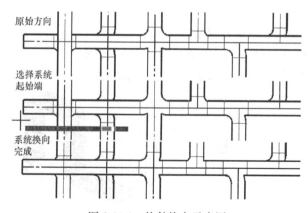

图 8-13-1 构件换向示意图

菜单位置：【风管】→【构件换向】（GJHX）

菜单点取【构件换向】或在命令行输入"GJHX"会执行本命令。

点击命令按钮启动构件换向命令，图面上光标变成拾取框并且命令行提示：

"请选择要换向的矩形三通或四通或[整个系统换向（H）]："，选择目标构件（三通/四通）右键确定完成构件换向命令。

命令行里输入"H"后，命令行提示：

"请点选系统起始端（即风管上气流入口端点）："，图面中光标变为十字，点击风系统的起始端，整个风系统进行换向。

8.14　系统转换

不同风系统间整体转换，或整体选中某一风系统。

菜单位置：【风管】→【系统转换】（XTZH）

菜单点取【系统转换】或命令行输入"XTZH"后，执行本命令，系统弹出如图 8-14-1 所示对话框。

【选择系统】选择原风管系统。

【类别】需转换的对象，通过全选或全空控制，也可单独操作。

【转换为】选择目标风管系统。

风系统转换：在【选择系统】中选中原风系统，在【转换为】中选择目标系统，确定后，命令行提示：

"您准备将回风系统转换为排风系统，请选择转换范围＜整张图＞："框选范围或者右键确定选择整张图（此处的回风系统和排风系统均为示例）。

"转换完毕"。风系统转换如图 8-14-2 所示。

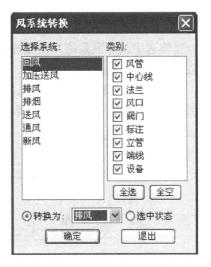

图 8-14-1　系统转换对话框

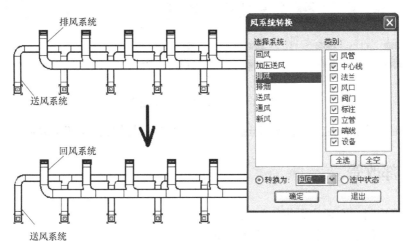

图 8-14-2　风系统转换示意图

【选中状态】整体选中某一风管系统，使其处于选中状态，如图 8-14-3 所示。

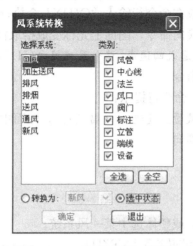

图 8-14-3 风系统转换对话框

整体选中某一风系统：在【选择系统】中确定目标系统，点击【选中状态】后，点击"退出"，命令行提示：

"请框选加压送风系统＜整张图＞："框选范围或者右键确定选择整张图（此处的加压送风系统为示例），如图 8-14-4 所示。

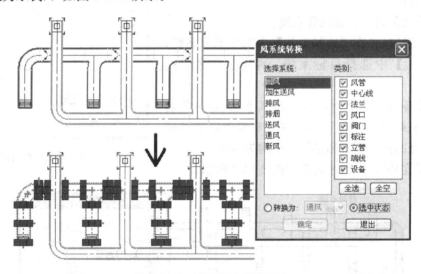

图 8-14-4 风系统转换示意图

此时范围内的加压送风系统处于选中状态，用户可以进行整体移动复制等操作。

8.15 局部改管

辅助风管绘制，实现绕梁绕柱效果。

菜单位置：【风管】→【局部改管】（JBGG）

菜单点取【局部改管】或命令行输入"JBGG"后，执行本命令，系统弹出如图 8-15-1

所示对话框。

·乙字弯形式

包括双弧、角接、斜接，在此设置绘制过程中生成乙字弯的默认样式。

·参数

乙字弯相关角度和曲率倍数的设置，当选择斜接乙字弯时曲率倍数项将被激活。

·偏移或升降

1. 偏移。根据命令行提示在管上点取两个点并且给定偏移点位置之后，即可产生局部偏移效果如图 8-15-2 所示：

2. 升降。根据命令行提示在管上点取两个点并且给定升降高度之后，即可产生局部升降效果如图 8-15-3（轴测图）所示。

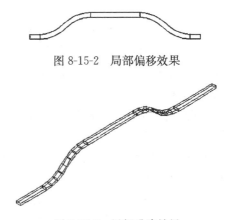

图 8-15-2　局部偏移效果

图 8-15-1　局部改管对话框

图 8-15-3　局部升降效果

8.16　平面对齐

批量操作风管及连接件与指定基准线进行平面对齐。

菜单位置：【风管】→【平面对齐】（PMDQ）

菜单点取【平面对齐】或命令行输入"PMDQ"后执行本命令，系统弹出如图 8-16-1 所示对话框。

·对齐基准

中心线、近侧边线、远侧边线选定之后只是确定了风管的哪一边去跟基线对齐，最终的基线要在图上指定，基线可为天正墙线或任意直线。执行命令后，命令行提示：

图 8-16-1　平面对齐对话框

"请输入基线第一点＜退出＞:"　　　点取基线第一点

"请输入基线第二点＜退出＞:"　　　点取基线第二点

基线确定后，命令行继续提示：

"请选择要调整的风管:"

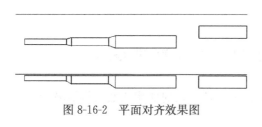

图 8-16-2　平面对齐效果图

框选需要调整的风管对象，即可实现平面对齐。

• 偏移距离

风管对齐边线与图上指定的基线的距离，方便执行距墙绘制的操作。

实例效果如图 8-16-2 所示。

8.17　竖向对齐

批量操作风管及连接件，按照给定标高或者基准管标高，实现顶边、底边或中线的对齐。

菜单位置：【风管】→【竖向对齐】（SXDQ）

菜单点取【竖向对齐】或命令行输入"SXDQ"会执行命令，弹出如图 8-17-1 所示的对话框。

对齐高度：给定一个标高值，选择顶标高、中心线标高或底标高；

选定标高基准后，命令行提示："请选择要调整的风管和管件＜确定＞:"

图 8-17-1　竖向对齐对话框

框选要调整的风管及管件，右键确定后退出，调整完毕，风管及管件变为顶对齐、中心对齐或底对齐，且对应标高变为给定值。

读取基准管标高：选定标高基准后，命令行提示："请选择对齐基准风管"

选择基准风管后，命令行提示："基准管的顶标高、中心标高或底标高为 xxm"

"请选择要调整的风管和管件＜确定＞:"框选要调整的风管及管件。

竖向对齐前
竖向对齐后

图 8-17-2　竖向对齐效果图

右键确定后退出，调整完毕，风管及管件变为顶对齐、中心对齐或底对齐，且对应标高变为基准风管的标高值。

实例效果如图 8-17-2 所示。

8.18　竖向调整

整体升降设定区间范围内的风管及管件。

菜单位置：【风管】→【竖向调整】（SXTZ）

菜单点取【竖向调整】或命令行输入"SXTZ"后会执行本命令，系统会弹出如图 8-18-1 所示的对话框。

• 升降下列范围内风管和管件

起、终标高确定后，在图面框选调整区域，标

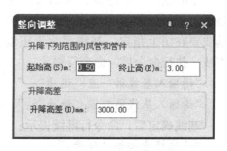

图 8-18-1　竖向调整对话框

高范围内的风管及管件，将被整体升、降。

•升降高差

输入数值以毫米为单位，正值提升，负值降低。

8.19　打断合并

实现风管的打断与合并。

菜单位置：【风管】→【打断合并】（DDHB）

菜单点取【打断合并】或命令行输入"DDHB"后执行本命令，系统弹出如图 8-19-1 所示的对话框。

•风管处理

打断：一段风管可通过打断处理，变为两根或多根管段。

合并：将平行或在一直线上的两段风管合并为一根管段。

•法兰

当命令处于风管打断状态时，可选择打断过程中是否需要插入法兰，是否插入断管符号。此法兰样式与风管【设置】中默认样式一致，效果见图 8-19-2。

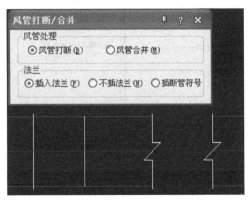

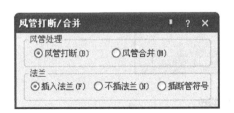

图 8-19-1　打断合并对话框　　　　　　图 8-19-2　风管打断效果图

8.20　编辑风管

对已经绘制出来的风管进行参数修改，可实现批量修改。

菜单位置：【风管】→【编辑风管】（BJFG）

菜单点取【编辑风管】或命令行输入"BJFG"会执行本命令，也可选中风管从右键菜单中调出命令。启动命令后光标变为拾取框，可单选也可批量选择风管，右键确定弹出如图 8-20-1 所示对话框：

•实体属性标签：与【风管绘制】界面上的参数完全一致，修改参数点"应用"即可生效。

•绘制属性标签：如图 8-20-2 所示，可修改风管的单双线表示形式，更改压力等级等。

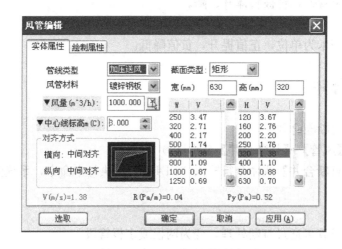

图 8-20-1　风管编辑对话框

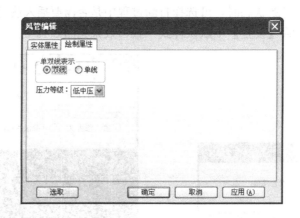

图 8-20-2　风管单双线修改

8.21　编辑立管

对已绘制出来的立管进行参数修改，可实现批量修改。

菜单位置：【风管】→【编辑立管】（BJLG）

菜单点取【编辑立管】或命令行输入"BJLG"会执行本命令，也可选中风管从右键菜单中调出命令。启动命令后光标变为拾取框，可单选也可批量选择立管，右键确定弹出如图 8-21-1 所示对话框：

• 实体属性标签：与【立风管】界面上参数完全一致，修改参数点击"应用"即可生效。

• 绘制属性标签：如图 8-21-2 所示，可以修改立管样式以及单双线样式，更改压力等级等。

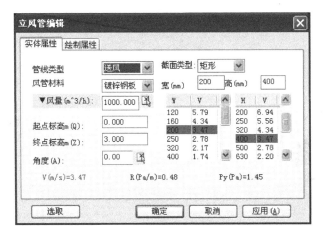

图 8-21-1　立管编辑对话框

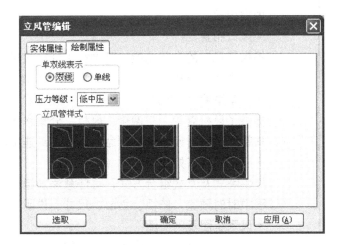

图 8-21-2　立管样式

第 9 章
风管设备

内容提要

• 风口布置

提供了风口的布置功能，可进行不同形式风口的选择，不同布置样式的选择。

• 设备图库

提供了风机盘管、空调箱、风机、分集水器等设备图块，可与管线通过【设备连管】命令进行自动连接。

• 组合式空气处理机组

提供卧式及立式组合方式，可任意添加组合各个箱体段，过程中时时预览，俯视、立面、尺寸、说明等支持选择输出。

• 风系统图及剖面图

通过平面图可自动生成系统图及剖面图，快速方便。

• 材料统计

可进行采暖管线、地热盘管、采暖阀门阀件、采暖设备等的统计，可统计出规格、数量等情况，并可生成表格。

9.1　布置风口

在图面上进行风口布置。

菜单位置：【风管设备】→【布置风口】（BZFK）

采单点取【布置风口】或命令行输入"BZFK"后，执行本命令，系统弹出如图 9-1-1 所示的对话框。

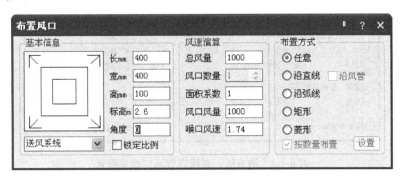

图 9-1-1　布置风口对话框

▶【基本信息】可更改设备的长、宽、高、标高、角度等信息；

鼠标点击对话框上图块的预览图会弹出风口的系统图库，如图 9-1-2 所示：

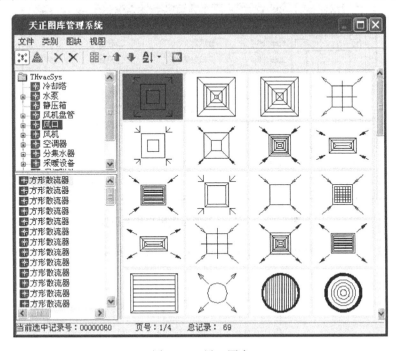

图 9-1-2　风口图库

▶【风速演算】根据风量、风口数量等参数可计算风口风量、风速等。

▶【布置方式】提供了任意、沿线、矩形、菱形、按数量布置等布置方式。

［沿直线］布置时，可以选择［沿风管］布置，则可以直接在风管上进行风口的布置。

［沿弧线］可以沿弧线布置风口；其中点击【设置】按钮，可以对风口布置间距等进行设置，弹出如图 9-1-3 所示对话框：

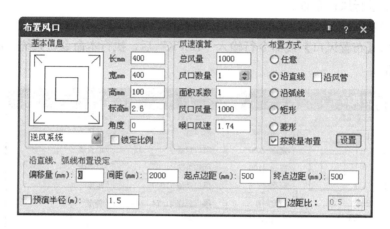

图 9-1-3   沿直线、弧线布置风口相关设置

［矩形］、［菱形］布置，其中点击［设置］按钮，可以对风口布置间距等进行设置，弹出如图 9-1-4 所示对话框：

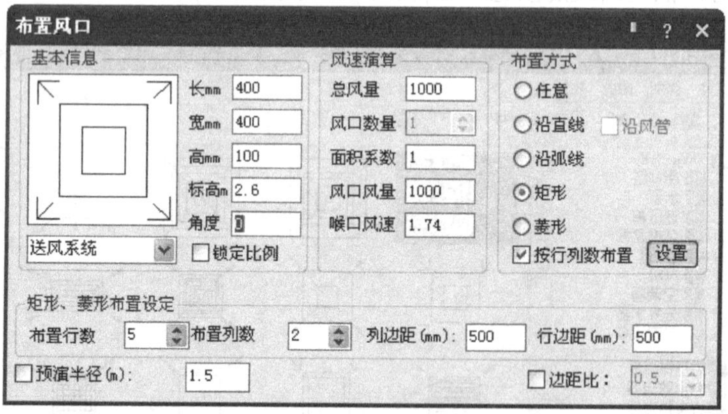

图 9-1-4   矩形、菱形布置风口相关设置

命令交汇：风口与风管可通过【设备连管】命令进行自动连接，如图 9-1-5 所示。

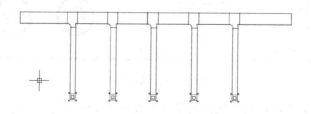

图 9-1-5   风口与风管的自动连接举例

9.2　布置阀门

在图中布置风管阀门。

菜单位置：【风管设备】→【布置阀门】（BZFM）

菜单点取【布置阀门】或命令行输入"BZFM"后执行本命令，系统弹出如图 9-2-1 所示对话框。

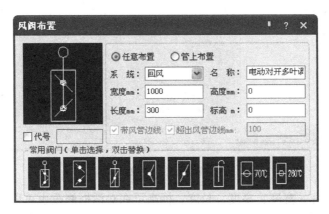

图 9-2-1　风阀布置对话框

点击图片可以调出风管阀门阀件或消声设备图库，如图 9-2-2、图 9-2-3 所示：

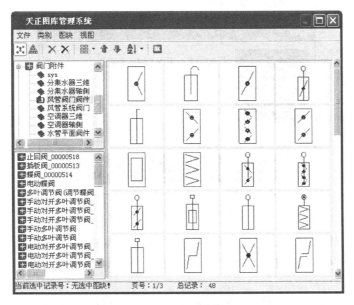

图 9-2-2　风管阀门图库

• 任意布置

启动该命令选择任意布置，命令行提示：

"请指定风阀的插入点{旋转 90 度[A]/换阀门[C]/名称[N]/长[L]/宽[K]/高[H]/标高[B]}＜退出＞："

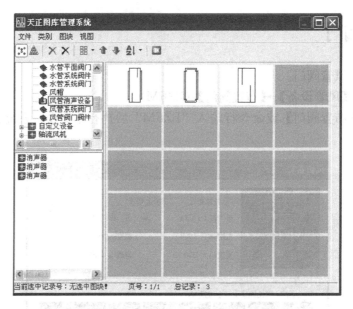

图 9-2-3　风管消声设备图库

其中系统、名称、宽度、高度、长度、标高可在对话框修改也可以在命令行修改，命令行还可以实现阀门旋转角度，要改变阀门开启方向可通过拖拽夹点完成。

• 管上布置

启动命令选择管上布置如图 9-2-4 所示：

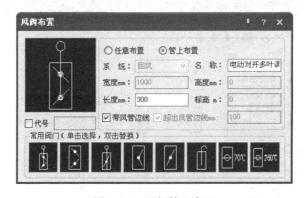

图 9-2-4　风阀管上布置

管上布置的时候，系统、宽度、高度、标高都由所要插入的风管来决定，名称和长度可自由设定，同时可以设置插入的阀件是否显示风管边线。

• 阀门代号

勾选【代号】，输入框亮显，可在输入框中输入当前布置阀门的代号，标注效果见图9-2-5。

• 常用阀门

单击常用阀门中的预览图，可将选中的阀门置为当前布置项，在阀门布置预览图（大预览图）中显示；双击常用阀门中的预览图，可弹出阀门图库，此时可更换常用阀门。

• 选择消声设备进行布置时

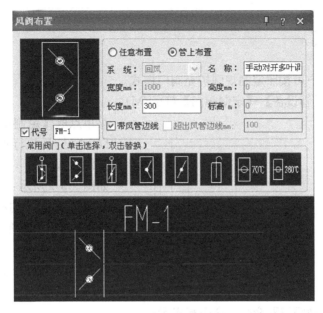

图 9-2-5　风阀带代号

对话框如图 9-2-6 所示：

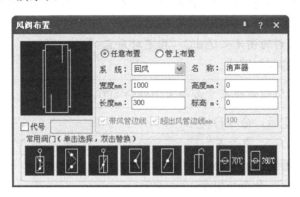

图 9-2-6　风阀布置对话框

可设置消声器超出风管边线的长度。

关于夹点的操作：如图 9-2-7 所示阀门中间三个夹点是用来拖拽移动阀门位置的，阀门文字上会有一个夹点，拖拽此夹点可单独调整文字的位置，拖拽上部或下部的夹点可以改变阀门的方向。

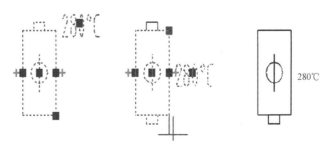

图 9-2-7　阀门夹点操作

9.3 定制阀门

阀门入库，用户可按照定制规则扩充阀门样式。

菜单位置：【风管设备】→【定制阀门】（DZFM）

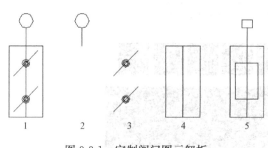

图 9-3-1   定制阀门图元解析

菜单点取【定制阀门】或命令行输入"DZFM"后执行本命令，以例子说明如何定制阀门：

如图 9-3-1 所示：1 是"电动对开多叶调节阀"，2 为 1 的阀柄，3 为 1 的阀芯，4 为 1 的矩形线框，5 是"电动多叶调节阀"。

如果想定制阀芯不变形的阀门，就要遵守如下定制规则，具体定制步骤如下：

【1】执行【定制阀门】命令，命令行提示：

"请输入名称＜新阀门＞："

在此输入定制阀门的名称，也可按默认名称入库，在图库中更名。

【2】输入名称右键确定之后，命令行提示：

"请选择要做成阀门的图元＜退出＞:指定对角点："

此时框选预入库的阀门图块。

注意：定制的阀门矩形框尺寸必须为 1000×500。

【3】框选图块确定后，命令行提示：

"请点选阀门插入点 ＜中心点＞："

插入点必须为矩形线框的中心点。

【4】确定插入点后，命令行提示：

"请选择阀芯的图元＜不定制阀芯＞："

框选阀芯图元，确定后，命令行提示：

"请点选阀芯插入点 ＜中心点＞："右键默认为中心点。

【5】定义完阀芯后，命令行提示：

"请选择手柄的图元＜不定制手柄＞："

框选阀柄图元，确定后，命令行提示：

"请点选手柄插入点 ＜中心点＞："

阀柄插入点在阀柄与矩形线框的交接处，也就是矩形线框上边的中点处。

注意：定义阀芯、阀柄后可以在布置时，解决阀芯、阀柄变形问题，所以只有圆形图案时才需要定制阀芯、阀柄，"电动多叶调节阀"虽然也有阀芯、阀柄但是无圆形图案则不需要定义，如果不关注布置后的阀芯、阀柄效果，也可以直接跳过上述【4】、【5】步骤。

【6】定义完阀柄后，命令行提示：

"阀门成功入库！"，完成阀门定制。

> **注意：** 阀柄的圆圈中若有字母，例如"M"，那么字母不能是文字，而必须是由多条 LINE 线组成。

以下说明定制消声器要注意的问题：如图 9-3-2 所示，同样需要准备图块尺寸为 1000×500，其他尺寸可以自定，定义过程中忽略阀芯阀柄即可。

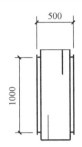

图 9-3-2　定制消声器图元要求

> **注意：** 定制的阀门图块会自动入到【天正图库管理系统】下的"自定义设备/风管阀门阀件"中，通过【风管设备】下【布置阀门】命令进行布置，可自动读取风管尺寸及系统，进行精确连接。

9.4　管道风机

在图中布置轴流风机。

菜单位置：【风管设备】→【管道风机】（GDFJ）

菜单点取【管道风机】或命令行输入"GDFJ"后，会执行本命令，弹出如图 9-4-1 所示的对话框。

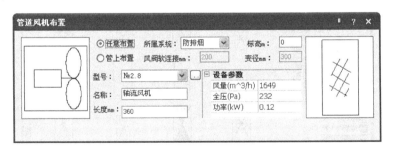

图 9-4-1　轴流风机布置对话框

• 任意布置

1. 点击左侧图片可以调出"天正图库管理系统"如图 9-4-2，图库开放可自由扩充，详细方法见【定义设备】，这里可以切换设备样式。

2. 型号下拉菜单列举出了数据库中入库的设备型号，可根据需要选取；长度、名称、标高，可根据需要修改。任意布置时，需要设置所属的风管系统，如图 9-4-3。

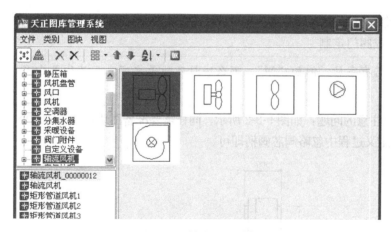

图 9-4-2　轴流风机图库　　　　　图 9-4-3　轴流风机
布置系统选择

• 管上布置

1. 点击图 9-4-4 中右侧图片可调出"天正图库管理系统"来选择软连接的样式如图 9-4-5，同样软连接样式也可自由扩充，详细方法见【定制阀门】。

图 9-4-4　轴流风机管上布置

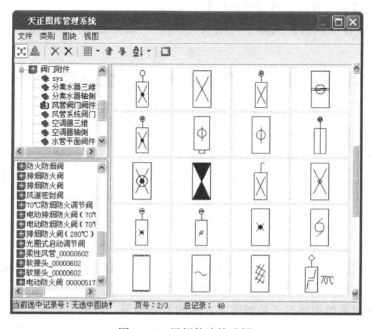

图 9-4-5　风阀软连接选择

2. 型号、长度、名称、标高，可根据需要进行选择输入，程序会根据管线自动判断轴流风机所属系统。管上布置时如图 9-4-6 此处为激活状态，可以设置软连接和变径的长度。

| 变径长度mm: | 300 | 风阀软连接长度mm: | 600 |

图 9-4-6　风阀软连接长度控制

支持扩充：点击型号后的拾取按钮，可调出扩充界面。

鼠标右键点击扩充界面左侧的行首处，可调出右键菜单，提供插入行、删除行、新建行、复制、剪切等功能，进行数据扩充，如图 9-4-7 所示。但注意的是，扩充时，所有列的参数一定都要填写完整，才能保存下来。

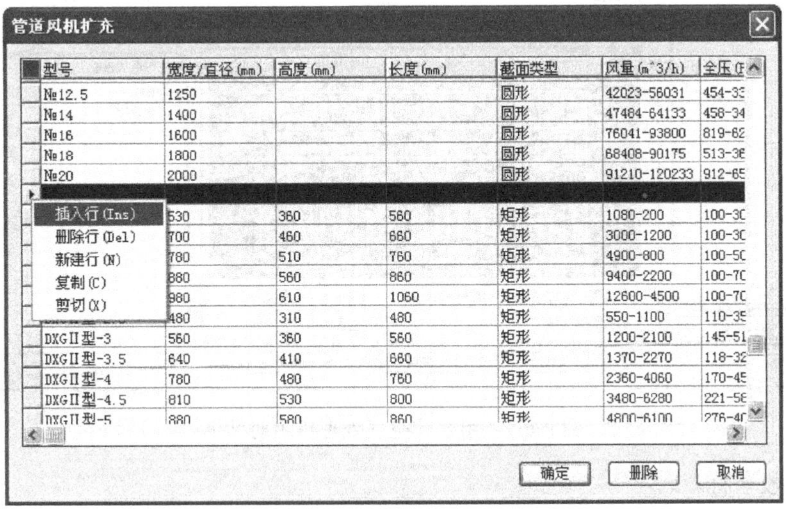

图 9-4-7　管道风机扩充对话框

> **注意**：按照不同系统布置到图上，方便按系统整体执行图层开闭、锁定等操作，与【图层控制】中系统开闭相关联。

关于夹点的操作：拖拽两侧夹点可移动轴流风机的位置，拖拽中间夹点可改变轴流风机的方向。

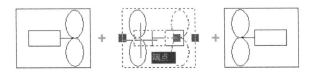

图 9-4-8　轴流风机夹点操作

9.5　空气机组

将不同的空气处理箱体段组合成用户所需要的空调机组，组合过程中提供实时预览，并可输出文字说明。

菜单位置：【风管设备】→【空气机组】（KQJZ）

菜单点取【空气机组】或命令行输入"KQJZ"后执行本命令，系统会弹出如图 9-5-1 所示对话框。

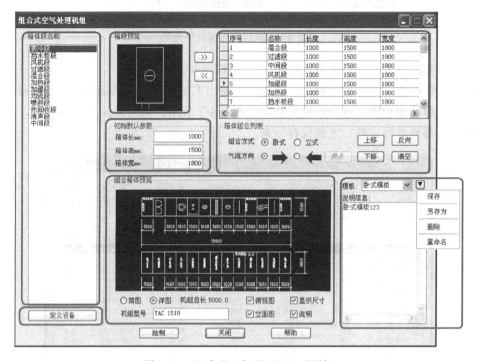

图 9-5-1   组合式空气处理机组对话框

• 箱体段名称

列出了常用的箱体段，可以通过界面下方的定义设备来进行扩充。

• 定义设备

用户可自行扩充箱体段及其图块。

• 箱段预览

显示所选箱体段对应的预览图，通过添加按钮或者双击预览图可直接添加到右侧列表中，点击预览图也可进入天正图库管理系统，调整图块样式。

• 初始默认参数

添加箱体尺寸参数的初始默认值。

• 箱体组合列表

选择箱体段进行组合，列表中显示已添加箱体段的相关参数；通过［清空］按钮，可将所有列表内容清除。

支持卧式、立式不同组合方式，箱体添加过程中可任意调整；其中立式机组，需要指定上层拐弯处的箱体段为［拐点］，以正确布置出立式机组。

支持更改机组气流方向；

对于单独箱体段可通过［上移］［下移］按钮任意调整位置，通过［反向］可实现图块左右的转向。

• 组合箱体预览

添加过程中时时预览，同时显示机组总长度，支持选择性输出立面图、俯视图、尺寸标注及说明。

• 说明模板

支持对文字说明模板进行保存、修改及重命名。

具体布置说明：

箱体段添加完毕后，点击［绘制］按钮，命令行提示：

"点取立面图基点位置或［转90度（A）/改转角（R）/改基点（T）］＜退出＞:"在图中布置上立面图；

布置完立面图，命令行提示"请输入箱体的底部标高＜0.00m＞"

输入标高后回车，命令行提示："点取俯视图基点位置或［转90度（A）/改转角（R）/改基点（T）］＜退出＞:"

布置完俯视图，命令行提示："查看空气处理机组＜退出＞:"退出布置，返回到对话框。

图形界面布置出的空气机组如图9-5-2所示：

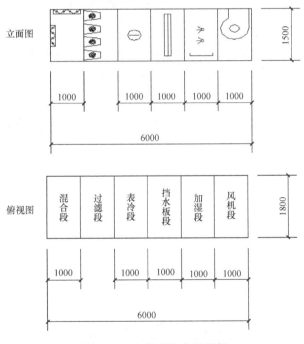

图9-5-2　空气机组布置举例

注意：双击布置到图上的空气机组图块，可弹出"组合式空气处理机组"对话框，用户可以对其进行编辑修改。

定义设备操作：

（1）在界面下方点取［定义设备］，切换到"定义空气处理设备"界面，如图9-5-3所示：

（2）选择已有箱体段或创建新箱体段，命名后点取［选择图形］，切换到图形界面，命令行提示：

图 9-5-3　定义空气处理设备对话框

"请选择要做成图块的图元＜退出＞："

"请点选插入点＜中心点＞："依次操作后返回到定义空气处理设备界面。

（3）如图 9-5-4 可选择是否添加接口，如无需添加，直接点［完成设备］完成入库，弹出图 9-5-5 所示对话框：

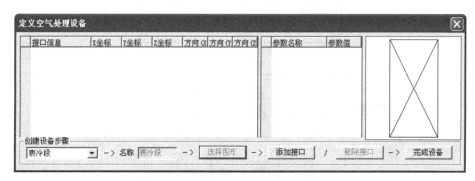

图 9-5-4　定义空气处理设备

图 9-5-5　定义设备成功入库提示

点"确定"，返回到"组合式空气处理机组"界面。

> **注意**：定义设备前，需要准备好入库的箱体段图块，图块尺寸必须为 1000×500。

9.6　布置设备

快速布置风机盘管、风机、冷却塔等设备。

菜单位置：【风管设备】→【布置设备】（BZSB）

菜单点取【布置设备】或命令行输入"BZSB"后执行本命令，系统弹出如图 9-6-1 所示的对话框。

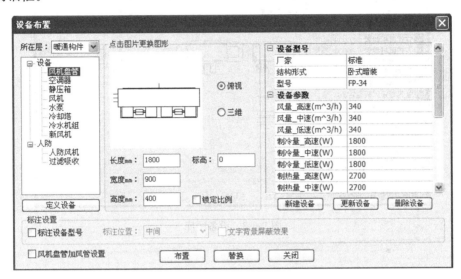

图 9-6-1　布置设备对话框

• 设备类型：分为"设备"和"人防"两部分。"设备"包括风机盘管、空调器、风机等设备，"人防"中主要为人防设计需要的风机和过滤吸收设备，设备类型选择如图 9-6-2 所示。

此处还包括系统选择，布置设备前需要确定好设备布置在哪个系统的图层上，这会关系到图层控制问题。

• 尺寸参数：可调整长度、宽度、高度、标高、角度，以及修改图块尺寸时是否锁定比例。点击设备预览图片可调出相应设备图库，切换设备样式；界面上可以切换俯视和三维的显示方式，如图 9-6-3 所示。

图 9-6-2　布置设备类型选择

中间区域还可以定义几何参数，包括：长度、宽度、高度、标高、角度以及是否锁定比例。

设备参数：提供常用厂家常见设备型号、设备参数以及设备接口等相关参数的设置。

标注设备型号：勾选此项，即在布置设备的同时可标注出设备的型号。

夹点功能：

布置过程中，图块大小、样式、接口位置等可时时预览，便于调整左、右式。

选中布置到图上后的设备，CAD2004 及以上平台有十字和蓝色两种夹点，鼠标放到夹点上弹出浮动的提示信息，如图 9-6-4 所示。

十字夹点为管线接口，支持直接引出绘制。

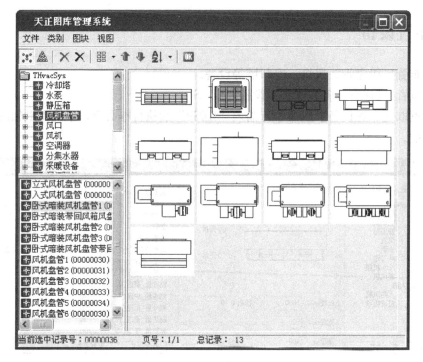

图 9-6-3　设备图库

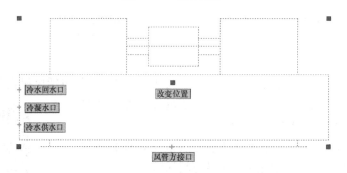

图 9-6-4　设备夹点

蓝色夹点为图块的边界点，支持移动、定位捕捉。

• 风机盘管加风管布置：

当设备类型为风机盘管，对话框最下方比选择其他设备时，增加一个"风机盘管加风管设置"的勾选项。勾选时，界面将向下扩展，提供"送、回风管长度设置"、"送、回风口设置"、"变径设置"等参数，可快捷的进行风盘加风管的绘制，具体如图 9-6-5 所示：

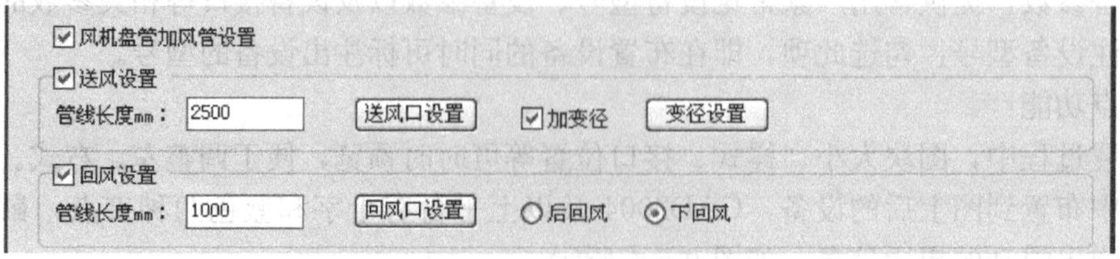

图 9-6-5　风机盘管加风管设置

送风设置：

输入送风管长度，设置送风口样式、个数及总风量，如图 9-6-6 所示。如果有 2 个及以上风口，可通过"变径设置"进行变径长度、各个管段的长度及尺寸的设置，如图 9-6-7 所示。

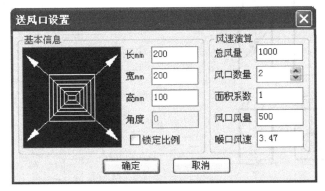

图 9-6-6　送风口设置

图 9-6-7　变径设置

回风设置：

输入回风管长度，设置回风口样式、总风量，分为后回风和下回风两种样式，如图 9-6-8 所示。

可以根据工程要求进行创建，风机盘管加风管的不同组合方式，如图 9-6-9、图 9-6-10 所示：

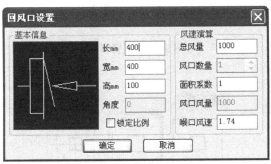

后回风

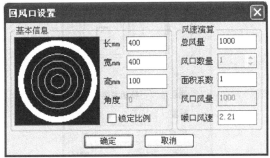

下回风

图 9-6-8　回风口设置

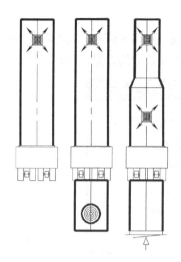

图 9-6-9　风机盘管加风管布置举例一

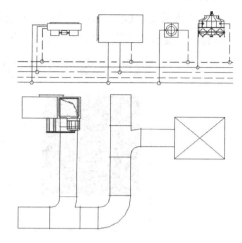

图 9-6-10　风机盘管加风管布置举例二

命令交汇：布置的设备可通过【设备连管】命令来与管线进行自动连接。

9.7　风管吊架

在风管上布置吊架。

菜单位置：【风管设备】→【风管吊架】（FGDJ）

菜单点取【风管吊架】或命令行输入"FGDJ"后会执行本命令，会弹出如图 9-7-1 所示的对话框。

- 【吊架类型】支持双臂悬吊、单臂悬吊。
- 【托臂样式】点击托臂的预览图片，可以更换托臂样式，如图 9-7-2 所示。
- 【底座样式】点击底座的预览图片，可以更换底座样式，如图 9-7-3 所示。
- 【设置】

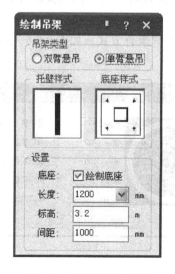

图 9-7-1　风管吊架对话框

图 9-7-2　托臂样式

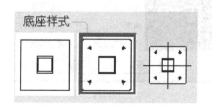

图 9-7-3　底座样式

底座：勾选，绘制到风管上的吊架将显示底座。

长度：吊架托臂的长度。

标高：吊架吊臂的顶标高。

间距：吊架与吊架间的间距。

启动绘制命令后命令行提示："请点取风管上一 点:＜退出＞"

风管上点取一点后，命令行提示："在预览位置插入吊架＜退出＞"

右键直接确认退出。

9.8 风管支架

在风管上布置支架。

菜单位置：【风管设备】→【风管支架】（FGZJ）

菜单点取【风管支架】或命令行输入"FGZJ"后会执行本命令，会弹出如图 9-8-1 所示的对话框。

- 【三维】转到轴侧下的三维样式。
- 【二维】点击二维预览图，可以更换样式。

风管支架示意如图 9-8-2 所示。

图 9-8-1 风管支架对话框

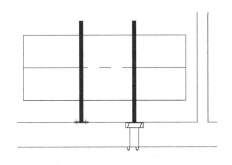

图 9-8-2 风管支架示意图

- 【设置】

长度：支架托臂的长度。

间距：支架与支架间的间距。

启动命令后命令行提示："请点取墙线上一点:＜退出＞"

点取墙、柱上任意点后，命令行提示："请确定支架方向:＜退出＞"

鼠标可控制支架的方向，根据实际确定布置位置，命令行提示："在预览位置插入支架＜退出＞"

右键直接确认退出。

9.9 编辑风口

对已布置的风口进行编辑修改。

菜单位置：【风管设备】→【编辑风口】（BJFK）

菜单点取【编辑风口】或命令行输入"BJFK"会执行本命令，也可双击风口调出此命令。

点击命令按钮启动编辑风口命令，图面上光标变为拾取框并且命令行提示：

"请选择要修改的风口："

选取目标风口右键确定后，系统会弹出如图 9-9-1 所示的对话框：

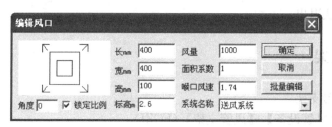

图 9-9-1   编辑风口对话框

编辑风口界面中的角度、长、宽、高、标高、风量、面积系数（实际通风面积比，取 0～1）均可进行编辑修改，喉口风速会根据风量及面积系数自动计算。

点击图片可以调出风口的图库，如图 9-9-2 所示：

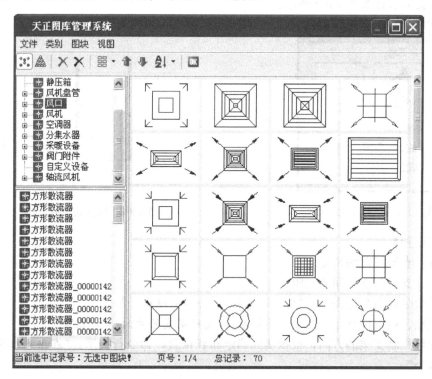

图 9-9-2   风口图库

选取需要的风口样式点击 OK 或者双击要选取的风口样式后，返回到编辑风口的界面。

修改完毕，点击［确定］按钮，完成编辑风口命令。

9.10　设备连管

实现风口与风管、设备与管线的自动连接。

菜单位置：【风管设备】→【设备连管】（SBLG）

菜单点取【设备连管】或命令行输入"SBLG"后，执行本命令，弹出如图 9-10-1 所示的对话框。

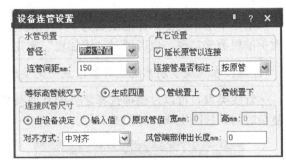

图 9-10-1　设备连管设置

· 【水管设置】设置设备与风管管线之间的连接管尺寸。

管径：选择或直接输入设备与水管管线之间的连接管管径。

连管间距：水管连管，多管间离的设置。

· 【连接风管尺寸】设置设备与风管管线之间的连接管尺寸。

由设备决定：由设备上的风管接口尺寸决定连接管的尺寸；

输入值：用户直接输入连接管尺寸；

原风管值：读取风管尺寸。

· 【等标高管线交叉】设置管线交叉式的处理方式，可生成四通或管线置上或置下。

· 【其他设置】可选择连接管是否自动标注上。

> **注意**：设备连管命令可实现风管与风口、风管与风机、水管与风机盘管、水管与空调器、水管与分集水器、地热盘管与分集水器之间的连接，具体见【风管绘制】的演示。

9.11　删除阀门

删除阀门并实现管线原位置自动闭合。

菜单位置：【风管设备】→【删除阀门】（SCFM）

菜单点取【删除阀门】或命令行输入"SCFM"会执行本命令，命令行提示为：

"请选择要删除的风阀："

然后点选风阀即可删除，并且删除的同时风阀原位置风管自动闭合。

> **注意**：若需要删除后风阀处的风管为断开，则直接选中风阀用 Delete 删除即可。

9.12　风系统图

框选平面，直接生成风管系统图。

菜单位置：【风管设备】→【风系统图】（FXTT）

菜单点取【风系统图】或命令行输入"FXTT"后，执行本命令，此时光标变为拾取框，命令行提示：

"请选择该层中所有平面图管线<上次选择>："

框选风管平面管线，命令行提示：

"请点取该层管线的对准点⟨输入参考点[R]⟩<退出>："

给定对准点后，系统会弹出如图 9-12-1 所示的对话框：

如果是单层系统图，标准层数为 1，点击确定即可生成。如果是多层系统图，可通过修改标准层数来实现，也可通过"添加层"来完成。

> **注意**：在生成多层系统图时基准点一定要统一，已达到上下对齐的目的。

• 管线类型，可以过滤掉选择之外的其他系统，只生成所选择系统的系统图，便于图面复杂时的系统图生成，如图 9-12-2。

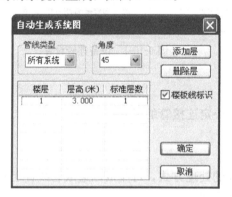

图 9-12-1　自动生成系统图对话框

图 9-12-2　管线类型选择

• 勾选楼板线标识，系统图生成的同时会自动生成楼板线标识。

风管系统实例，如图 9-12-3：

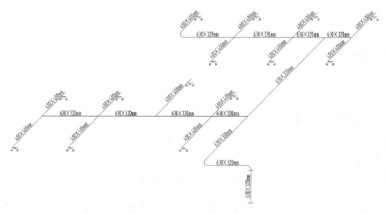

图 9-12-3　风系统图举例

9.13　剖面图

框选平面，直接生成风管剖面图。

菜单位置：【风管设备】→【剖面图】（PMT）

菜单点取【剖面图】或命令行输入"PMT"后执行本命令，系统会弹出如图 9-13-1 所示的对话框。

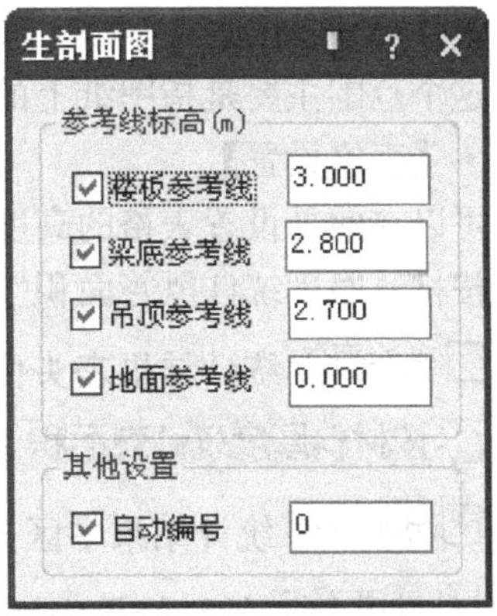

• 参考线标高

勾选需要显示的参考线，并设置相应参考线的标高。

• 其他设置

勾选自动编号，则可在右边给定起始编号后实现向后自动排序。

生成剖面图步骤：

执行命令，命令行提示：

请点取第一个剖切点［按 S 点取剖切符号］＜退出＞   点取第一个剖切点

请点取第二个剖切点＜退出＞：   点取第二个剖切点

请点取剖视方向＜当前＞：   选择剖切方向

请点取剖面图位置＜取消＞：   在图面上点取剖面图的插入位置

如果图上已经存在剖切符号，执行命令后，直接在命令行输入 S，然后点取剖切符号，选择剖切图形，即可输出剖面图。

图 9-13-1 生剖面图对话框

9.14 材料统计

进行材料统计。

菜单位置：【采暖】/【空调水路】/【风管设备】→【材料统计】（CLTJ）

菜单点取【材料统计】或命令行输入"CLTJ"后会执行本命令，系统会弹出如图 9-14-1 所示的对话框：

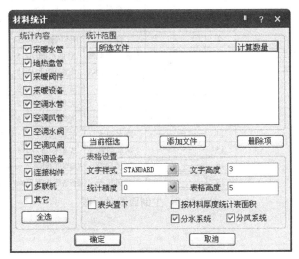

图 9-14-1 生剖面图对话框

• 【统计内容】

根据工程需要，选择所需类型进行材料统计，新增了对多联机的材料统计；

- 【统计范围】

这个范围主要是指图纸上的范围，可以框选，也可以全选；

- 【表格设置】

可以在此处设置表格的高度、文字样式及高度、统计数值的精度，除此之外，还提供了"按材料厚度统计风管面积"、材料统计结果"分风系统"和"分水系统"的功能。

☐ **表头置下** 统计结果表头位于所有统计行最下行。

☐ **按材料厚度统计表面积** 风管统计时，统计结果以表面积显示。

☑ **分水系统** 统计结果中区分不同水系统。

☑ **分风系统** 统计结果中区分不同风系统。

点取命令后，命令行提示：

请选择要统计的内容后按确定＜整张图＞:

如果想统计图纸上的一部分内容，则点对话框中的［当前框选］按钮，然后框选要统计的图面，最后点［确定］按钮；

如果是想统计整张图的内容，则直接在图面上点鼠标右键，然后点［确定］按钮；

命令行提示：

请点取表格左上角的位置＜输入参考点(R)＞＜退出＞.

点取表格的放置位置，即完成操作，图 9-14-2 是进行统计后生成的材料表。

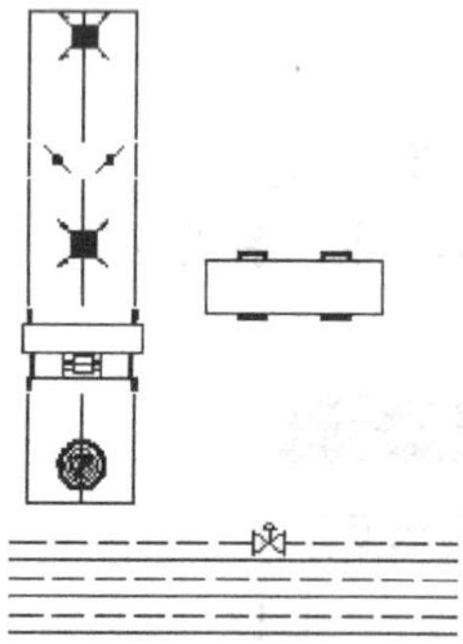

材料表

序号	图例	名称	规格	单位	数量	备注
1	⊂⊃	分集水器	空调分集水器	台	1	
2		手动对开多叶调节阀	900×120	个	1	
3		柔性风管	900×120	个	2	
4		圆形散流器	400×400	台	1	
5		方形散流器	200×200	台	2	
6		风机盘管	FP-85	台	1	
7		法兰	镀锌钢板900×120	对	4	
8		法兰	不锈钢管900×120	对	2	
9		膨胀阀隔膜阀	空调水阀DN15	个	1	
10		冷(热)供水	无缝钢管DN15	米	4	
11		冷水供水	无缝钢管DN15	米	4	
12		热水供水	无缝钢管DN15	米	4	
13		冷(热)回水	无缝钢管DN15	米	4	
14		冷水回水	无缝钢管DN15	米	4	
15		热水回水	无缝钢管DN15	米	4	
16		回风风管	无缝钢管 板厚0.75mm	平方米	2	
17		送风风管	镀锌钢板 板厚0.75mm	平方米	4	

图 9-14-2 生剖面图对话框

9.15 碰撞检查

全专业协同设计时用于检查图中管线碰撞情况，以红色圆圈标识出来并可将碰撞点信息标注在图上。

菜单位置:【风管设备】→【碰撞检查】(PZJC)

菜单点取【碰撞检查】或命令行输入"PZJC"后,弹出如图 9-15-1 所示对话框:

对话框中功能项介绍:

设置:点取"设置"后,弹出如图 9-15-2 所示对话框:

图 9-15-1 三维碰撞检查对话框

图 9-15-2 三维碰撞相关设置

风管标高基准:三维碰撞检查过程中选择风管的中线标高、顶高、底高作为显示基准;

软碰撞间距设置:设置风管、水管、桥架之间的安全间距,在安全距离之内的非实际碰撞,也将被检查出来。

分区算法设置:点取"分区算法设置"后,弹出如图 9-15-3 所示对话框:

区域划分尺寸:程序会按设置的尺寸将待检查的图形划分成多个空间,X 轴、Y 轴、Z 轴可以采用默认设置,无需修改。

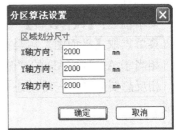

图 9-15-3 分区算法设置

标注:

对碰撞点进行标注,显示碰撞点的截面尺寸及标高等信息。

碰撞统计:全部、风管、桥架、水管,即统计范围,需要统计的实体对象选择,包括单独的风管、桥架、水管或者全部统计;

显示碰撞点标识及碰撞个数:

控制是否在图中显示碰撞点的标识及显示图中的碰撞点总数;

碰撞描述及管线信息:

描述碰撞点的管线相关信息，双击列表行中的信息可定位到图中的碰撞位置；

碰撞统计选择统计范围之后，点取 碰撞检查 后，命令行提示：

请选择检查碰撞的实体(实体类型：全部)：

框选碰撞检查的全部实体，回车后，如图 9-15-4 所示（红圈表示管线存在的碰撞点）。

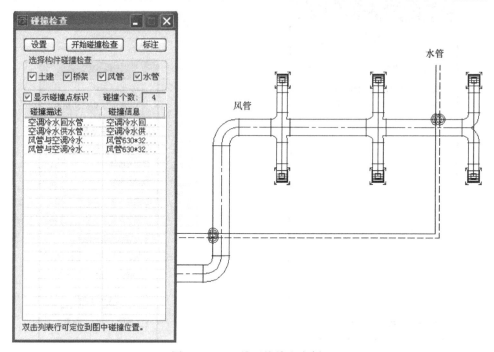

图 9-15-4　三维碰撞检查实例

9.16　平面图

"俯视图"＋"二维线框"。

菜单位置：【风管设备】→【平面图】

菜单点取【平面图】后会执行本命令。

相当于 AUTOCAD 的"俯视图"＋"二维线框"两个命令的组合。

相反想要启动"三维动态观察器"＋"体着色"只需使用【三维观察】命令一步即可完成。

9.17　三维观察

"三维动态观察器"＋"体着色"。

菜单位置：【风管设备】→【三维观察】

菜单点取【三维观察】后会执行本命令。

相当于 AUTOCAD 的"三维动态观察器"＋"体着色"两个命令的组合。

相反想要还原成"俯视图"＋"二维线框"只需使用【平面图】命令一步即可完成。

第 10 章
计 算

内容提要

- 房间

提供了【识别内外】、【搜索房间】等命令，用于计算前对房间编号。

- 工程材料

包括材料库和构造库，根据节能标准输入的，用户可以修改材料属性，增加或删除材料；可以修改构造属性，增加或删除构造作法。

- 负荷计算

可以同时进行冷、热负荷计算，热负荷可以计算非空调房间采暖和空调房间采暖，冷负荷有冷负荷系数法、负荷系数法（2012 简化版）和谐波法三种计算方法供选择。

- 负荷分配

将房间负荷平均或者非平均的分配到房间内布置的散热器上。

- 采暖水力

进行采暖水力计算，系统的树视图、数据表格和原理图在同一对话框中，编辑数据的同时可预览原理图，直观的实现了数据、图形的结合，计算结果可赋值到图上进行标注。

- 水管水力

进行空调水路水力计算，直接提取空调水路平面图或系统图，计算结果可输出。

- 水力计算

水力计算工具，可计算风管水力和水管水力。

- 风管水力

进行风管水力计算，提取风管平面图或系统图，批量编辑数据的同时可对应亮显管段，直观的实现了数据、图形的结合，计算结果可赋值到图上进行标注。

- 焓湿图分析

可在图中查找、标注参数信息，提供了一次回风、风盘计算等空气处理过程的计算。

10.1 房间

10.1.1 识别内外

自动识别内、外墙，同时可设置墙体的内外特征，在节能设计中要使用外墙的内外特征。

菜单位置：【计算】→【房间】→【识别内外】（SBNW）

菜单点取【识别内外】或命令行输入"SBNW"后，会执行本命令。

命令行提示：

请选择一栋建筑物的所有墙体：

选择构成建筑物的墙体，回车后系统自动判断所选墙体的内、外墙特性，并用红色虚线亮显外墙外边线，用重画（Redraw）命令可消除亮显虚线，如果存在天井或庭院时，外墙的包线是多个封闭区域，要结合【指定外墙】命令进行处理。

10.1.2 指定内墙

用手工选取方式将选中的墙体置为内墙，内墙在三维组合时不参与建模，可以减少三维渲染模型的大小与内存开销。

菜单位置：【计算】→【房间】→【指定内墙】（ZDNQ）

菜单点取【指定内墙】或命令行输入"ZDNQ"，会执行本命令。

点取命令后，命令行提示：

选择墙体：选取属于内墙的墙体，以回车结束墙体选取。

10.1.3 指定外墙

将选中的普通墙体内外特性置为外墙，【搜索房间】前必须先执行【识别内外】命令，如果识别不成功，需要使用本命令指定。

菜单位置：【计算】→【房间】→【指定外墙】（ZDWQ）

菜单点取【指定外墙】或命令行输入"ZDWQ"，会执行本命令。

点取命令后，命令行提示：

请点取墙体外皮：

逐段点取外墙的外皮一侧或者幕墙框料边线，选中墙体的外边线亮显。

10.1.4 加亮墙体

将图中的外墙、分户墙、隔墙用红色亮显，以便用户了解哪些墙是外墙，哪些是分户墙，哪些是隔墙。

菜单位置：【计算】→【房间】→【加亮墙体】（JLQT）

菜单点取【加亮墙体】或命令行输入"JLQT"，会执行本命令，命令行提示：

请选择墙体种类［外墙（W）/分户墙（F）/隔墙（G）］：可以选择外墙、分户墙和隔墙，分别进行亮显。

> **注意：**【加亮墙体】前，先进行【识别内外】命令，以确保外墙的完整性。

10.1.5　改分户墙

用手工选取方式将选中的内墙置为分户墙，分户墙可在负荷计算时自动按户间传热来计算。菜单位置：【计算】→【房间】→【改分户墙】（GFHQ）

菜单点取【改分户墙】或命令行输入 "GFHQ"，会执行本命令，命令行提示：

请框选要设为分户墙的内墙＜退出＞：

点取或框选需要转换成分户墙的内墙，以回车结束墙体选取。

执行后，命令行会提示：

共修改了 X 面墙体为分户墙。

10.1.6　指定隔墙

用手工选取方式将选中的内墙置为隔墙。

菜单位置：【计算】→【房间】→【指定隔墙】（ZDGQ）

菜单点取【指定隔墙】或命令行输入 "ZDGQ"，会执行本命令，命令行提示：

请框选要设为隔墙的内墙＜退出＞：点选或框选需要指定隔墙属性的内墙，以回车结束墙体选取。

执行后，命令行会提示：

共修改了 X 面墙体为隔墙。

10.1.7　搜索房间

可用来批量搜索建立或更新已有的普通房间和建筑轮廓，建立房间信息并标注室内使用面积，标注位置自动置于房间的中心。

菜单位置：【计算】→【房间】→【搜索房间】（SSFJ）

菜单点取【搜索房间】或命令行输入 "SSFJ"，会执行本命令，显示对话框如图 10-1-1：

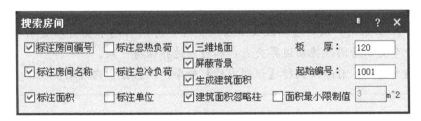

图 10-1-1　搜索房间对话框

▶［标注房间名称］/［标注房间编号］房间的标识类型，建筑平面图标识房间名称，其他专业标识房间编号。

▶［标注面积］房间使用面积的标注形式，是否显示面积数值。

▶［标注总热负荷］/［标注总冷负荷］标注负荷类型，按需要标注总热、冷负荷。

▶［标注单位］是否标注面积、负荷等单位，默认面积以平方米（m^2）标注，负荷以瓦（W）标注。

▶ ［三维地面］勾选则表示同时沿着房间对象边界生成三维地面。

▶ ［屏蔽背景］勾选利用 wipeout 的功能屏蔽房间标注下面的填充图案。

▶ ［生成建筑面积］在搜索生成房间同时，计算建筑面积。

▶ ［建筑面积忽略柱子］根据建筑面积测量规范，建筑面积忽略凸出墙面的柱子与墙垛。

▶ ［板厚］生成三维地面时，给出地面的厚度。

▶ ［起始编号］搜索后产生的房间编号的起始编号。

▶ ［面积最小限制值］可设置最小面积限制，把一些不必要计算的房间排除在搜索之外。

点取菜单命令后，命令行提示：

请选择构成一完整建筑物的所有墙体（或门窗）：*选取平面图上的墙体*；

请选择构成一完整建筑物的所有墙体（或门窗）：*回车退出选择*；

建筑面积的标注位置：*在生成建筑面积时应在建筑外给点标注*；

搜索房间的应用实例如图 10-1-2 所示。

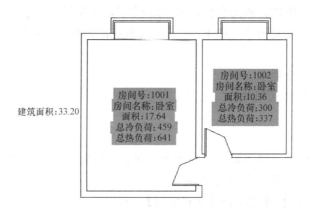

图 10-1-2　搜索房间的应用实例

注意：1. 如果用户编辑墙体改变了房间边界，房间信息不会自动更新，可通过再次执行本命令更新房间或拖动边界夹点，和当前边界保持一致。

2.【搜索房间】前必须执行【识别内外】命令，以区分出内外墙。

10.1.8　编号排序

搜索房间后，形成了房间编号，可通过此命令对已标注编号进行排序。

菜单位置：【计算】→【房间】→【编号排序】（BHPX）

菜单点取【编号排序】或命令行输入"BHPX"后，会执行本命令 ，弹出图 10-1-3 对话框。

命令行提示：

请框选要排序的房间对象＜退出＞：*框选要排序的房间后，序号将按设置进行重排*。

图 10-1-3　编号排序对话框

10.1.9　房间编辑

搜索房间后，形成了房间标号、面积、名称等，可通过此命令对已标注内容进行编辑，增加新的标注内容。

菜单位置：【计算】→【房间】→【房间编辑】（FJBJ）

菜单点取【房间编辑】或命令行输入"FJBJ"，会执行本命令，命令行提示：

请选择要编辑的房间＜退出＞：

选择要编辑的房间后，弹出如图 10-1-4 所示对话框：

可通过此命令单独或批量更改房间名称，设置标注内容。

10.1.10　查询面积

动态查询由天正墙体组成的房间面积、阳台面积以及闭合多段线围合的区域面积，并可创建面积对象标注在图上，本命令查询获得的平面建筑面积也是不包括墙垛和柱子凸出部分的，与【搜索房间】命令获得的建筑面积一致。

菜单位置：【计算】→【房间】→【查询面积】（CXMJ）

菜单点取【查询面积】或命令行输入"CXMJ"，会执行本命令，显示对话框如图 10-1-5 所示：

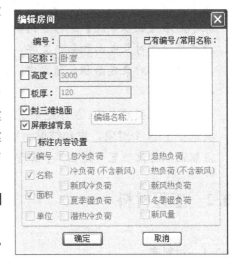

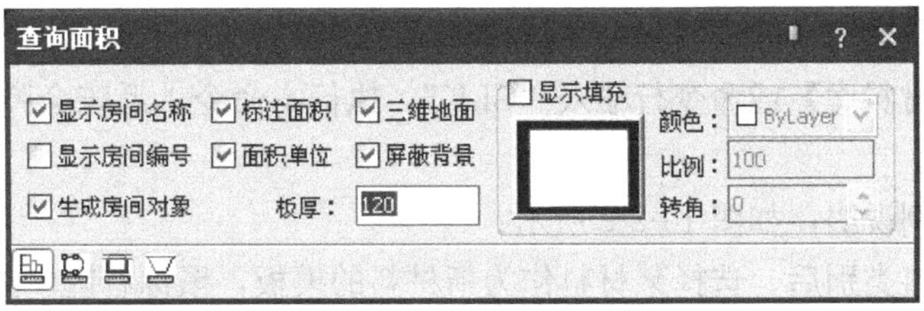

图 10-1-4　编辑房间对话框

图 10-1-5　查询面积对话框

点取菜单命令后，命令行提示：

请在屏幕上点取一点或[查询闭合 PLINE 面积(P)/查询阳台面积(B)]＜退出＞：

1. 键入 P 时，命令行提示：

选择闭合多段线＜返回＞：

此时可选择表示面积的闭合多段线，即可标注围合的面积。

2. 键入 B 时，命令行提示：

选择阳台＜返回＞：

此时选取天正阳台对象，即可标注阳台的面积。

3. 在动态显示房间面积时给点，即在该处创建当前房间的面积对象，如果在房间外面取点，可获得平面的建筑面积（不包括墙垛和柱子凸出部分）。

> **注意**：同时布置多个平面图时，本命令目前只能查询其中一个平面图的建筑面积，请使用【搜索房间】命令查询其他平面图的建筑面积。

10.1.11 面积累加

用于统计【查询面积】或【套内面积】等命令获得的房间使用面积、阳台面积、建筑平面的建筑面积等需要数值累加的场合，按四舍五入累加。

菜单位置：【计算】→【房间】→【面积累加】（MJLJ）

菜单点取【面积累加】或命令行输入"MJLJ"，会执行本命令，命令行提示：

请选择面积对象或面积数值文字：点取第一个面积对象或数字

请选择面积对象或面积数值文字：点取第二个面积对象或数字

……

请选择数值型的文字：回车结束选择

共选中了 N 个对象，求和结果＝XX. XX

点取面积标注位置＜退出＞：给点标注"面积总和＝$XX.XX\mathrm{m}^2$"的累加结果。

10.2 工程材料

10.2.1 材料库

本命令是维护材料库，可以修改材料属性，也可以增加或删除材料。

菜单位置：【计算】→【工程材料】→【材料库】（CLK）

菜单点取【材料库】或命令行输入"CLK"，执行本命令，系统会弹出如图 10-2-1 所示的对话框。

新建材料实例说明，如图 10-2-2 所示：

单击展开材料类别后，选择某材料作为新材料的模板，鼠标右键单击行首，从快捷菜单中选"新建行"后，光标直接进入材料名称、密度、导热系数、比热等各栏目对新建的材料进行特性修改。

用户需要填写材料名称、密度、导热系数、比热和蓄热系数所对应的数值。如果不能得到蓄热系数的数值，软件可以根据材料的密度、导热系数和比热的值根据计算公式得出

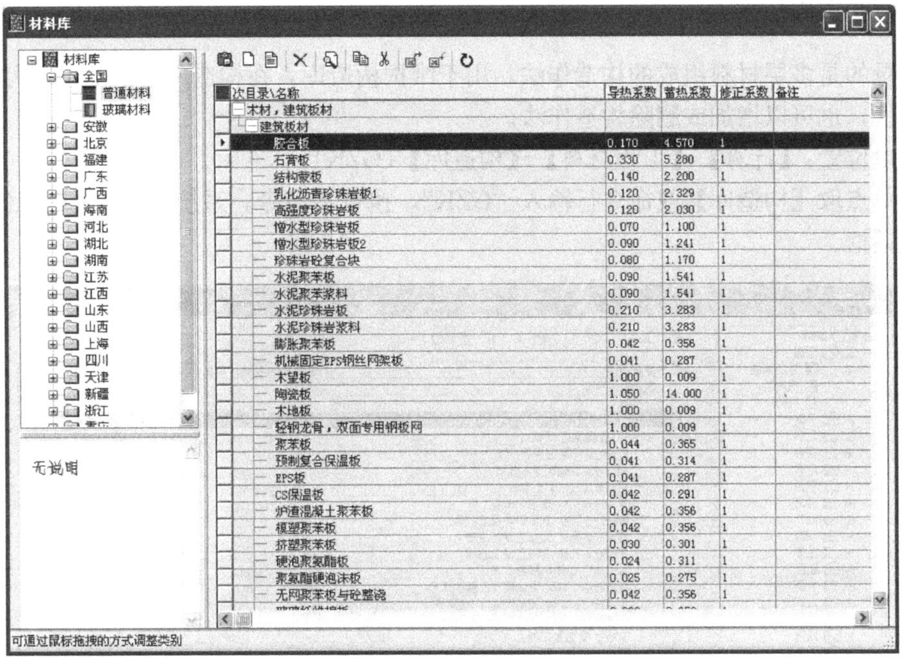

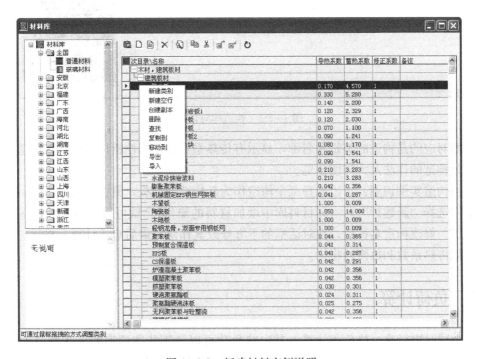

图 10-2-1 材料库对话框

图 10-2-2 新建材料实例说明

此材料的蓄热系数计算值。但注意在修改最后一个数值前，要先把蓄热系数的数值归"0"。

10.2.2　构造库

记录的是多层材料组成的构造作法，用于维护构造库，在构造库对话框里，可以修改构造属性，也可以增加或删除构造作法。

菜单位置：【计算】→【工程材料】→【构造库】（GZK）

菜单点取【构造库】或命令行输入"GZK"，执行本命令，系统会弹出如图 10-2-3 所示的对话框。

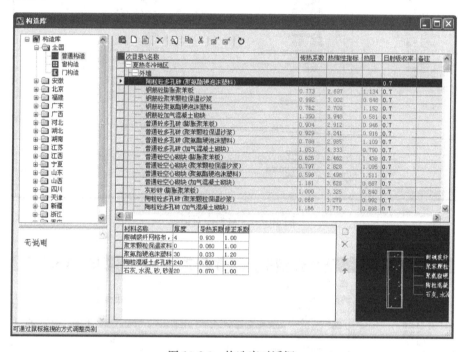

图 10-2-3　构造库对话框

上面对应的是构造的类别及名称，显示有传热系数和热惰性指标等计算参数值，下面对应的是构造的作法及大样图预览。

增加构造实例说明：可以选择某个构造作为新构造的模板，鼠标右键点击行首，从快捷菜单中选择"新建行"后（同材料库中增加材料的操作），就可以对新建的构造进行特性修改了。修改构造名称后，在对话框的下方修改其作法，最后点［计算］按钮，软件可自动计算传热系数和热惰性指标。

10.3　负荷计算

可以同时进行冷、热负荷计算，其中热负荷可以计算非空调房间采暖和空调房间采暖，冷负荷有冷负荷系数法、负荷系数法（2012 简化版）谐波法三种计算方法供选择。

菜单位置：【计算】→【负荷计算】（LCAL）

菜单点【负荷计算】或命令行输入"LCAL"后，执行本命令，系统会弹出如图 10-3-1、图 10-3-2 所示对话框。

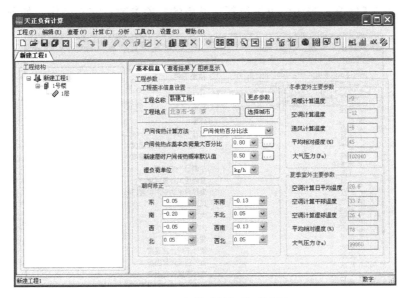

图 10-3-1 负荷计算初始对话框

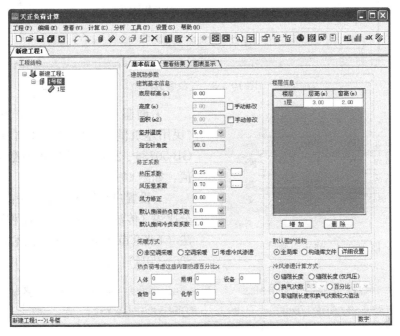

图 10-3-2 建筑物基本信息对话框

一、对话框界面的介绍：

▶ 图 10-3-1 是［新建工程］基本信息界面：在此界面可设置如下参数：

• 选择计算工程的所在城市，确定室内外设计参数。提供《采暖通风与空气调节设计规范》GB 50019—2003，《民用建筑供暖通风与空气调节设计规范》GB 50736—2012，《实用供热空调设计手册》（第二版）（陆耀庆主编）三组气象参数库供用户自行选择。若需要自定义城市，可在下图中修改选定城市省份、名称，点击【添加】按钮，然后选中新添加的城市点击【修改】按钮即可进行新建城市的气象参数自定义操作，如图 10-3-3。

图 10-3-3　气象参数库

图 10-3-4　修正系数

• 调整朝向修正系数。默认数值为《民用建筑供暖通风与空气调节设计规范》GB 50736—2012 中的修正系数范围中间数值，如图 10-3-4。

• 设置户间传热计算方法：户间传热百分比法（传统算法）、单位面积平均传热量法（《北京市地面辐射供暖技术规范》DB11/806—2011），如图 10-3-5、图 10-3-6。

图 10-3-5　两种户间传热计算方法参数设置对比

图 10-3-6　单位面积平均传热量法参数设置依据

▶ 图 10-3-2 是［整栋楼］的基本信息界面：在此界面可设置如下参数：

• 建筑物的基本信息：

设置首层标高、建筑物高度和竖井温度等，可定义指北针方向；

> **注意**：建筑物高度会根据［楼层信息］中各层层高累加得到；如果只想添加其中一层或几层的话，可以选中更改高度的选项，进行手动修改建筑物高度。

• 计算的修正系数：

这些系数可以手动输入数值，也可从下拉列表中选取，其中热压系数、风压系数可从提供的参考表中选取；

• 采暖方式、冷风渗透计算方式：

热负荷计算中采用何种方式采暖、是否考虑冷风渗透对热负荷产生的影响；冷风渗透量采用何种方法计算；

• 楼层设置：

在此设置楼层数目及高度；利用"增加"和"删除"按钮控制楼层的增减；

• 围护结构默认值：

在此进行初始设置后，接下来提取房间或者手动添加房间，会默认读取这个传热系数值，如图 10-3-7 所示；

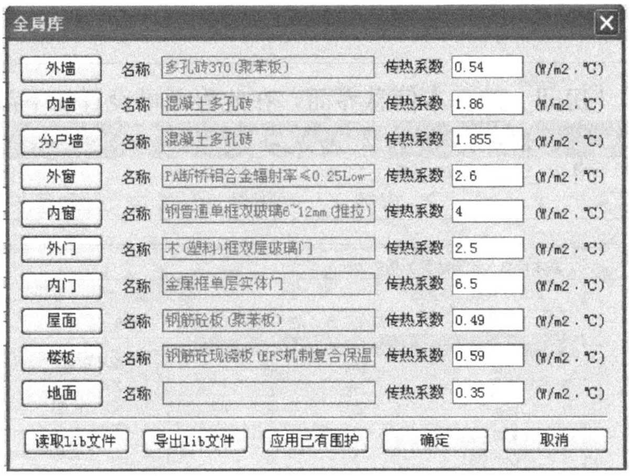

图 10-3-7　围护结构默认值对话框

考虑到建筑专业墙体材料更改了，对于负荷计算中的传热系数也会发生变化这个问题，新版中增加了一个新功能：对于已经完成或完成了一部分的工程，如果需要更改传热系数值，可以在此界面修改 K 值，点 应用已有围护 按钮后，会将原添加的围护结构的 K 值更新为新改的数值，并重新计算，同样也会对接下来新添加的围护结构生效。

▶ 图 10-3-8 是［楼层］的基本信息界面：在此界面可设置户间传热概率、层高等参数；

［户间传热概率］：计算户间传热选定计算方法为户间传热百分比法时，设置的户间传热的有效系数可对附件传热数值产生影响，默认值是根据北京市标准《新建集中供暖住宅分户热计量设计技术规程》规定的，取各传热量总和的适当比例作为户间总传热负荷，考虑户间出现传热温差的概率。

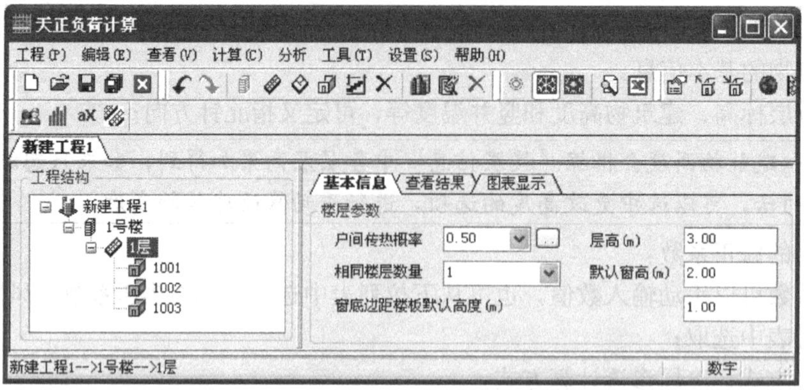

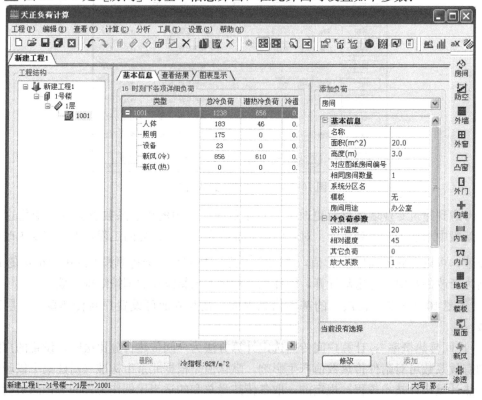

图 10-3-8　楼层基本信息对话框

　　[相同楼层设置]：只是单纯的累加负荷值，不会考虑不同楼层的冷风渗透量有所差别等这些因素。

　　[层高]、[默认窗高]：给出的一个默认值，在添加房间、外窗后，会按照此值进行加载参数；但对于已添加的房间没有影响，只针对以后新建房间的生效。

　　[所属模板]：如果在模板中建立了楼层模板，在此处的下拉菜单中会显示。

> **注意**：应用模板后，该楼层下原有的户型及房间都将被删除，重新按楼层模板来加载。

▶ 图 10-3-9 是 [房间] 的基本信息界面，在此界面可设置如下参数：

图 10-3-9　房间基本信息对话框

• 添加负荷：（图 10-3-9 所示对话框的右侧）

在此输入围护结构信息，点击 添加 按钮，可添加到相应的房间，自动加载在 [基本信息] 下；同样，在 [基本信息] 下选择围护结构后，[添加负荷] 下显示的是所选中围护结构的参数信息，可进行修改，修改后点击 修改 按钮，修改生效；

• 房间的基本信息：（图 10-3-9 所示对话框的中间）

在此界面可预览房间下添加的所有围护结构及负荷值；

二、菜单的介绍：

▶ [工程] 提供了工程保存、打开等命令，如图 10-3-10；

图 10-3-10　负荷计算菜单

• 新建：可以同时建立多个计算工程文档；

• 打开：打开之前保存的水力计算工程，后缀名称为 .ldb；

• 保存：可以将水力计算工程保存下来；

• 从图纸打开工程：打开图纸后，调出负荷计算对话框，此命令可实现直接从图纸打开工程；

• 保存工程到图纸：从图中提取信息，建立好的负荷计算工程，可以直接保存到图纸上；

▶ [编辑] 提供了建立计算工程结构时的若干编辑命令；

• 新建建筑、楼层、户型、房间：可通过这些命令添加楼层、房间等信息；

• 批量添加：在选中的房间下，可以批量添加围护结构等负荷源，如图 10-3-11 添加外墙：

图 10-3-11　批量添加对话框

•批量修改：可以批量修改选中的房间下的围护结构等负荷源的信息，如图 10-3-12 所示批量修改外窗的传热系数：

•批量删除：可以批量删除选中的房间下的围护结构等负荷源的信息，如图 10-3-13 所示；其中，有房间过滤和围护结构过滤，可进一步对已选的修改内容进行过滤，如：可以只选择房间名称为书房的窗，或者同一朝向的外窗。

图 10-3-12　批量修改对话框

图 10-3-13　批量删除对话框

▶ ［查看］下拉菜单对应的是工具条中的所有命令，可通过勾选控制工具条出现的命令；

▶ ［计算］计算前，选择计算的方法等；

- 计算模式：可以选择只计算冷负荷或热负荷，或冷、热负荷同时计算；
- 冷负荷算法：包括负荷系数法、负荷系数法（2012 简化版）和谐波法可以选择；
- 快速查看结果：记事本格式的简略计算结果；
- 出计算书：可以选择输出的楼层、房间，设置输出的格式及输出内容，如图 10-3-14 所示；

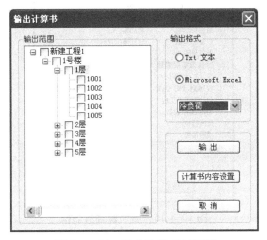

图 10-3-14　输出计算书对话框

点击 计算书内容设置 按钮，可以详细设置计算书的输出内容，如图 10-3-15 所示；

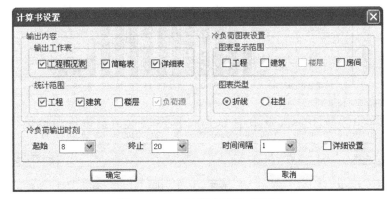

图 10-3-15　计算书设置对话框

▶ ［工具］

- 提取房间：可直接提取天正软件-建筑系统 5.0 及以上版本绘制的建筑底图；
- 更新当前建筑房间：只更新选中的房间到图纸时那个；
- 标注房间负荷：计算后，可将负荷值赋回到建筑图上；
- 气象参数管理：全国各地的气象参数库，可扩充；
- 参考数据查询：所有参考表格的书目汇总；
- 材料库、构造库：计算时，外墙、外窗等围护结构调用 K 值等数据的库，可扩充；

▶ ［设置］

• 本地习惯设置：根据个人习惯和设计条件设置，如图 10-3-16；

图 10-3-16 习惯设置对话框

• 时间表：谐波法计算冷负荷时参考的数据，支持用户修改，见图 10-3-17；

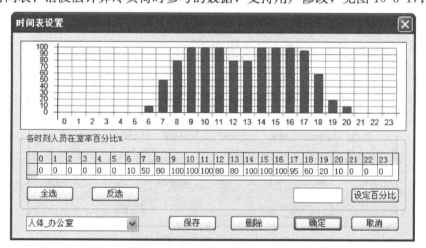

图 10-3-17 时间表设置对话框

• 门窗缝隙长度公式：目前程序给出了一个默认公式，用户可通过新建行，自己建立一个常用的计算公式，设为默认后，程序会按照用户新默认的公式计算门窗缝隙长度，如图 10-3-18；

• 朝向转化规则：可以将东南、东北、西南、西北等方向按照一定的转化规则转换成东、西、南、北方向，以对应新规范附表中对应的不同方向各计算值，如图 10-3-19 所示。

• 模板：可创建常用单独的负荷源为模板，在负荷界面的【添加负荷】处，均有模板项目，创建后，可从下拉菜单中调用，如图 10-3-20 所示。

图 10-3-18　门窗缝隙长度计算公式设置对话框

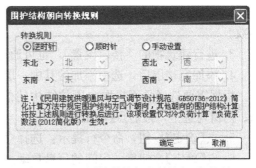

图 10-3-19　围护结构朝向转换规则对话框

图 10-3-20　模板管理对话框

三、计算步骤示意：

对于天正软件-建筑系统 5.0 及以上版本绘制的建筑底图，计算时，可直接从图中提取围护结构信息，具体的操作步骤如下：

1. 在建筑底图上的操作：分别进行【识别内外】【搜索房间】的命令操作，自动对房间进行编号，如图 10-3-21 所示：

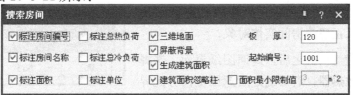

图 10-3-21　搜索房间对房间进行编号

> **注意**：拿到建筑图形之后，可以先进行【转条件图】操作，根据需要进行暖通条件图转换，在此基础上再进行下面的操作。但【转条件图】命令可做可不做，完全根据个人的习惯和需要。

2. 工程界面输入信息：修改工程名称，选择所在城市，设置［围护结构初始值］等参数。

3. 进行建筑物的［楼层设置］，也可通过右键菜单添加楼层。

4. 添加完楼层后，选中添加的其中一层，然后右键单击选【提取房间】按钮。

根据需要选择是否提取内围护结构的信息，如果需要计算户间传热，则把内墙、内门、内窗勾选上，最后点【确定】按钮。

5. 点【确定】按钮，命令行提示：选择对象；框选建筑平面图。

6. 点【确定】按钮后，房间的信息自动加载到楼层下。

7. 计算信息输入完毕后，可点［查看结果］项，预览结果，并可输出打印计算书。

▶ 参考文献：

1.《实用供热空调设计手册》中国建筑工业出版社　陆耀庆
2.《全国民用建筑工程设计技术措施-暖通空调·动力》2003 版
3.《全国民用建筑工程设计技术措施-暖通空调·动力》2009 版
4.《空气调节设计手册》中国建筑工业出版社
5.《公共建筑节能设计标准》GB 50189—2005
6.《暖通空调常用数据手册》机械工业出版社
7.《建筑物空调负荷计算分析》
8.《民用建筑供暖通风与空气调节设计规范》GB 50736—2012
9.《采暖通风与空气调节设计规范》GB 50019—2003
10.《新建集中供暖住宅分户热计量设计技术规程》
11.《北京市地面辐射供暖技术规范》DB 11/806—2011

10.4 负荷分配

将房间负荷按需要平均或非平均地分配到房间内布置的散热器上。

菜单位置：【计算】→【负荷分配】（FHFP）

菜单点取【负荷分配】或命令行输入"FHFP"执行本命令，系统弹出如图 10-4-1 所示对话框：

• 房间总负荷：可以手动输入目标房间的总负荷，或者点击 提取负荷 ，直接提取已进行了房间负荷计算的天正建筑房间实体对象；

• 选散热器 点击之后，返回图纸界面，选择房间内布置的散热器，右键确定后返回负荷分配界面。（每组散热器选择方法相同）

图 10-4-1　散热器负荷分配对话框

举例说明：房间总负荷为 2400W，选择房间内散热器后，对话框如图 10-4-2 所示：

• 选择 ☑均分，再点击 分配负荷，则房间总负荷平均分配到各散热器上，如图 10-4-3 所示：

图 10-4-2 散热器原始负荷

图 10-4-3 散热器平均分配负荷

若不选择 □均分，则可按需要在"负荷"一栏手动输入数据，如图 10-4-4 所示：

图 10-4-4 散热器非平均分配负荷

分配完负荷点击 确定 即可，负荷分配命令执行完毕。

10.5 算暖气片

计算散热器片数。

菜单位置：【计算】→【算暖气片】(SNQP)

菜单点取【算暖气片】或命令行输入"SNQP"后，执行本命令，弹出如图 10-5-1 所示对话框。

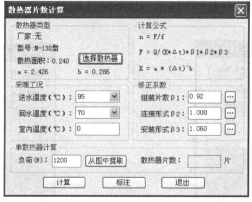

图 10-5-1　散热器片数计算对话框

- 【散热器类型】，如图 10-5-2 所示：
- 【修正系数】，如图 10-5-3～图 10-5-5 所示：

<table>
<tr><th>散热器类型</th><th>计算公式</th><th>散热面积(m^2/片)</th><th>散热量(W/片)</th><th>实验系数a</th><th>实验系数b</th><th>单位</th></tr>
<tr><td>手册^铸桩散热器</td><td></td><td></td><td></td><td></td><td></td><td></td></tr>
<tr><td>卉艺二柱780型</td><td>q=a*△t^b</td><td>0.301</td><td>135.900</td><td>0.737</td><td>1.252</td><td>片</td></tr>
<tr><td>卉艺三柱750型</td><td>q=a*△t^b</td><td>0.290</td><td>135.900</td><td>0.737</td><td>1.252</td><td>片</td></tr>
<tr><td>圆管二柱745型</td><td>q=a*△t^b</td><td>0.179</td><td>99.800</td><td>0.496</td><td>1.273</td><td>片</td></tr>
<tr><td>圆管三柱645型</td><td>q=a*△t^b</td><td>0.150</td><td>82.300</td><td>0.391</td><td>1.284</td><td>片</td></tr>
<tr><td>圆管三柱445型</td><td>q=a*△t^b</td><td>0.111</td><td>55.600</td><td>0.290</td><td>1.261</td><td>片</td></tr>
<tr><td>圆管五柱300型</td><td>q=a*△t^b</td><td>0.120</td><td>68.200</td><td>0.404</td><td>1.231</td><td>片</td></tr>
<tr><td>椭圆柱750型</td><td>q=a*△t^b</td><td>0.180</td><td>120.300</td><td>0.525</td><td>1.304</td><td>片</td></tr>
<tr><td>心梅型748型</td><td>q=a*△t^b</td><td>0.200</td><td>111.500</td><td>0.426</td><td>1.336</td><td>片</td></tr>
<tr><td>锥柱花翼对流750型</td><td>q=a*△t^b</td><td>0.240</td><td>128.500</td><td>0.469</td><td>1.347</td><td>片</td></tr>
<tr><td>柱翼750型</td><td>q=a*△t^b</td><td>0.258</td><td>123.900</td><td>0.574</td><td>1.290</td><td>片</td></tr>
<tr><td>柱翼650型</td><td>q=a*△t^b</td><td>0.195</td><td>117.000</td><td>0.540</td><td>1.291</td><td>片</td></tr>
<tr><td>柱翼450型</td><td>q=a*△t^b</td><td>0.127</td><td>75.800</td><td>0.447</td><td>1.232</td><td>片</td></tr>
<tr><td>柱翼橄榄745型</td><td>q=a*△t^b</td><td>0.273</td><td>145.800</td><td>0.731</td><td>1.271</td><td>片</td></tr>
<tr><td>柱翼橄榄645型</td><td>q=a*△t^b</td><td>0.248</td><td>121.600</td><td>0.622</td><td>1.266</td><td>片</td></tr>
<tr><td>T型管750型</td><td>q=a*△t^b</td><td>0.271</td><td>130.300</td><td>0.670</td><td>1.265</td><td>片</td></tr>
<tr><td>T型管650型</td><td>q=a*△t^b</td><td>0.239</td><td>106.700</td><td>0.601</td><td>1.243</td><td>片</td></tr>
<tr><td>板翼560型</td><td>q=a*△t^b</td><td>0.330</td><td>177.800</td><td>0.973</td><td>1.250</td><td>片</td></tr>
<tr><td>柱翼780型</td><td>q=a*△t^b</td><td>0.330</td><td>147.300</td><td>0.676</td><td>1.292</td><td>片</td></tr>
</table>

注：当计算公式选择q=q时，指单片散热量指在△t=64.5时对应散热量值，仅做估算使用。

图 10-5-2　散热器库对话框

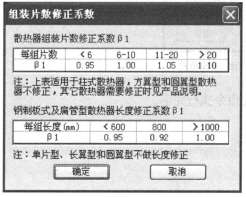

图 10-5-3　组装片数修正系数对话框

图 10-5-4　连接形式修正系数对话框

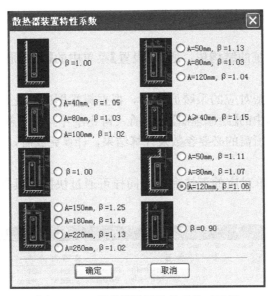

图 10-5-5 散热器装置特性系数对话框

参数选择确定后，点[计算]按钮可计算出对应的散热器片数，并可在图上进行片数标注。

10.6 采暖水力

进行采暖水力计算，系统的树视图、数据表格和原理图在同一对话框中，编辑数据的同时可预览原理图，直观的实现了数据、图形的结合，计算结果可赋值到图上进行标注。

菜单位置：【计算】→【采暖水力】(CNSL)

菜单点取【采暖水力】或命令行输入"CNSL"后，执行本命令，弹出如图 10-6-1 所示的对话框。

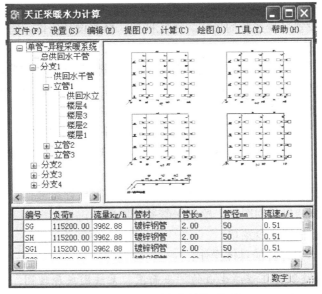

图 10-6-1 采暖水力计算对话框

• 快捷工具条：可在工具菜单中调整需要显示的部分，根据计算习惯定制快捷工具条内容；

• 树视图：计算系统的结构树；通过【设置】菜单中的【系统形式】和【生成框架】进行设置；

• 原理图：与树视图对应的采暖原理图，根据树视图的变化，时时更新，计算完成后，可通过【绘图】菜单中的【绘原理图】将其插入到 dwg 中，并可根据计算结果进行标注；

• 数据表格：计算所需的必要参数及计算结果，计算完成后，可通过【计算书设置】选择内容输出计算书；

• 菜单：下面是菜单对应的下拉命令，同样可通过快捷工具条中的图标调用，如图 10-6-2；

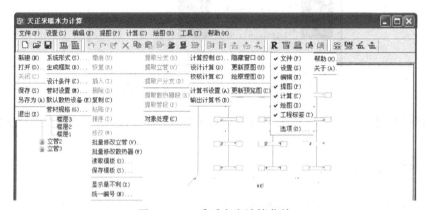

图 10-6-2　采暖水力计算菜单

• ［文件］提供了工程保存、打开等命令；

□新建：可以同时建立多个计算工程文档；

□打开：打开之前保存的水力计算工程，后缀名称为 .csl；

□保存：可以将水力计算工程保存下来；

• ［设置］可设置采暖系统的形式、系统框架，修改设计条件，管理默认散热设备参数及局阻系数的增删；

• ［编辑］提供了一些编辑树视图的功能，可批量修改立管和散热器；

• ［提图］提供了一些提图功能，还能通过另一种方式调出，点中树视图中的相应的结构，右键菜单中对应有提图的功能；

□对象处理：对使用天正绘制出来的平面图、系统图或原理图，有时由于管线间的连接处理不到位，可能造成提图识别不正确，可以使用此命令框选处理，再进行提图；

• ［计算］选择计算方法，进行设计、校核计算，输出计算书；

• ［绘图］计算结果赋回图纸，绘制采暖系统原理图；

• ［工具］设置快捷命令菜单；

详细介绍采暖水力计算的具体操作：

注意：可直接提取天正程序生成的"平面图、系统图或原理图"，进行计算，对于分户计量系统来说，平面图尤为重要。

1. 从【设置】菜单中的【系统形式】和【生成框架】进行系统结构的设置；

•【系统形式】可计算传统集中采暖和分户计量（散热器采暖、地板采暖），根据设计条件，调整供回水方式、立管形式、立管关系等，如图 10-6-3 所示；

图 10-6-3　系统形式对话框

传统采暖：

单管-同程-上供下回

单管-异程-上供下回

双管-同程-上供下回

双管-同程-下供下回

双管-异程-上供下回

双管-异程-下供下回

单双管形式

自定义系统形式

如：中供中回、中供下回

双管-同程-下供下回-双管同程式-上分式

双管-同程-下供下回-双管同程式-下分式

双管-同程-下供下回-双管异程式-上分式

双管-同程-下供下回-双管异程式-下分式

双管-同程-下供下回-单管跨越式-下分式

双管-异程-下供下回-双管同程式-上分式

双管-异程-下供下回-双管同程式-下分式

双管-异程-下供下回-双管异程式-上分式

双管-异程-下供下回-双管异程式-下分式

双管-异程-下供下回-单管跨越式-下分式

双管-同程-下供下回-低温地板辐射采暖

双管-异程-下供下回-低温地板辐射采暖

分户计量：

分户计量系统的具体设置如图 10-6-4 所示：

图 10-6-4　分户计量系统设置对话框

•【生成框架】设置楼层数目、高度，系统分支数、分支立管数、每楼层用户数，分户系统还需调整每用户分支数和分支散热器组数，其中楼层数目是不受限制的，系统分支数最大为 2；对于单双管系统，还可以设置单双管每段所包含的楼层数；当供回水方式为自定义形式时，用户可按需要设置供回水管所在楼层，如图 10-6-5 所示。

　　设置好系统结构后，可以选择调整参数：【设计条件】【管材设置】【默认散热器设备】；

　　•【设计条件】根据设计要求，输入供回水温度等参数，其中分户计量需要设置一下"最不利环路散热器上温控阀的阻力损失"，如图 10-6-6；

　　•【管材设置】系统中管材的选取，其中"埋设管道"只在分户计量系统计算中涉及，如图 10-6-7 所示；

图 10-6-5　系统框架设置对话框

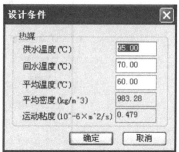

图 10-6-6　设计条件对话框

图 10-6-7　管材设置对话框

　　•【默认散热设备】散热器采暖计算时，设置好散热器类型，水力计算的同时可计算出散热器片数，如图 10-6-8 所示；

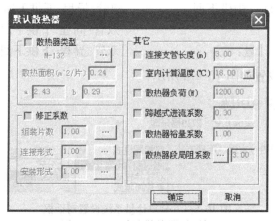

图 10-6-8　默认散热器对话框

　　▶ 散热器类型：散热器计算设计的参数可以手动填写，也可选取，其中，散热器库是可扩充的，用户可以把常用的散热器类型添加到库中；

扩充散热器库方法：

鼠标右键点击行首（下图中行首的黑三角位置），从快捷菜单中选择"新建行"，就可以对新建的数据表进行修改，修改后"确定"会自动保存下来，如图 10-6-9 所示。

天正散热器库

散热器类型	计算公式	散热面积(m^2/片)	散热量(W/片)	实验系数a	实验系数b	单位
手册~铸铁散热器						
卉艺二柱780型	q=a*Δt^b	0.301	135.900	0.737	1.252	片
新建行(N) / 删除行(Del)	q=a*Δt^b	0.290	135.900	0.737	1.252	片
	q=a*Δt^b	0.179	99.800	0.496	1.273	片
圆管三柱645型	q=a*Δt^b	0.150	82.300	0.391	1.284	片
圆管三柱445型	q=a*Δt^b	0.111	55.600	0.290	1.261	片
圆管五柱300型	q=a*Δt^b	0.120	68.200	0.404	1.231	片
椭圆柱750型	q=a*Δt^b	0.180	120.300	0.525	1.304	片
心梅型748型	q=a*Δt^b	0.200	111.500	0.426	1.336	片
锥柱花翼对流750型	q=a*Δt^b	0.240	128.500	0.469	1.347	片
柱翼750型	q=a*Δt^b	0.258	123.900	0.574	1.290	片
柱翼650型	q=a*Δt^b	0.195	117.000	0.540	1.291	片
柱翼450型	q=a*Δt^b	0.127	75.800	0.447	1.232	片
柱翼橄榄745型	q=a*Δt^b	0.273	145.800	0.731	1.271	片
柱翼橄榄645型	q=a*Δt^b	0.248	121.600	0.622	1.266	片
T型管750型	q=a*Δt^b	0.271	130.300	0.670	1.265	片
T型管650型	q=a*Δt^b	0.239	106.700	0.601	1.243	片
板翼560型	q=a*Δt^b	0.330	177.800	0.973	1.250	片
柱翼780型	q=a*Δt^b	0.330	147.300	0.676	1.292	片

注：当计算公式选择 q=q 时，指单片散热量指在 Δt=64.5 时对应散热量值，仅做估算使用。

[确定]　[取消]

图 10-6-9　散热器扩充对话框

天正散热器库

散热器类型	计算公式	散热面积(m^2/片)	散热量(W/片)	实验系数a	实验系数b	单位
手册~铸铁散热器						
卉艺二柱780型	q=a*Δt^b	0.301	135.900	0.737	1.252	片
卉艺三柱750型	k=a*Δt^b	0.290	135.900	0.737	1.252	片
圆管三柱745型	q=q	0.179	99.800	0.496	1.273	片
圆管三柱645型	q=a*Δt^b	0.150	82.300	0.391	1.284	片
圆管三柱445型	q=a*Δt^b	0.111	55.600	0.290	1.261	片
圆管五柱300型	q=a*Δt^b	0.120	68.200	0.404	1.231	片
椭圆柱750型	q=a*Δt^b	0.180	120.300	0.525	1.304	片
心梅型748型	q=a*Δt^b	0.200	111.500	0.426	1.336	片
锥柱花翼对流750型	q=a*Δt^b	0.240	128.500	0.469	1.347	片
柱翼750型	q=a*Δt^b	0.258	123.900	0.574	1.290	片
柱翼650型	q=a*Δt^b	0.195	117.000	0.540	1.291	片
柱翼450型	q=a*Δt^b	0.127	75.800	0.447	1.232	片
柱翼橄榄745型	q=a*Δt^b	0.273	145.800	0.731	1.271	片
柱翼橄榄645型	q=a*Δt^b	0.248	121.600	0.622	1.266	片
T型管750型	q=a*Δt^b	0.271	130.300	0.670	1.265	片
T型管650型	q=a*Δt^b	0.239	106.700	0.601	1.243	片
板翼560型	q=a*Δt^b	0.330	177.800	0.973	1.250	片
柱翼780型	q=a*Δt^b	0.330	147.300	0.676	1.292	片

注：当计算公式选择 q=q 时，指单片散热量指在 Δt=64.5 时对应散热量值，仅做估算使用。

[确定]　[取消]

图 10-6-10　计算公式修改对话框

提供了 3 个不同的计算公式，可根据计算条件进行选取，在图 10-6-10 的下拉菜单中可调用公式；

▶ 修正系数：修正系数的选取，鼠标左键单击选中的参数值，确定后即可调入；组装片数修正系数对话框如图 10-6-11 所示：

连接形式修正系数对话框如图 10-6-12 所示：

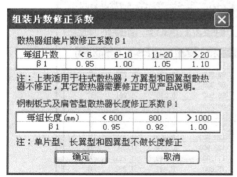

图 10-6-11　组装片数修正系数对话框　　　图 10-6-12　连接形式修正系数对话框

安装形式修正系数对话框如图 10-6-13 所示：

▶ 其他：涉及了一些提取图形时的默认值，可在提图前初始设置一下；可对管段的局阻系数进行增删。

选中"散热器段局阻系数"后的设置按钮，弹出对话框如图 10-6-14 所示，可设置阀门设备的局阻系数。

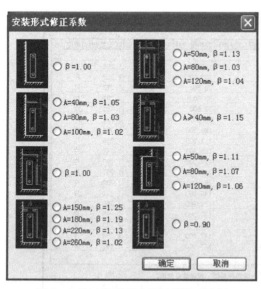

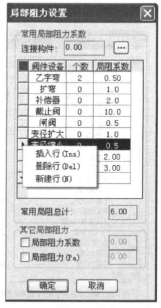

图 10-6-13　安装形式修正系数对话框　　　图 10-6-14　安装形式修正系数对话框

2. 利用菜单中的【编辑】、【提图】功能，修改完善系统模型；

（1）【编辑】菜单包含删除、复制、粘贴、撤销、恢复等功能，方便编辑；同样，点击树视图，右键菜单可以快速调用这些命令；编辑分支、立管的时候，可通过右键菜单进行分支、立管的插入、提取等操作，也可读取现有模板或者将其保存成模板，如图 10-6-15 所示；

修改：对于不同系统，提供了不同的修改功能；

立管上的修改功能，可统一修改立管上各个楼层的散热器组数、立管管径和散热器支管管径，也可以单独修改某根立管的供回水管所在楼层，如图 10-6-16 所示；

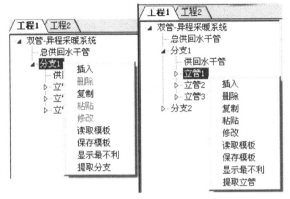

图 10-6-15   分支、立管的编辑修改

图 10-6-16   修改立管对话框

编辑菜单下的"批量修改立管"可对立管进行批量操作，具体修改内容如图 10-6-17 所示；

楼层上的修改功能，可修改楼层的散热器组数和实际楼层号，如图 10-6-18 所示；

图 10-6-17   批量修改立管对话框

图 10-6-18   修改楼层对话框

编辑菜单下的"批量修改散热器"可以实现对散热器的批量操作，如图 10-6-19 所示。

修改后，可实现如图 10-6-20 中立管 1 所示的效果：

分户计量系统中还有户内分支的修改功能，可以修改户内分支的散热器组数和连接形式，如图 10-6-21 所示；

绘制方向选择 2 组时，户内分支的形式如图 10-6-22 所示；

• 保存模板：以新建一个分支模板为例，选中要保存成模板的分支，右键菜单选择"保存模板"或者在【编辑】菜单中调用，弹出对话框，在"模板名称"位置为其命名，然后点保存即可，如图 10-6-23 所示；

图 10-6-19 批量修改散热器对话框

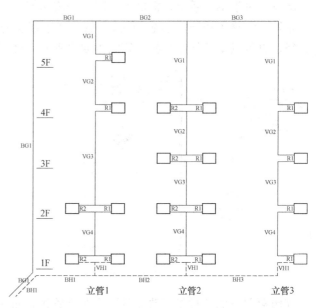

图 10-6-20 修改立管、楼层、散热器后的实例

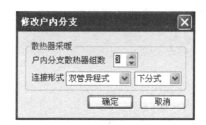

图 10-6-21 修改户内分支对话框

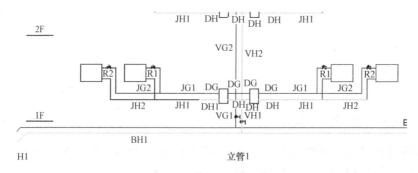

图 10-6-22 修改户内分支对话框

• 读取模板：选中要读取现有模板的分支，右键菜单选择'读取模板'或者在【编辑】菜单中调用，弹出对话框，选中已存模板后，点打开即可，见图 10-6-24；

• 显示最不利：计算后，运行此命令，会在原理图上红色加亮显示出最不利环路。

（2）【提图】命令用于天正程序绘制的平面图、系统图或原理图，可自动提取系统的结构以及管长、局阻、负荷等数据信息；

图 10-6-23 保存模板对话框

图 10-6-24 读取模板对话框

> **注意**：对于采暖平面图、系统图或原理图非天正绘制的用户，可以手动输入数据后，进行计算。

• 提取分支：用于集中采暖系统中，在树视图中右键点取分支后，在右键菜单中选择"提取分支"，可在系统或原理图中直接提取；

点取分支，选择提取分支后，会转到 dwg 图面上，命令行提示：

请选择分支供水管起始端＜退出＞：

请选择分支回水管终止端＜退出＞：

确认选择（Y）或［重新选择（N）］＜退出＞：Y

已成功提取！

• 提取立管：用于集中采暖系统中，在树视图中右键点取立管后，在右键菜单中选择'提取立管'，可在系统或原理图中直接提取；

点取立管，选择提取立管后，会转到 dwg 图面上，命令行提示：

请选择立管供水管起始端＜退出＞：

请选择立管回水管终止端＜退出＞：

确认选择（Y）或［重新选择（N）］＜退出＞：Y

已成功提取！

• 提取户分支：用于分户计量采暖系统中，在树视图中右键点取户内分支后，在右键菜单中选择'提取户分支'，可在平面图、系统图或原理图中直接提取；

点取户分支，选择提取户分支后，会转到 dwg 图面上，命令行提示：

请选择供水管起始端＜退出＞：

请选择回水管终止端＜退出＞：

确认选择（Y）或［重新选择（N）］＜退出＞：

已成功提取！

• 提取散热器段：用于分户计量散热器采暖系统中，在树视图中选取散热器后，在数据表格中，鼠标右键点取需要修改的散热器，弹出如图 10-6-25 所示的右键菜单，选择"提取散热器管段"，可在平面图、系统图或原理图中直接提取；

选择提取散热器段后，会转到 dwg 图面上，命令行提示：

图 10-6-25 提取散热器段

请选择散热器分支供水管起始端＜退出＞：

请选择散热器分支回水管终止端＜退出＞：

确认选择（Y）或［重新选择（N）］＜退出＞：Y

已成功提取！

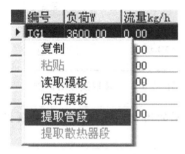

图 10-6-26　提取管段

• 提取管段：用于分户计量采暖系统中，在树视图中选取管段后，在数据表格中，鼠标右键点取需要修改的管段，弹出如图 10-6-26 所示的右键菜单，选择"提取管段"，可在平面图、系统图或原理图中直接提取；选择提取管段后，会转到 dwg 图面上，命令行提示：

请选择提取水管起始端＜退出＞：

确认选择（Y）或［重新选择（N）］＜退出＞：Y

已成功提取！

3. 完善数据，准备计算，如图 10-6-27；

编号	负荷W	流量kg/h	管材	管长m	管径mm	流速m/s	比摩阻Pa/m	沿程阻力Pa	局阻系数	局部阻力Pa	总阻力Pa
BG1	15000.00	0.00	镀锌钢管	3.10	25	0.00	0.00	0	0.50	0	0
BG2	5000.00	0.00	镀锌钢管	2.55	25	0.00	0.00	0	0.10	0	0
BH1	15000.00	0.00	镀锌钢管	3.40	25	0.00	0.00	0	0.00	0	0
BH2	5000.00	0.00	镀锌钢管	2.55	25	0.00	0.00	0	0.40	0	0

图 10-6-27　调整局阻系数

上图数据表格中，黄色表列为可编辑数据，白色表列为计算所得数据，其中，三通、四通、弯头和散热器等局部阻力系数可正确默认，一般不必修改，但其它类型局阻需要手动添加修改。点选单元格内右侧按钮弹出如下图 10-6-28 所示对话框，可在其中进行修改。

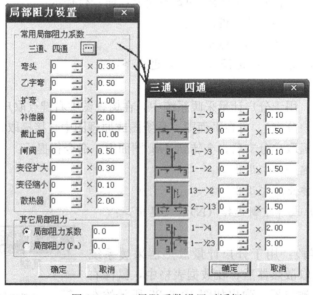

图 10-6-28　局阻系数设置对话框

注意：局部阻力系数不可在单元格内直接输入，必须在局阻对话框中设置才能生效。

• 计算控制：计算前，可选择计算方法、比摩阻、公称直径、流速控制等；

（1）计算方法只对于单管异程系统可选；

（2）比摩阻和公称直径控制对于干管、立管和户内支路可分别设置；

（3）流速控制可对于给定公称直径范围内的一系列管径统一设置。比如管径上限 20 和管径下限 40 之间（区间左闭右开），对于镀锌钢管就包含 20、25、32 三个管径。右键表格第一列按钮，可插入、删除表行，且管径范围自动保持封闭。

•设计计算："设计计算"是管径未知条件下的计算，根据已知条件，计算流量、管径、流速、沿程阻力、局部阻力、总阻力和不平衡率等；

•校核计算："校核计算"是管径已知条件下的计算，根据设计计算的结果，调整管径等参数后，进行校核计算（相当于同类软件的复算），校核计算也可用于对系统的调试和诊断工作。

图 10-6-29　计算控制置对话框

4.输出原理图和计算书；

提供了原理图输出的功能，菜单中找【绘图】/【绘原理图】，会转到 dwg 图面上，命令行提示：

输入原理图插入点：*选择插入点后，按回车显示计算界面；*

输出的原理图的各个管段的管径是计算之后的，可直接进行管径标注；

菜单中找到【计算】/【计算书设置】，弹出如图 10-6-30 所示对话框：

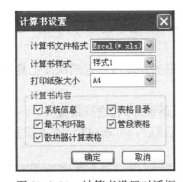

图 10-6-30　计算书设置对话框

计算书的内容可以选择输出，调整好后确定，菜单中找到【计算】/【输出计算书】，给其命名并选择保存位置，即可输出如图 10-6-31。

图 10-6-31　输出计算书对话框

10.7　水管水力

进行空调水路水力计算，直接提取空调水路平面或系统图，计算结果可输出。

菜单位置：【计算】→【水管水力】(SGSL)

菜单点取【水管水力】或命令行输入"SGSL"后，执行本命令，系统弹出如图 10-7-1 所示的对话框。

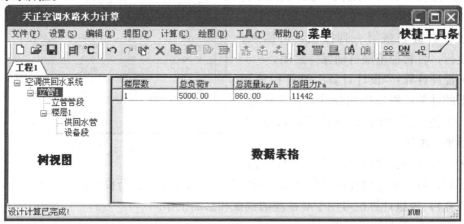

图 10-7-1　水管水力计算对话框

• 菜单：下面是菜单对应的下拉命令，同样可通过快捷工具条中的图标调用，如图 10-7-2 所示；

• 快捷工具条：可在工具菜单中调整需要显示的部分，根据计算习惯定制快捷工具条内容；

• 树视图：计算系统的结构树；可通过【设置】菜单中的【系统形式】进行设置；

• 数据表格：计算所需的必要参数及计算结果，计算完成后，可通过【计算书设置】选择内容输出计算书；

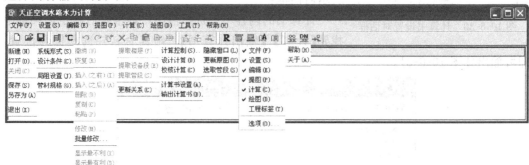

图 10-7-2　水管水力计算菜单

［文件］提供了工程保存、打开等命令；

• 新建：可以同时建立多个计算工程文档；

• 打开：打开之前保存的水力计算工程，后缀名称为 .ssl；

• 保存：可以将水力计算工程保存下来；

[设置] 计算前，选择计算的方法等；

• 系统形式：设置楼层数目、高度，根据设计条件，调整供回水方式、立管数等，见图 10-7-3 所示；

• 设计条件：根据设计要求，输入供回水温度等参数，见图 10-7-4；

图 10-7-3　系统形式设置对话框

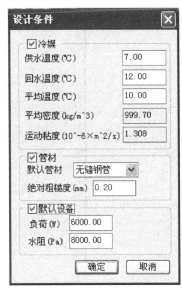

图 10-7-4　设计条件对话框

• 局阻设置：设置不同管径下不同局阻类型的数值，并可设置三通、四通的默认数值。支持局阻类型的增加、删除（默认局阻类型不支持删除），如图 10-7-5 所示；

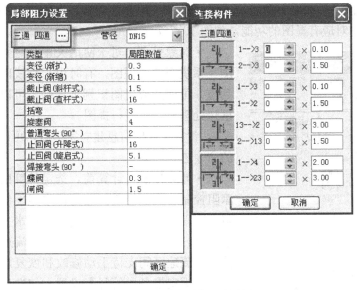

图 10-7-5　局阻设置对话框

• 管材规格：设置系统管材的管径，可定义计算中用到的内径等数据，可扩充。

[编辑] 提供了一些编辑树视图的功能；

• 批量修改：批量修改本系统中的供回水管段、设备段的管径及局阻个数、数值等，如图 10-7-6 所示。

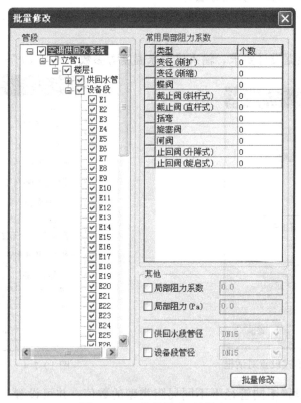

图 10-7-6　批量修改对话框

［提图］提供了一些提图功能，还能通过另一种方式调出，点中树视图中的相应的结构，右键菜单中对应有提图的功能，如图 10-7-7。

图 10-7-7　提取楼层

• 对象处理：对于使用天正命令绘制出来的平面图、系统图或原理图，有时由于管线间的连接处理不到位，可能造成提图识别不正确，可以使用此命令先框选处理后，再进行提图。

［计算］数据信息建立完毕后，可以通过下面提供的命令进行计算。

• 计算控制：计算前，选定计算的控制方法：比摩阻控制、流速控制。选定比摩阻控制，可输入比摩阻范围，计算结果将在本范围进行水力计算；选定流速控制，计算会根据不同的管材及流速区间进行计算控制，流速区间支持手动修改和恢复默认。计算控制支持【固定设备段管径】设置，勾选后，设备段的管径会按照现有数值进行后续阻力计算，不会在计算控制下进行设计计算，如图 10-7-8、图 10-7-9 所示。

• 设计计算："设计计算"是管径未知条件下的计算，根据已知条件，计算流量、管径、流速、沿程阻力、局部阻力、总阻力和不平衡率等。

图 10-7-8　计算控制对话框

图 10-7-9　流速区间

• 校核计算："校核计算"是管径已知条件下的计算，根据设计计算的结果，调整管径等参数后，进行校核计算（相当于同类软件的复算），校核计算也可用于对系统的调试和诊断工作。

• 计算书设置：计算书的内容可以选择输出，见图 10-7-10 所示。

• 显示最不利：显示最不利环路，整个最不利环路会在图面中闪烁。

［绘图］可以将计算同时建立的原理图，绘制到 dwg 图上，也可将计算的数据赋回到原图上。

• 更新原图：将计算后的管径等数据附回到原图，可直接进行管径标注等工作。

图 10-7-10　计算书设置对话框

• 选取管段：选取图上的管段后，在计算的数据表格中对应亮显相应的数据。

［工具］设置快捷命令菜单。

▶ 计算步骤示意：

1. 从【设置】菜单中的【系统形式】进行系统结构的设置；

2. 利用菜单中的【编辑】、【提图】功能，修改完善系统模型；

3. 设置计算控制数值，完善数据，准备计算；

4. 计算完成后，可对部分管段进行批量修改，调整不平衡率，进行校核计算；

5. 输出原理图和计算书。

> **注意**：空调水管水力计算，只能提取天正程序绘制的空调水路平面图或系统图，进行计算。

10.8　水力计算

水力计算的工具，可计算风管水力和水管水力。

菜单位置：【计算】→【水力计算】(SLJS)

菜单点取【水力计算】或命令行输入"SLJS"，执行本命令，弹出如图 10-8-1 所示对话框。

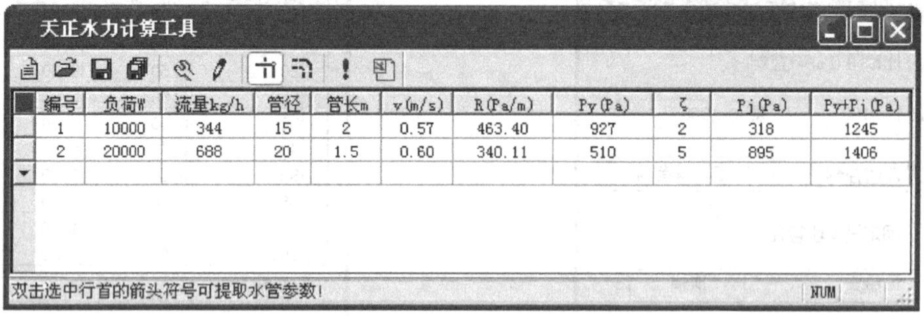

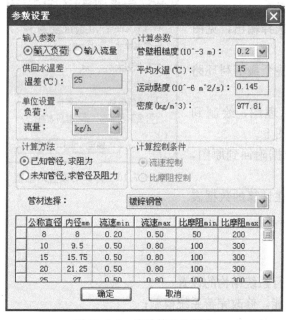

图 10-8-1　水力计算工具对话框

📄新建：新建工程，可以将计算的工程保存下来，保存成 .slc 的格式文件；

🔧系统设置：计算前可选择计算方法，设置一些计算参数等，如图 10-8-2 所示；

图 10-8-2　统计管段总阻力

图 10-8-3　参数设置对话框

✏统计：可统计出每个管段的总阻力，如图 10-8-3 所示；

📊📊水管计算/风管计算：可实现风管与水管水力计算之间的切换；

❗计算：通过给出的已知数据，计算出其他的未知参数；

📋计算书输出：可输出计算书；

▶数据可直接手动输入，也可双击行前的黑三角，如图 10-8-4 所示，命令行提示：

选择对象：

可在图上点取相应的管段，自动提取出来水管管径、风管截面尺寸、管长等参数。

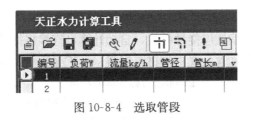

图 10-8-4　选取管段

10.9　风管水力

进行风管水力计算，提取风管平面图或系统图信息，编辑数据的同时可对应亮显管段，直观的实现了数据、图形的结合，计算结果可赋值到图上进行标注。

菜单位置：【计算】→【风管水力】(FGSL)

菜单点取【风管水力】或命令行输入"FGSL"后，执行本命令，弹出如图 10-9-1 对话框。

编号	风量m^3/h	管长m	类型	形状	宽(D)mm	高mm	流速m/s	比摩阻Pa/m	沿程阻力Pa	局阻系数	局阻力Pa	总阻力Pa	不平衡率	后继总阻力
1	8000.00	8.95	干管	矩形	1000	400	5.56	0.57	5.11	0.90	16.81	21.91	0.0%	113.90
2	6000.00	2.15	干管	矩形	800	400	5.21	0.55	1.18	0.13	2.13	3.31	0.0%	91.99
3	4000.00	2.15	干管	矩形	630	320	5.51	0.81	1.73	0.14	2.49	4.23	0.0%	88.68
4	2000.00	2.15	干管	矩形	320	320	5.43	1.11	2.38	0.13	2.33	4.71	0.0%	84.45
5	1000.00	0.46	干管	矩形	320	160	5.43	1.83	0.84	1.51	26.89	27.73	0.0%	79.74
6	1000.00	2.14	末端	矩形	320	160	5.43	1.83	3.92	2.70	48.08	52.00	0.0%	52.00
7	1000.00	0.13	支管	矩形	320	250	3.47	0.57	0.07	1.87	13.64	13.71	56.6%	34.63
8	1000.00	2.14	末端	矩形	320	250	3.47	0.57	1.22	2.70	19.69	20.91	0.0%	20.91

图 10-9-1　风管水力计算对话框

【文件】包括文件打开、保存等操作；

• 新建：新建一个计算工程，支持多工程标签；

• 打开：打开之前保存的风管水力计算工程.fsl 文件；

• 保存/另存为：可以将计算的工程保存下来，保存成.fsl 的格式文件；

• 退出：退出风管水力计算程序。

【设置】计算中用到的参数、单位等默认数据的设置；

• 设计条件：计算前，根据工程需要设置参数，见图 10-9-2 所示对话框。

• 标准大气压下空气参数：计算中需用到参数，需计算前进行设置。

• 管道设置：程序可在提图时，自动识别出管道截面，可不预先设置。

• 系统设置：计算中需用到参数，整个系统为分流还是合流，需计算前进行设置。

• 连接件局阻设置方式：默认自动方式，即提图后，可根据图形自动判断连接关系，进行局阻系数计算；同样可切换为手动方式，在提图后，需手动逐个管段进行局阻系数设置来完成计算；

• 单位设置：计算中涉及参数的单位，可以在这里修

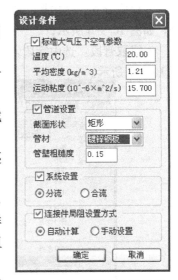

图 10-9-2　设计条件对话框

改设置；

- **默认连接件**：选择默认连接件样式，自动计算可直接根据设置计算出局阻系数；
- **管材规格**：对应为风管设置中的材料规格，可扩充管材及规格等；

图 10-9-3　批量编辑对话框

【编辑】常用编辑功能。

- **撤销**：可撤销上一步操作；
- **恢复**：重复已做操作；
- **插入**：插入分支；
- **删除**：删除选中的分支；
- **复制**：复制系统或分支；
- **粘贴**：粘贴已复制的系统或分支；
- **批量编辑**：操作方法：按照命令行提示框选图面中需要批量修改的风管，确定后弹出下图对话框，可在对话框中修改风管的截面尺寸、局阻个数及数值、管线类型（不同的管线类型计算中会受到不同的流速控制），如图 10-9-3 所示；
- **统一编号**：将序号重新排列，需要设置前缀的话，设置标注前缀，给定起始编号，即可重排编号，见图 10-9-4、图 10-9-5；

图 10-9-4　统一编号对话框图

图 10-9-5　统一编号举例

【提图】对应图形提取的命令。

- **提取分支**：选中树结构中的分支，可提取分支，在其右键菜单中也可以调用此命令，如图 10-9-6 所示；
- **提取管段**：选中管段，可对应提取，同样在管段处的右键菜单也可调出此命令，如图 10-9-7 所示。

图 10-9-6　提取分支

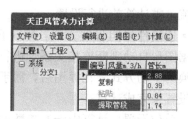

图 10-9-7　提取管段

• 对象处理：对于使用天正命令绘制出来的平面图、系统图或原理图，有时由于管线间的连接处理不到位，可能造成提图识别不正确，可以使用此命令先处理后，再进行提图；

【计算】提图完成后，数据信息建立完毕，可以通过下面提供的命令进行计算。

• 计算控制：计算前，设置干管、支管、末端的截面尺寸上下限、推荐流速、推荐宽高比、最大宽高比数值，如图 10-9-8 所示。

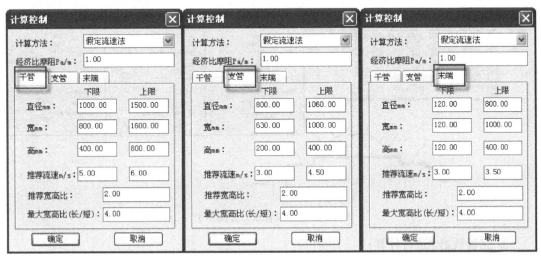

图 10-9-8　计算控制对话框

• 设计计算："设计计算"是管径未知条件下的计算，根据已知条件，计算流量、管径、流速、沿程阻力、局部阻力、总阻力和不平衡率等。

• 校核计算："校核计算"是管径已知条件下的计算，根据设计计算的结果，调整管径等参数后，进行校核计算（相当于同类软件的复算），校核计算也可用于对系统的调试和诊断工作。

【分析】可执行显示最不利、输计算书等操作。

• 显示最不利：计算完成后，可通过此命令显示最不利管路，在"分支 1"的右键菜单中也可以调用此命令；

• 输出计算书：弹出另存为的对话框，指定输出位置，即可输出计算书；

【绘图】可以将计算后的数据赋回到原图上。

• 隐藏窗口：可将计算窗口隐藏，方便查看 dwg 图纸信息；

• 更新原图：计算后，可通过此命令将计算后的数据赋回到图上；

• 选取管道：编辑管段数据时，可利用此命令，选择 dwg 图上的管段，计算界面上与其对应的数据就会是被选中状态；

【工具】对应提图及数据赋回原图的设置；

• 工程标签：是否以多文档标签显示；

• 选项：提图时提取的参数，赋回原图的参数等，见图 10-9-9；

图 10-9-9　选项对话框

【帮助】风管水力计算对应的帮助说明。

▶计算步骤介绍：

提示：风管水力计算，只能直接提取天正软件绘制的空调风管平面图或系统图，进行计算；

1. 通过【设计条件】、【计算控制】等进行 计算参数的设置；

2. 提取风管对象；

在图上点取相应的管段，自动提取出来风管截面尺寸、管长等参数，见图 10-9-10；

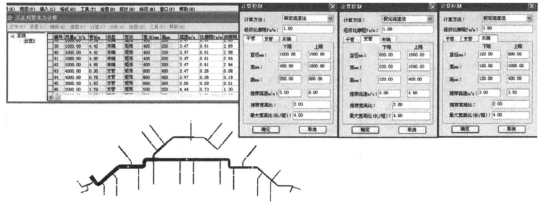

图 10-9-10　风管水力计算举例

3. 完善数据，进行计算；

1）局阻系数，依据手册程序提供了一个局阻系数库；

如果之前在【设计条件/系统设置】中设置了自动计算，那么程序会根据风管对象之间的连接关系，自动处理局阻值，这个值仅提供给用户做以参考，需要检查并进行手动调整，见图 10-9-11；

如果之前在【设计条件/系统设置】中设置了手动计算，那么需要根据风管对象之间的连接关系，自行选取局阻系数值，然后进行计算，见图 10-9-12、图 10-9-13；

图 10-9-11　局阻设置自动计算

图 10-9-12　局阻设置手动计算

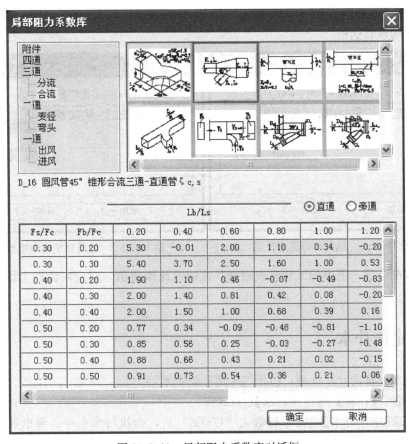

图 10-9-13 局部阻力系数库对话框

2）程序中不平衡率的计算：

如图 10-9-14 所示，最不利环路为 1-2-3-4，如计算管段 5 的不平衡率为：（P3＋4－P5）/
P3＋4，即管段 3 与管段 4 的总阻力-管段 5 的总阻力与管段 3 与管段 4 的总阻力之比值。

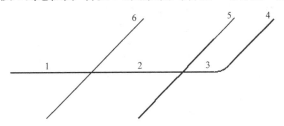

图 10-9-14 不平衡率计算示意图

4. 保存工程，输出计算书。

注意：风管水力计算只能提取天正软件绘制的空调风管平面图或系统图，进行计算。

10.10 结果预览

风管水力计算后数据赋回图上，可通过结果预览功能预览各个管段的流速及比摩阻范围。
菜单位置：【计算】→【结果预览】(JGYL)

菜单点取【结果预览】或命令行输入"JGYL"后，会执行本命令，弹出如图 10-10-1、图 10-10-2 所示对话框。

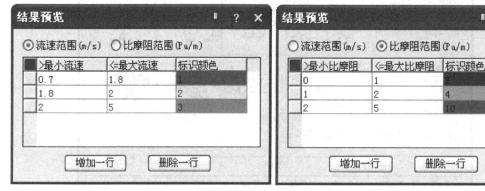

图 10-10-1　结果预览流速范围　　　　　图 10-10-2　结果预览比摩阻范围

执行本命令后，图中的风管管段根据其流速或比摩组值，对应对话框上设定的范围，来显示颜色。

10.11　定压补水

定压补水设备的计算选型，包括气压罐和膨胀水箱。

菜单位置：【计算】→【定压补水】(DYBS)

菜单点取【定压补水】或命令行输入"DYBS"后，会执行本命令，弹出如图 10-11-1 对话框，默认状态下为膨胀水箱的计算界面。

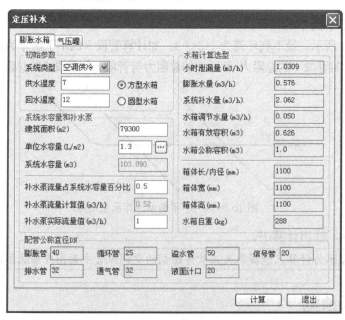

图 10-11-1　定压补水膨胀水箱计算界面

容纳膨胀水量和不容纳膨胀水量的气压罐计算界面如图 10-11-2、图 10-11-3，可在界面中切换水泵类型（变频、定频）。

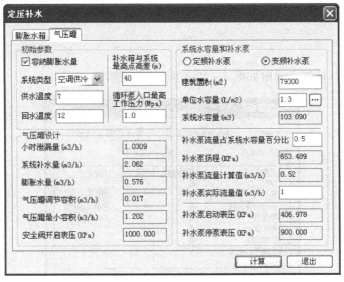

图 10-11-2 定压补水气压罐计算界面

图 10-11-3 定压补水气压罐计算界面

10.12 焓湿图分析

10.12.1 绘焓湿图

在图中绘制焓湿图。

菜单位置：【计算】→【绘焓湿图】(HHST)

菜单点取【绘焓湿图】或命令行输入"HHST"后，执行本命令。

命令行提示：

输入插入点：

点取位置后，系统会弹出如图 10-12-1 所示对话框：

图 10-12-1   绘焓湿图对话框

• 气象参数：可进行气象参数库的选择，提供《民用建筑供暖通风与空气调节设计规范》GB 50736—2012 和《实用供热空调设计手册（陆耀庆主编）第二版》两组气象参数库。

• 大气压力：可直接输入大气压力值，也可通过后面的下拉城市列表，选择计算城市后会自动加载当地的大气压力值；

• 可以自定义设置等温线、等焓线等的间隔、颜色。

10.12.2 建状态点

在焓湿图上建立状态点。

菜单位置：【计算】→【建状态点】(JZTD)

菜单点取【建状态点】或命令行输入"JZTD"后，执行本命令，系统弹出如图 10-12-2 所示的对话框。

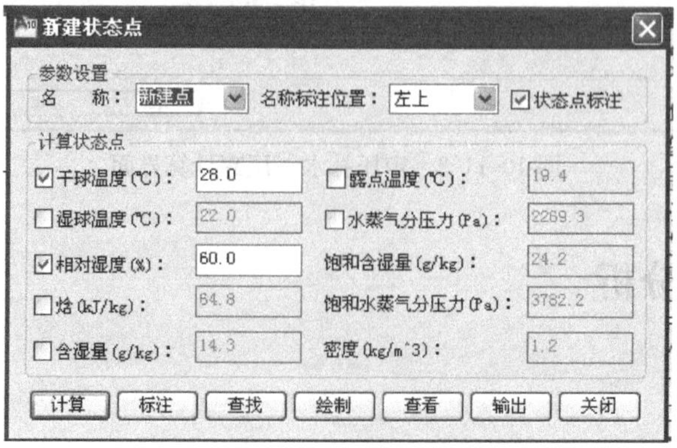

图 10-12-2   建状态点对话框

● 计算：通过给出的任意两个值，计算其他参数值；
● 标注：将所建立的状态点参数标注在图上；点此按钮后，命令行提示：

请点取标注位置：＜退出＞

● 查找：方便查找状态点的参数；可以在焓湿图上点取任意点，对话框会显示相应点的参数信息，点此按钮后，状态点编辑的对话框消失，命令行提示：

请点取焓湿图上查询点：＜退出＞

● 绘制：建立状态点并计算后，点此按钮，状态点将绘制在图上；
● 查看：点此按钮后，状态点编辑的对话框消失，便于在图中查看；
● 输出：点此按钮后，将选择的对象输出为 .xls 文件；
● 关闭：点此按钮后，状态点编辑的对话框关闭，退出命令。

10.12.3　绘过程线

通过两状态点绘制过程线。

菜单位置：【计算】→【绘过程线】(HGCX)

菜单点取【绘过程线】或命令行输入"HGCX"后，执行本命令，命令行提示：

选择起始状态点＜退出＞：*选择起始点，如室内点；*

选择下一状态点＜退出＞：*选择下一点，如室外点；*

选择起始、终至点后，自动连接，双击过程线，可更改箭头方向。

绘制过程线实例如图 10-12-3 所示：

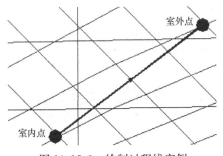

图 10-12-3　绘制过程线实例

10.12.4　空气处理

空气处理过程计算。

菜单位置：【计算】→【空气处理】(KQCL)

菜单点【空气处理】或命令行输入"KQCL"后，执行本命令，弹出如图 10-12-4 所示对话框。

提供了等含湿量、等焓过程、等温过程、混风过程、定送风量等几个空气处理过程。

▶【打开】打开之前保存的空气处理工程，后缀名为 .kqcl；

▶【保存】可以将建立的空气处理过程保存下来；

▶【计算】输入已知状态点参数，计算其他状态参数；

▶【标注】计算参数可在图中进行标注；

▶【查看】点此按钮后，空气处理过程对话框消失，便于在图中查看。

•等温过程：通过"增加"按钮，建立初状态点参数，建立好后，可通过"修改"按钮进行修改；计算后，可标注在图上，如图 10-12-5、图 10-12-6 所示；

•等湿过程（等湿加热或等湿冷却）：通过"增加"按钮，建立初状态点参数，建立好后，可通过"修改"按钮进行修改；计算后，可标注在图上，如图 10-12-7、图 10-12-8所示：

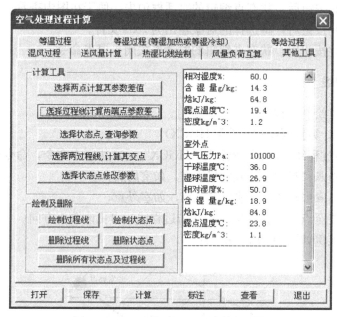

图 10-12-4　空气处理过程计算对话框

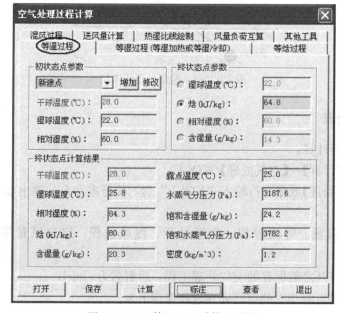

图 10-12-5　等温过程计算对话框

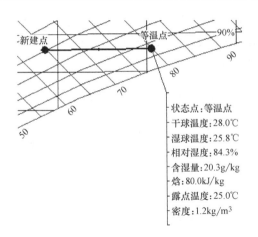

图 10-12-6　等温过程计算结果输出图

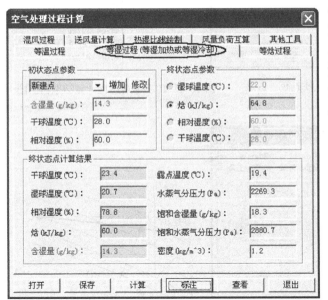

图 10-12-7　等湿过程（等湿加热或等湿冷却）计算对话框

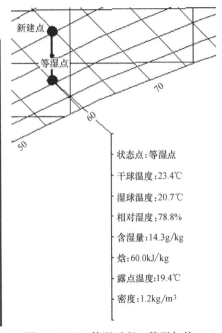

图 10-12-8　等湿过程（等湿加热
或等湿冷却）计算结果输出图

• 等焓过程：通过"增加"按钮，建立初状态点参数，建立好后，可通过"修改"按钮进行修改；计算后，可标注在图上，如图 10-12-9、图 10-12-10 所示；

• 混风过程：通过"增加"按钮，建立初状态点参数，建立好后，可通过"修改"按钮进行修改；其中，可设置"根据两点，求混合后点"或者"根据一点及混合后点，求第二点"，计算后，可标注在图上，如图 10-12-11、图 10-12-12 所示；

• 送风量计算：通过"增加"按钮，建立初状态点参数，建立好后，可通过"修改"按钮进行修改；"送风温差"和"露点相对湿度"可根据计算条件选取，计算后，可标注在图上，如图 10-12-13、图 10-12-14 所示；

• 热湿比线绘制：通过"增加"按钮，建立初状态点参数，建立好后，可通过"修改"按钮进行修改；"与之相交线"可根据计算条件选取，计算后，可标注在图上，如图 10-12-15、图 10-12-16 所示：

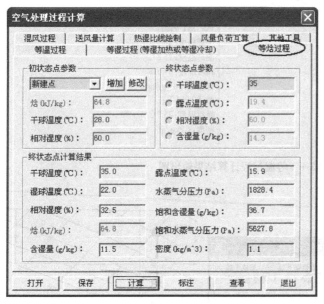

图 10-12-9　等焓过程计算对话框

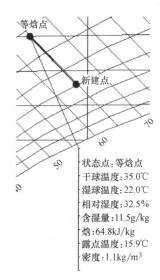

图 10-12-10　等焓过程计算结果输出图

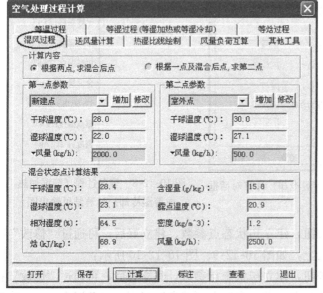

图 10-12-11　混风过程计算对话框

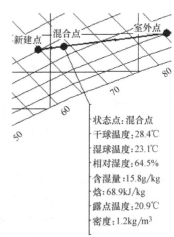

图 10-12-12　混风过程计算结果输出图

• 风量负荷计算：通过"增加"按钮，建立初状态点参数，建立好后，可通过"修改"按钮进行修改；可设置"根据风量求负荷"、"根据负荷求风量"或者"根据湿负荷求风量"，计算后，可标注在图上，如图 10-12-17、图 10-12-18 所示：

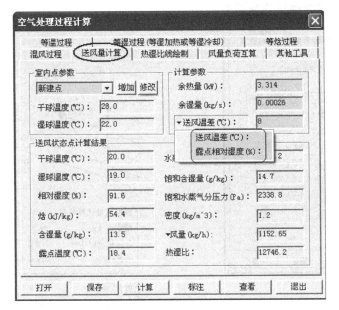

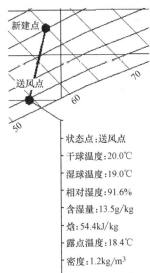

图 10-12-13　送风量计算对话框

图 10-12-14　送风量计算结果输出图

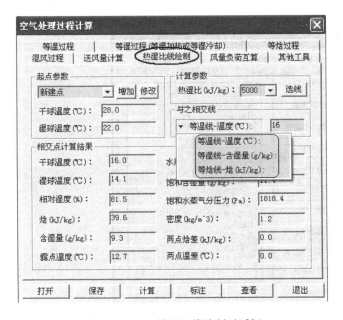

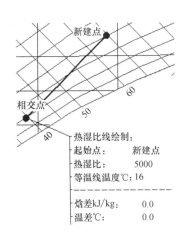

图 10-12-15　热湿比线绘制对话框

图 10-12-16　热湿比线绘制结果图

注意： 其中界面上的风量单位，是可设置的，可根据设计条件进行更改。

• 其他工具：提供了一些计算上的处理工具，如图 10-12-19 所示；

点取"计算工具"中提供的不同的命令按钮，可实现相应的功能，右侧显示的为计算后的参数数据；"绘制及删除"提供了方便快捷的绘制、删除按钮。

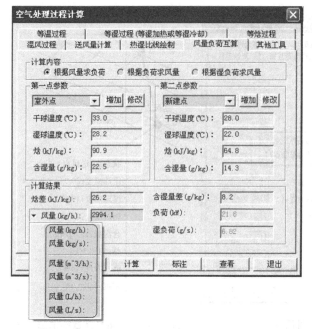

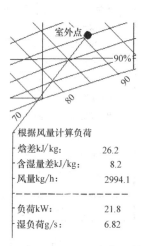

图 10-12-17　风量负荷互算对话框

图 10-12-18　风量负荷互算
结果输出图

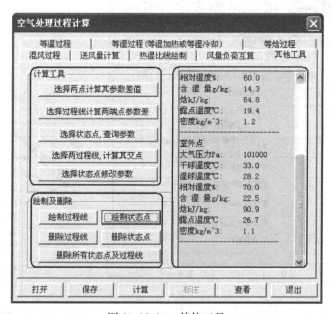

图 10-12-19　其他工具

10.12.5　风盘计算

风机盘管加新风系统的计算。

菜单位置：【计算】→【风盘计算】(FPJS)

菜单点【风盘计算】或命令行输入"FPJS"后，执行本命令，弹出如图 10-12-20 的对话框。

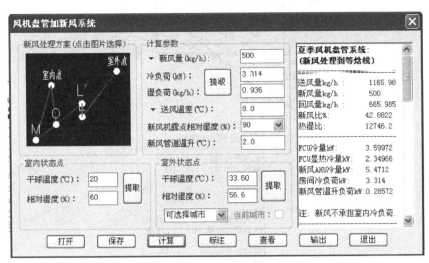

图 10-12-20　风盘计算对话框

▶【打开】打开之前保存的风盘计算，后缀名为 .fcu；

▶【保存】可以将建立的风盘计算参数保存下来；

▶【计算】输入已知状态点参数，计算其他状态参数，如果选择当前城市（焓湿图所选择的城市）则室外状态点为已知。计算后，结果显示在对话框的右侧位置上，如图 10-12-21 所示：

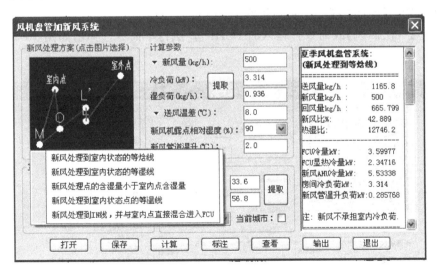

图 10-12-21　风盘计算举例

注意：点击预览图片，可选择新风的处理方案。

▶【标注】计算参数可在图中进行标注；

▶【查看】点击此按钮后，状态点编辑的对话框消失，便于在图中查看；

▶【输出】可将计算结果输出到 word 中，见图 10-12-22。

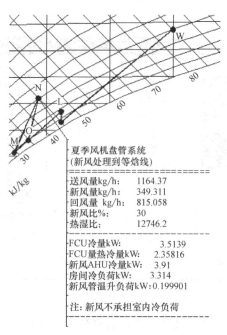

图 10-12-22   风盘计算结果输出图

10.12.6   一次回风

一次回风系统的计算。

菜单位置:【计算】→【一次回风】(YCHF)

菜单点【一次回风】或命令行输入"YCHF",执行本命令,弹出如图 10-12-23 的对话框。

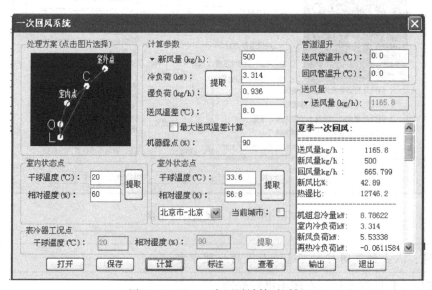

图 10-12-23   一次回风计算对话框

▶【打开】打开之前保存的一次回风计算,后缀名为 .re;

▶【保存】可以将建立的风盘计算参数保存下来；

▶【计算】输入已知状态点参数，计算其他状态参数，计算后结果显示在对话框的右侧位置上，如图 10-12-24 所示：

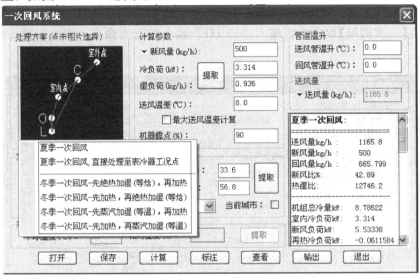

图 10-12-24 一次回风计算举例

▶【标注】计算参数可在图中进行标注；

▶【查看】点击此按钮后，状态点编辑的对话框消失，便于在图中查看；

▶【输出】可将计算结果输出到 word 中，如图 10-12-25。

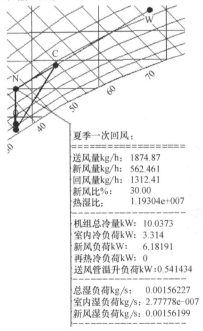

图 10-12-25 一次回风计算结果输出图

注意：点击预览图片，可选择一次回风的处理方案。

10.12.7 二次回风

二次回风系统的计算。

菜单位置：【计算】→【二次回风】(ECHF)

菜单点【二次回风】或命令行输入"ECHF"后，执行本命令，弹出如图10-12-26的对话框。

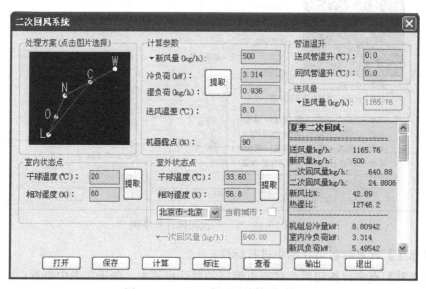

图10-12-26 二次回风计算对话框

▶【打开】打开之前保存的二次回风计算，后缀名为.re；

▶【保存】可以将建立的风盘计算参数保存下来；

▶【计算】输入已知状态点参数，计算其他状态参数，计算后，结果显示在对话框的右侧位置上，如图10-12-27所示：

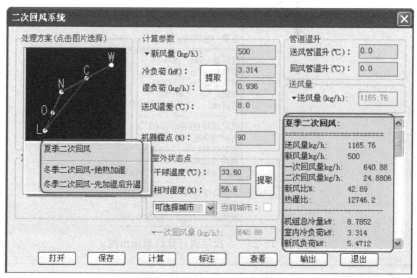

图10-12-27 二次回风计算举例

▶【标注】计算参数可在图中进行标注；

▶【查看】点击此按钮后，状态点编辑的对话框消失，便于在图中查看；

▶【输出】可将计算结果输出到 word 中，如图 10-12-28 所示。

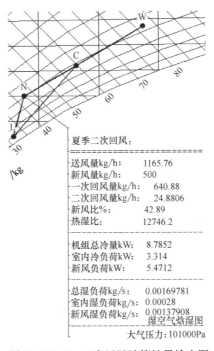

图 10-12-28　二次回风计算结果输出图

第 11 章
专业标注

内容提要

- 自定义尺寸标注对象

天正的自定义尺寸标注对象，可以满足线性标注与角度标注
等不同的标注要求。

- 尺寸标注的方法

介绍使用尺寸标注对象的专用标注命令，对风管、散热器等
暖通专业对象进行方便的标注。

- 尺寸标注的编辑

配套提供一系列调整和移动标注的位置，修改标注值，擦除
标注的方法，一些常用操作仅依靠夹点拖动即可实现。

11.1 立管标注

标注水管立管，包括采暖供、回立管及空调水管立管。

菜单位置：【专业标注】→【立管标注】（LGBZ）

菜单点取【立管标注】或命令行输入"LGBZ"后，会执行本命令。

命令行提示：

请选择要标注的立管<退出>：

选择后，命令行提示：

请输入新的立管编号<>：

输入立管编号后，命令行提示：

请点取标注点<退出>：

立管的默认标注文字、立管样式及绘制半径，在程序已经设定，用户可在菜单【设置】/【初始设置】/【管线设置】中进行修改，如图 11-1-1 所示；

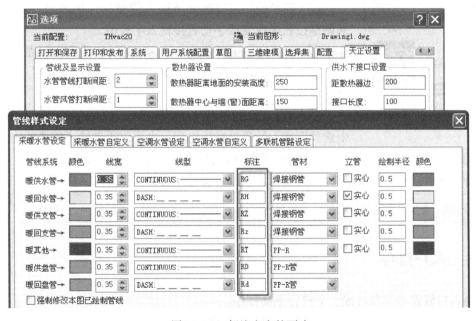

图 11-1-1 标注文字的更改

11.2 立管排序

将入户管管号按左右或上下进行重新排序。

菜单位置：【专业标注】→【立管排序】（LGPX）

菜单点取【立管排序】或命令行输入"LGPX"后，会执行本命令，命令行提示：

请选择立管号标注：<退出>：鼠标框选需要排序的立管

请选择自动编号方案：{自左至右[1]/自右至左[2]/自上至下[3]/自下至上[4]}<1>：

排序方案有 4 种（默认是第一种），分别是：

[1] 自左至右，从左向右进行编号排序；

[2] 自右至左，从右向左进行编号排序；

[3] 自上至下，从上向下进行编号排序；

[4] 自下至上，从下向上进行编号排序；

请输入起始编号:*输入重新排序的起始编号，会自动重新排列。*

11.3　入户管号

标注管线的入户管号。

菜单位置：【专业标注】→【入户管号】（RHGH）

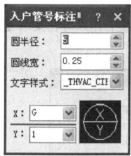

菜单点取【入户管号】或命令行输入"RHGH"后，会执行本命令，弹出如图 11-3-1 对话框：

【入户管号标注】对话框的各项功能介绍：

▶［圆半径］用以改变所插入管号标注的圆半径尺寸，可从调整按钮来改变或手动直接输入半径值。

▶［圆线宽］用以调整管号标注的外圆线条粗细程度。

▶［文字样式］用户可根据自己的需要在选项栏中选择文字的样式。

图 11-3-1　入户管号标注

▶［X:／Y:］用以改变标注内容，在 X: 和 Y: 的选项栏中选择所插入的管号标注内容，也可以手动输入需要的内容。

用鼠标或右键执行本命令并进行对话框调整后，命令行将重复提示：

请给出标注位置<退出>：*用鼠标点取或手动输入右键确认要插入的位置。*

> **注意:**【入户管号】每插入一次编号将自动加 1。

11.4　入户排序

将入户管管号按左右或上下进行重新排序。

菜单位置：【专业标注】→【入户排序】（RHPX）

菜单点取【入户排序】或命令行输入"RHPX"后，会执行本命令，命令行提示：

请选择入户管号标注:<退出>:*鼠标框选需要排序的入户管*

请选择自动编号方案:*{自左至右[1]/自右至左[2]/自上至下[3]/自下至上[4]}<1>:*

排序方案有 4 种（默认是第一种），分别是：

[1] 自左至右，从左向右进行编号排序；

[2] 自右至左，从右向左进行编号排序；

[3] 自上至下，从上向下进行编号排序；

[4] 自下至上，从下向上进行编号排序；

请输入起始编号:*输入重新排序的起始编号，会自动重新排列。*

11.5　标散热器

散热器的标注。

菜单位置：【专业标注】→【标散热器】（BSRQ）

菜单点取【标散热器】或命令行输入"BSRQ"后，会执行本命令。

命令行提示：

请选择要标注的散热器＜退出＞：

选择散热器后，命令行提示：

请输入散热器的片数［读原片数（R）/换单位（C）/标负荷（H）］＜10＞：

输入散热器片数，或直接鼠标右键，则自动标注，程序默认为 10 片；如果想标注负荷值，则输入 H；

命令行提示：

请输入散热器负荷［读原负荷（R）］＜1200.00＞：

输入负荷值，或直接鼠标右键，则自动标注，程序默认为 1200；

此时想切换到标注米数，同样是输入 H。

> **注意**：标注过一次后，程序会默认上一次标注的片数和负荷值。

11.6　管线文字

在管线上逐个或多选标注管线类型的文字，如 H，也可以整体更改替换已标注的文字，管线被文字遮挡。

菜单位置：【专业标注】→【管线文字】（GXWZ）

菜单点取【管线文字】或命令行输入"GXWZ"后，会执行本命令。

在菜单上或右键执行命令后，命令行提示：

请输入文字内容＜自动读取＞：

输入添加的管线文字内容，按右键确认；直接按右键，系统将自动读取所要标注管线的类型进行标注。命令行提示：

请点取要插入文字管线的位置［多选管线（M）/两点栏选（T）/修改文字（F）］＜退出＞：

用鼠标点取要标注的管线，按左键后完成文字标注，文字覆盖在管线之上并将管线打断，当将管线上的文字标注删除之后，被打断的管线会自动恢复连接。

▶【多选管线（M）】可进行多选标注，框选中所要标注的管线，右键确认后由命令行提示：

输入文字间的最小间距：

右键确认后即完成标注，见图 11-6-1 是文字间距为 2000 时的标注效果。

———RG——————RG——————RG———

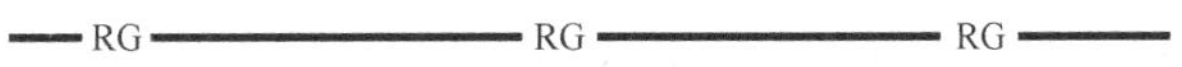

图 11-6-1　文字间距为 2000 时的标注效果

▶【两点栏选（T）】可通过鼠标划线与管线相交进行多管标注，如图 11-6-2 所示。

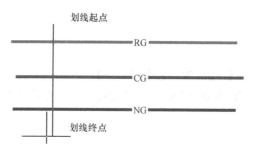

图 11-6-2   多管标注

▶【修改文字（F）】可整体修改已注文字，由提示输入新的标注内容，并选择系统上其中一根管线，即完成更改。

11.7   管道坡度

标注管道坡度，可动态决定箭头方向。

菜单位置：【专业标注】→【管道坡度】（GDPD）

菜单点取【管道坡度】或命令行输入"GDPD"，会执行本命令，弹出如图 11-7-1 的对话框。

在菜单上或右键选取本命令后，用户可通过选项来设置要标注的内容，命令行提示：

请选择要标注坡度的管线<退出>：

管道坡度标注举例如图 11-7-2。

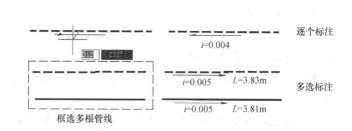

图 11-7-1   管道坡度对话框   图 11-7-2   管道坡度标注举例

11.8   单管管径

标注单管管径。

菜单位置：【专业标注】→【单管管径】（DGGJ）

菜单点取【单管管径】或命令行输入"DGGJ"后，执行本命令，弹出如图 11-8-1 所示的对话框。

对话框功能的介绍：

▶【历史记录】存储前几次的管径标注记录，同时可以选择其中某项进行标注。

▶【删除记录】删除单管管径的历史记录。

▶【字高】可以选择改变标注字体的大小。

▶【类型】可查看或修改标注管径的类型，如图 11-8-2 所示。对话框中给出的是各种管材的默认标注，如果想要修改标注，只需要选中该项，在标注类型的编辑框中输入新值，按修改类型即可完成。当类型在右边框中显示时，所标注的管径前缀会自动读取对应的默认值。

图 11-8-1　单管管径对话框

图 11-8-2　标注管径的类型对话框

▶【管径】输入预标注管径的管径值。

▶【左上、右下】选择管径标注的位置，分为在横管道的上、下，竖管道的左、右进行标注（针对标注样式一而言）。

▶【标注样式】根据需要，可选择不同的管径标注样式。

11.9　多管管径

多选管线进行管径标注并可以指定统一修改管径值相同的管线。支持管径加壁厚的标注形式。

菜单位置：【专业标注】→【多管管径】（GJBZ）

菜单点【多管管径】或命令行输入"GJBZ"后，执行本命令，弹出如图 11-9-1 的对话框：

对话框功能介绍：

图 11-9-1　多管管径
对话框

▶【常用管径】用以选择标注的管径，也可自动读取管线管径进行标注。

▶【字高】可以选择改变标注字体的大小。

▶【管径】输入常用管径中没有提供的管径值。

▶【左上右下】选择管径标注的位置，分为在横管道的上、下，竖管道的左、右进行标注。

▶【仅标空白管线】由系统优化分配标注管径的位置，只在管线宽松的位置标注，而不在错综复杂的情况下进行标注。

▶【修改指定管径】可以统一修改管径值相同管线。框选修改范围，确定标注形式，只需在所有要修改同管径管线上任选一根，就可完成管径的一并修改。

▶【类型】可查看或修改标注管径的类型，如图 11-9-2 所示。对话框中给出的是各种管材的默认标注，如果想要修改标注，只需要选中该项，在标注类型的编辑框中输入新值，按修改类型即可完成。当在类型右边框中显示时，所标注的管径前缀会自动读取对应的默认值。此外增加了外径、外径 * 壁厚和外径 * 壁厚 2 等标注类型，标注效果见图 11-9-3。

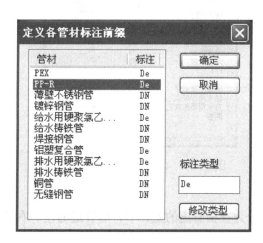

图 11-9-2　标注管径的类型对话框

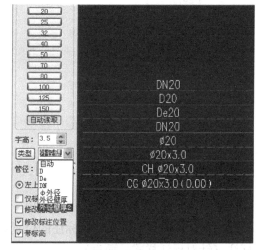

图 11-9-3　标注管径的类型对话框

11.10　多管标注

在多根立管和管线上标注编号和管径。支持带标高的标注。

菜单位置：【专业标注】→【多管标注】（DGBZ）

菜单点取【多管标注】或命令行输入"DGBZ"后，会执行本命令。

命令行提示：确定一直线的起点与终点，用该直线与待标注的管线(可以是多根)相交

起点:选择划线起点；

终点[斜线样式(L)/点样式(D)/不标注(N)](当前:斜线样式)＜退出＞:选择划线

终点；

进行管径标注[标高标注(E)/管径、标高同时标注(F)]＜管径标注＞F

请给出标注点＜退出＞：

多管标注举例，如下图 11-10-1 所示：

用鼠标双击标注或右键菜单中的【对象编辑】，可调出【多管标注-修改】对话框，如图 11-10-2 所示：

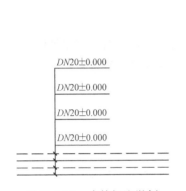

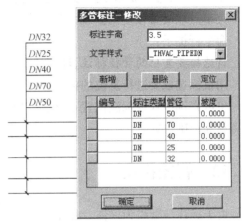

图 11-10-1　多管标注举例　　　　　　　　图 11-10-2　多管标注-修改对话框

▶【标注字高】：修改标注文字的高度。

▶【文字样式】：选择标注文字的文字样式。

▶【新增】：添加某段管线的标注。

▶【删除】：删除某段管线的标注，如图 11-10-3 所示：

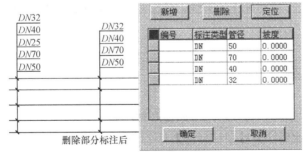

图 11-10-3　删除标注

▶【定位】：隐藏编辑对话框，查看指定管线，如图 11-10-4 所示。

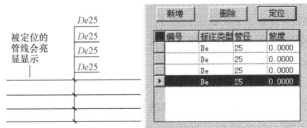

图 11-10-4　定位管线

11.11　管径复位

由于更改比例等原因，导致管径、坡度等标注位置不合适，本命令使标注回到默认位置；超出管线的标注复位到管线端部。

菜单位置：【专业标注】→【管径复位】（GJFW）

菜单点取【管径复位】或命令行输入"GJFW"后，会执行本命令。

命令行提示：

请选择要复位的管径标注、坡度标注:＜退出＞

用鼠标选取要进行复位的标注，此标注变为虚线显示时，按右键完成复位。

也可先选中管径标注位置不合适的标注，用鼠标点选【管径复位】的命令，系统会自动调整到正确位置。

11.12　管径移动

由于标注与管线为一体，此命令单独移动标注，不对管线产生影响。

菜单位置：【专业标注】→【管径移动】（GJYD）

菜单点取【管径移动】或命令行输入"GJYD"后，会执行本命令。

命令行提示：

选择移动的参考点[管径向上复位(F)/管径向下复位(R)]＜退出＞

选择移动的目标点＜退出＞

用鼠标选取要进行移动标注的管线，此标注变为虚线显示时，按右键确定点取移动目标点。

11.13　单注标高

一次只标注一个标高，通常用于平面标高标注。

菜单位置：【专业标注】→【单注标高】（DZBG）

菜单点取【单注标高】或命令行输入"DZBG"后，会执行本命令。

点取菜单命令后，命令行提示：

请点取标高点或 [参考标高(R)]＜退出＞:

请点取引出点＜不引出＞:点取引出点或直接右键不引出。此时可在界面中手动输入标高数值，也可以按程序中得到的数值进行标注。

请点取标高方向＜当前＞:

单柱标高举例，如图 11-13-1 所示：

双击标注可进入 [编辑标高] 对话框修改，如图 11-13-2、图 11-13-3 所示。

双击标注文字可进入在位编辑，如图 11-13-4 所示。

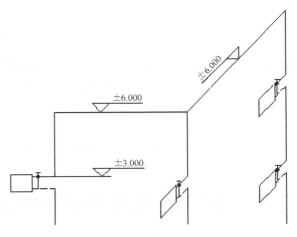

图 11-13-1 单注标高举例

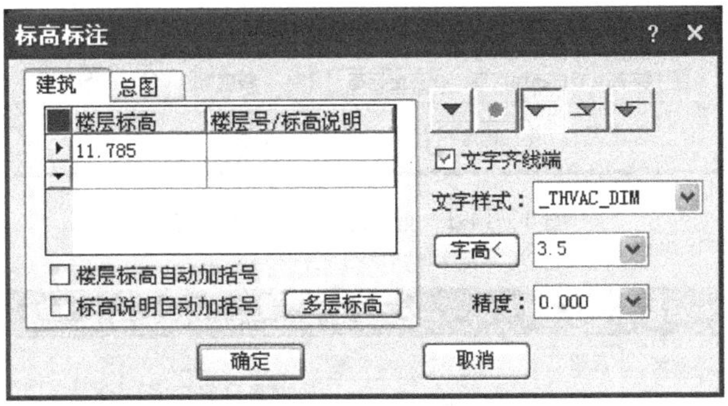

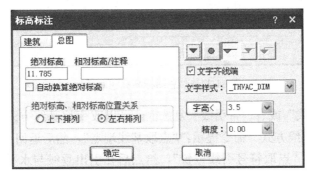

图 11-13-2 编辑建筑标高标注

图 11-13-3 编辑总图标高标注

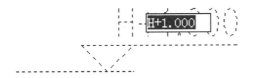

图 11-13-4 标高在位编辑

11.14　标高标注

适用于平面图的楼面标高与地坪标高标注，可标注绝对标高和相对标高、也可用于立剖面图标注楼面标高，标高三角符号为空心或实心填充，通过按钮可选，两种类型的按钮的功能是互锁的，其他按钮控制标高的标注样式。

菜单位置：【专业标注】→【标高标注】（BGBZ）

菜单点取【标高标注】或命令行输入"BGBZ"，弹出如图 11-14-1、图 11-14-2 所示对话框。

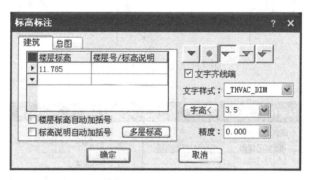

图 11-14-1　建筑标高标注对话框

图 11-14-2　总图标高标注对话框

▶ 勾选"带基线"或者"带引线"复选框，可以改变按基线方式或者引线方式注写标高符号。如果是基线方式，命令提示："点取基线端点"，然后返回上一提示；如果是引线方式，命令提示："点取符号引线位置"，给点后在引出垂线与水平线交点处绘出标高符号。

▶ 勾选"手工输入"复选框后，不必添加括号，在第一个标高后回车或按向下箭头，可以输入多个标高表示楼层地坪标高，如图 11-14-3 所示。

图 11-14-3　标高标注举例

连注标高效果，如图 11-14-4 所示。

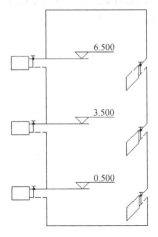

图 11-14-4 连注标高效果图

11. 15 风管标注

标注风管，可标注尺寸、标高、材料等信息。

菜单位置：【专业标注】→【风管标注】（FGBZ）

菜单点【风管标注】或命令行输入"FGBZ"，执行本命令，弹出如图 11-15-1 所示对话框。

图 11-15-1 风管标注对话框

▶【标注设置】设定风管标注样式、内容等。

如图 11-15-2 所示标注设置中，可设置自动标注的内容、字体、位置、标高基准、前缀等信息。

▶【自动标注】命令行提示：请框选要标注的风管＜退出＞：

▶【斜线引标】命令行提示：请点选要标注的风管＜退出＞：

点选风管后命令行提示：请点取引线位置： 选择引线及标注的位置。

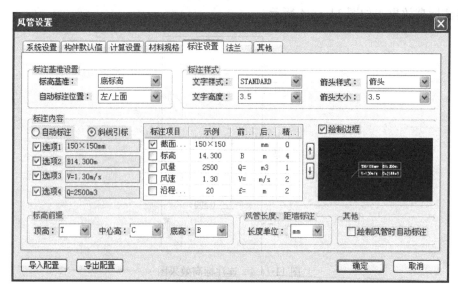

图 11-15-2　风管标注设置

▶【标注复位】恢复标注到默认位置上。

▶【长度标注】标注风管长度。

▶【距墙距离】可标注风管中心线及管壁到墙或者任意基准线的距离。

▶【删除标注】可批量删除风管标注。

风管标注实例，如图 11-15-3 所示。

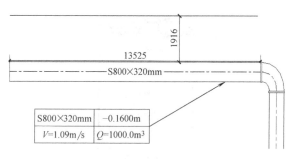

图 11-15-3　风管标注实例

11.16　设备标注

标注设备。

菜单位置：【专业标注】→【设备标注】（SBBZ）

菜单点取【设备标注】或命令行输入"SBBZ"后，会执行本命令。

点取命令后，命令行提示：请点选要标注的设备、风口或风阀：＜退出＞

点取设备后，弹出【设备标注】的对话框，如图 11-16-1 所示。

设备、风口和风阀都可以通过这里来进行标注。

设备标注实例，如图 11-16-2 所示。

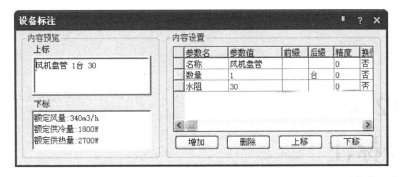

图 11-16-1 设备标注对话框

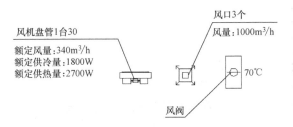

图 11-16-2 设备标注实例

11.17 删除标注

删除标注（管径、标高、箭头）。

菜单位置：【专业标注】→【删除标注】（SCBZ）

菜单点取【删除标注】或命令行输入"SCBZ"后，会执行本命令。

命令行将反复提示：

请选择要删除的对象(管线、管径、标高、箭头等)：<退出>

用鼠标选取要删除的标注，如管径、坡度和箭头等，按右键确定删除，删除标注举例如图 11-17-1。

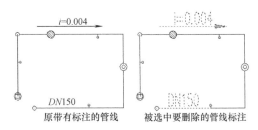

图 11-17-1 删除标注举例

第 12 章
符号标注

内容提要

- 工程符号的标注

天正自定义符号标注对象，满足施工图的专业化标注要求，可以方便地绘制剖切号，画指北针，绘制箭头，绘制图名符号，引出标注符号等，独有动态开关，控制新增的坐标与标高符号自动更新数值。

- 工程符号标注的修改

自定义符号标注对象绘制的剖切号、指北针、箭头、引出标注等工程符号等都可以根据绘图的不同要求，拖动夹点修改，不必重新绘制。

12.1　静态／动态标注

标注的状态分动态标注和静态标注两种。

菜单命令：【符号标注】→【静态／动态标注】

菜单点取【静态／动态标注】后，会执行本命令。

标注的状态分动态标注和静态标注两种，移动和复制后的坐标符号受状态开关菜单项的控制：

动态标注状态下，移动和复制后的坐标数据将自动与世界坐标系一致，适用于整个 DWG 文件仅仅布置一个总平面图的情况；

静态标注状态下，移动和复制后的坐标数据不改变原值，例如在一个 DWG 上复制同一总平面，绘制绿化、交通的等不同类别图纸，此时只能使用静态标注。

12.2　坐标标注

在总平面图上标注测量坐标或者施工坐标，取值根据世界坐标或者当前用户坐标 UCS。

菜单命令：【符号标注】→【坐标标注】（ZBBZ）

菜单点取【坐标标注】或命令行输入"ZBBZ"后，会执行本命令，命令行提示：

当前绘图单位：mm，标注单位：M；以世界坐标取值；北向角度 90.0000 度

请点取标注点或［设置（S）]＜退出＞：点 S；

首先要了解当前图形中的绘图单位是否为毫米，如果图形中绘图单位是米，图形的当前坐标原点和方向是否与设计坐标系统一致；如果有不一致之处，需要键入 S 设置绘图单位、设置坐标方向和坐标基准点，显示注坐标点对话框，如图 12-2-1 所示：

坐标取值可以从世界坐标系或用户坐标系 UCS 中任意选择（默认取世界坐标系），坐标类型可选测量或者施工坐标（默认测量坐标）；

按照《总图制图标准》2.4.1 条的规定，南北向的坐标为 X（A），东西方向坐标为 Y（B），与建筑绘图习惯使用的 XOY 坐标系是相反的；

如果图上插入了指北针符号，在对话框中单击［选指北针＜]，从图中选择了指北针，系统以它的指向为 X（A）方向标注新的坐标点；

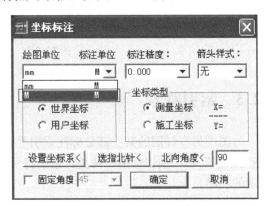

图 12-2-1　注坐标点对话框

使用 UCS 标注的坐标符号使用颜色为青色，区别于使用世界坐标标注的坐标符号，在同一 DWG 图中不得使用两种坐标系统进行坐标标注。

在其中单击下拉列表设置绘图单位是 M，标注单位也是 M，单击［确定］按钮返回

命令行：

请点取标注点或［设置(S)］＜退出＞:点取标注点；

点取坐标标注方向＜退出＞:拖动点取确定坐标标注方向；

请点取标注点＜退出＞:重复点取坐标标注点；

请点取标注点＜退出＞:回车退出命令；

对有已知坐标基准点的图形，我们在对话框中单击［设置坐标系＜］进行设置，交互过程如下：

点取参考点:点取已知坐标的基准点作为参考点；

输入坐标值＜14260.8,18191.2＞:按 XOY 坐标（非测量坐标）键入该点坐标值；

> **注意**：坐标应使用本图绘图单位，米单位图键入 27856.75，165970.32，毫米单位图键入 27856750，165970320。

请点取标注点或［设置(S)］＜退出＞:点取其他标注点进行标注。

坐标标注实例：

图 12-2-2 是米单位绘制的总图，其坐标以 UCS 方向标注，按 WCS 取值，其中的 WCS 坐标系图标是为说明情况而特别添加的，实际不会与 UCS 同时出现。

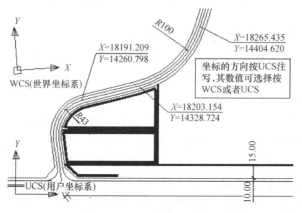

图 12-2-2　坐标标注实例

12.3　索引符号

为图中另有详图的某一部分标注索引号，指出表示这些部分的详图在哪张图上，分为"指向索引"和"剖切索引"两类，索引符号的对象编辑新提供了增加索引号与改变剖切长度的功能。

菜单命令：【符号标注】→【索引符号】（SYFH）

菜单点【索引符号】或命令行输入"SYFH"后，执行本命令，系统弹出如图 12-3-1 所示的对话框：

其中控件功能与【引出标注】命令类似，区别在本命令分为【指向索引】和【剖切索引】两类，标注时按要求选择标注。

▶ 选择【指向索引】时的命令行交互：

图 12-3-1 索引符号对话框

请给出索引节点的位置＜退出＞:点取需索引的部分;

请给出索引节点的范围＜0.0＞:拖动圆上一点，单击定义范围或回车不画出范围;

请给出转折点位置＜退出＞:拖动点取索引引出线的转折点;

请给出文字索引号位置＜退出＞:点取插入索引号圆圈的圆心;

▶ 选择【剖切索引】时的命令行交互:

请给出索引节点的位置＜退出＞:点取需索引的部分;

请给出转折点位置＜退出＞:按 F8 打开正交，拖动点取索引引出线的转折点;

请给出文字索引号位置＜退出＞:点取插入索引号圆圈的圆心;

请给出剖视方向＜当前＞:拖动给点定义剖视方向;

双击索引标注对象可进入编辑对话框，双击索引标注文字部分，进入文字在位编辑。

夹点编辑增加了"改变索引个数"功能，拖动边夹点即可增删索引号，向外拖动增加索引号，超过 2 个索引号时向左拖动至重合删除索引号，双击文字修改新增索引号的内容，超过 2 个索引号的符号在导出 T3-7 版本格式时分解索引符号对象为 AutoCAD 基本对象。

▶ 索引符号与编辑实例:

指向索引和剖切索引与编辑实例，如图 12-3-2 所示。

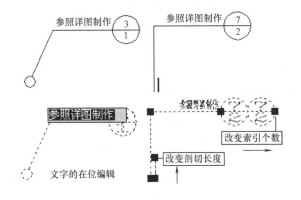

图 12-3-2 索引符号与编辑实例

12.4 索引图名

本命令为图中被索引的详图标注索引图名，如需要标注比例要自己补充。

菜单命令：【符号标注】→【索引图名】（SYTM）

菜单点取【索引图名】或命令行输入"SYTM"后，会执行本命令，命令行提示：

请输入被索引的图号(-表示在本图内)＜-＞:回车或键入被索引图张号；

请输入索引编号 ＜1＞:键入索引图号；

索引图名对象只有一个夹点，拖动该夹点可移动索引图名。

▶ 索引图名实例说明，如图 12-4-1 所示：

图 12-4-1　索引图名实例说明

12.5　剖面剖切

在图中标注国标规定的断面剖切符号，用于定义一个编号的剖面图，表示剖切断面上的构件以及从该处沿视线方向可见的建筑部件，生成剖面中要依赖此符号定义剖面方向。

菜单命令：【符号标注】→【剖面剖切】（PMPQ）

菜单点取【剖面剖切】或命令行输入"PMPQ"后，会执行本命令，命令行提示：

请输入剖切编号＜1＞:键入编号后回车

点取第一个剖切点＜退出＞:给出第一点 P1；

点取第二个剖切点＜退出＞:沿剖线给出第二点 P2；

点取下一个剖切点＜结束＞:给出转折点 P3；

点取下一个剖切点＜结束＞:给出结束点 P4；

点取下一个剖切点＜结束＞:回车表示结束；

点取剖视方向＜当前＞:给点表示剖视方向 P5；

标注完成后，拖动不同夹点即可改变剖面符号的位置以及改变剖切方向。

▶ 剖面剖切的实例：

图 12-5-1 是按以上的【剖面剖切】命令交互，创建的阶梯剖切符号。

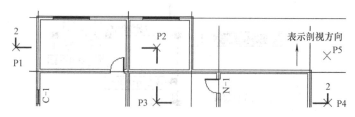

图 12-5-1　剖面剖切的实例

12.6　断面剖切

在图中标注国标规定的剖面剖切符号，指不画剖视方向线的断面剖切符号，以指向断面编号的方向表示剖视方向，在生成剖面中要依赖此符号定义剖面方向。

菜单命令：【符号标注】→【断面剖切】（DMPQ）

菜单点取【断面剖切】或命令行输入"DMPQ"后，会执行本命令，命令行提示：

请输入剖切编号＜1＞:键入编号后回车;

点取第一个剖切点＜退出＞:给出起点 P1;

点取第二个剖切点＜退出＞:沿剖线给出终点 P2;

点取剖视方向＜当前＞:

此时在两点间可预览该符号，您可以移动鼠标改变当前默认的方向，点取［确认］或回车采用当前方向，完成断面剖切符号的标注。

标注完成后，拖动不同夹点即可改变剖面符号的位置以及改变剖切方向。

▶ 断面剖切的实例：

图 12-6-1 是上面的【断面剖切】命令交互的结果：

图 12-6-1 断面剖切的实例

12.7 加折断线

以自定义对象在图中加入折断线，形式符合制图规范的要求，并可以依照当前比例，选择对象更新其大小。

菜单命令：【符号标注】→【加折断线】（JZDX）

菜单点取【加折断线】或命令行输入"JZDX"后，会执行本命令，命令行提示：

点取折断线起点＜退出＞:点取折断线起点;

点取折断线终点或［折断数目（当前＝1）（N）/自动外延（当前＝开）（O）］＜退出＞:点取折断线终点或键入选项;键入"N"改变折断数目;键入"O"改变自动外延;双击折断线改变折断数目。

▶ 加折断线的实例，如图 12-7-1 所示。

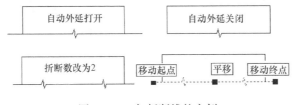

图 12-7-1 加折断线的实例

12.8 箭头引注

绘制带有箭头的引出标注，文字可从线端标注也可从线上标注，引线可以转折多次，用于楼梯方向线，新添半箭头用于国标的坡度符号。

菜单命令：【符号标注】→【箭头引注】（JTYZ）

菜单点取【箭头引注】或命令行输入"JTYZ"后，会执行本命令，系统会弹出如图12-8-1 所示的对话框：

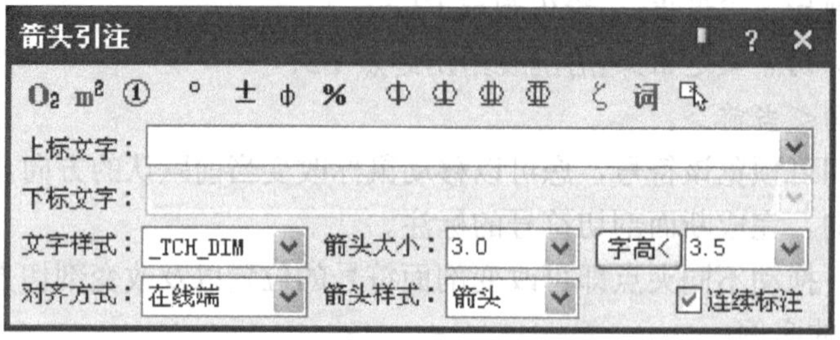

图 12-8-1　箭头引注对话框

在对话框中输入引线端部要标注的文字，可以从下拉列表选取命令保存的文字历史记录，也可以不输入文字只画箭头，对话框中还提供了更改箭头长度、样式的功能，箭头长度按最终图纸尺寸为准，以毫米为单位给出；新提供箭头的可选样式有"箭头"和"半箭头"两种。

对话框中输入要注写的文字，设置好参数，按命令行提示取点标注：

箭头起点或[点取图中曲线(P)/点取参考点(R)]＜退出＞:点取箭头起始点；

直段下一点[弧段(A)/回退(U)]＜结束＞:画出引线（直线或弧线）；

······

直段下一点[弧段(A)/回退(U)]＜结束＞:以回车结束；

双击箭头引注中的文字，即可进入在位编辑框修改文字。

▶ 箭头引注与在位编辑实例，如图 12-8-2、图 12-8-3 所示。

图 12-8-2　箭头引注实例

图 12-8-3　在位编辑实例

12.9　引出标注

用于对多个标注点进行说明性文字标注，自动按端点对齐文字，具有拖动自动跟随的特性。

菜单命令：【符号标注】→【引出标注】（YCBZ）

　　菜单点取【引出标注】或命令行输入"YCBZ"后，会执行本命令，系统会弹出如图
12-9-1 所示的对话框：

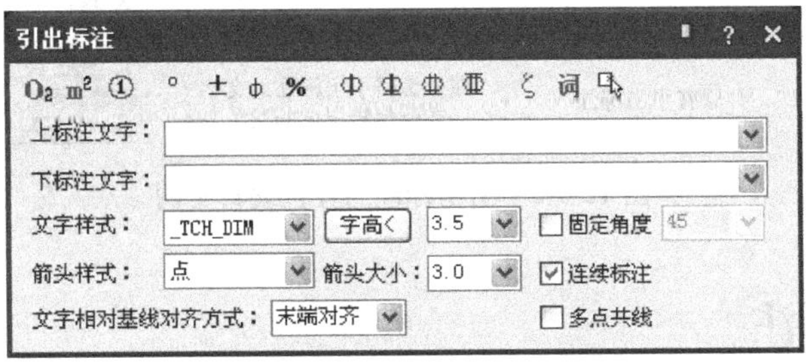

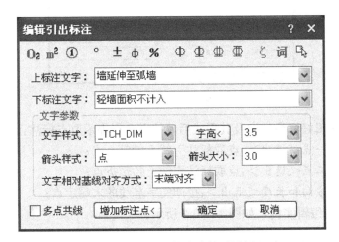

图 12-9-1　引出标注对话框

　　在对话框中编辑好标注内容及其形式后，按命令行提示取点标注：

请给出标注第一点<退出>:点取标注引线上的第一点；

输入引线位置或［更改箭头型式(A)］<退出>:点取文字基线上的第一点；

点取文字基线位置<退出>:取文字基线上的结束点；

输入其他的标注点<结束>:点取第二条标注引线上端点；

……

输入其他的标注点<结束>:回车结束。

双击引出标注对象可进入编辑对话框，如图 12-9-2 所示：

图 12-9-2　引出标注编辑对话框

　　在其中与引出标注对话框所不同的是下面多了［增加标注点<］按钮，单击该按钮，
可进入图形添加引出线与标注点。

　　▶引出标注与在位编辑实例，如图 12-9-3 所示：

　　引出标注对象还可实现方便的夹点编辑，如：拖动标注点时箭头（圆点）自动跟
随，拖动文字基线时文字自动跟随等特性，除了夹点编辑外，双击其中的文字进入在
位编辑，修改文字后右击屏幕，启动快捷菜单，在其中选择修饰命令，单击［确定］
结束编辑。

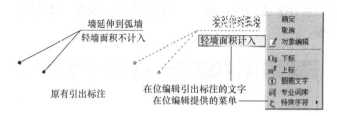

图 12-9-3　引出标注与在位编辑实例

12.10　作法标注

在施工图纸上标注工程的材料作法，通过专业词库预设有北方地区常用的 88J1-X1（2000 版）的墙面、地面、楼面、顶棚和屋面标准作法。

菜单命令：【符号标注】→【作法标注】（ZFBZ）

菜单点取【作法标注】或命令行输入"ZFBZ"后，执行本命令，系统弹出如图 12-10-1 所示的对话框：

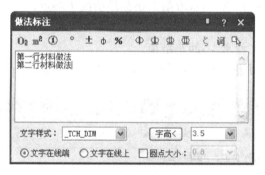

图 12-10-1　作法标注对话框

在对话框中编辑好标注内容及其形式后，按命令行提示取点标注：

请给出标注第一点<退出>:点取标注引线上的第一点；

请给出标注第二点<退出>:点取标注引线上的转折点；

请给出文字线方向和长度<退出>:拉伸文字基线的末端定点；

▶ 作法标注与编辑实例，如图 12-10-2 所示。

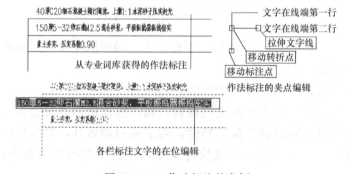

图 12-10-2　作法标注的实例

12.11　绘制云线

按 2010 年新版《房屋建筑制图统一标准》7.4.4 条增加了绘制云线功能，用于在设计过程中表示审校后需要修改的范围。

菜单命令：【符号标注】→【绘制云线】（HZYX）

点取菜单命令后，对话框显示如图 12-11-1 所示：

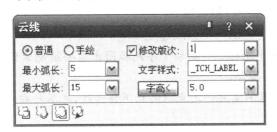

图 12-11-1　画对称轴的实例

在对话框中选择云线类型是"普通"还是"手绘"，手绘云线效果比较突出，但比较耗费图形资源，如果勾选复选框"修改版次"，会在云线给定一个角位处标注一个表示图纸修改版本号的三角形版次标志，如图 12-11-2 所示：

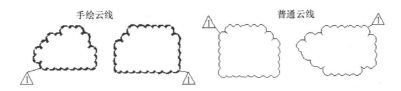

图 12-11-2　云线示例图

最大和最小弧长用于绘制云线的规则程度，对话框下面提供了一个工具栏，从左到右分别是"矩形云线"、"圆形云线"、"任意绘制"、"选择已有对象生成"共四种生成方式，如图 12-11-3 所示：

图 12-11-3　云线生成的四种方式

1. 矩形云线，命令行提示如下：

请指定第一个角点＜退出＞:点取矩形云线的左下角点，右键回车或空格直接退出命令；

请指定另一个角点＜退出＞:点取矩形云线的右上角点，右键回车或空格直接退出命令；

请指定版次标志的位置＜取消＞:如果在对话框中勾选"修改版次"会显示本提示，给点回应，在给点上绘制三角形的版号标识。

2. 圆形云线，命令行提示如下：

请指定圆形云线的圆心＜退出＞:点取圆形云线的圆心，右键回车或空格直接退出命令；

请指定圆形云线的半径＜XXX＞:拖动引线给点或键入圆形云线半径，右键回车或空格采用上一次输入的半径值，随即按对话框参数画出云线；

请指定版次标志的位置＜取消＞：如果在对话框中勾选"修改版次"会显示本提示，在所需位置给点回应，绘制三角形的版号标识。

3. 任意绘制云线，命令行提示如下：

指定起点 ＜退出＞:点取一个云线起点

沿云线路径引导十字光标 ... 拖动十字光标围出需要绘制云线的区域，在接近围合处任意位置给点，命令自动围合；

修订云线完成。注意不需要一定点取起点闭合云线，也不要右击鼠标，任何位置左键给点即可自动完成。

请指定版次标志的位置＜取消＞：如果在对话框中勾选"修改版次"会显示本提示，在所需位置给点回应，绘制三角形的版号标识。

4. 选择已有对象生成云线，命令行提示如下：

请选择要转换为云线的闭合对象＜退出＞:点取闭合的圆、闭合多段线、椭圆（Pellipe=1）作为闭合对象，右键回车或空格直接退出命令；

请指定版次标志的位置＜取消＞：如果在对话框中勾选"修改版次"会显示本提示，在所需位置给点回应，绘制三角形的版号标识。

12.12   画对称轴

本命令用于在施工图纸上标注表示对称轴的自定义对象。

菜单命令：【符号标注】→【画对称轴】（HDCZ）

菜单点取【画对称轴】或命令行输入"HDCZ"后，会执行本命令，命令行提示：

起点或[参考点(R)]＜退出＞:给出对称轴的端点 1；

终点＜退出＞:给出对称轴的端点 2；

▶ 画对称轴的实例，如图 12-12-1 所示：

端点1   端点2

图 12-12-1   画对称轴的实例

拖动对称轴上的夹点，可修改对称轴的长度、端线长、内间距等几何参数。

12.13   画指北针

在图上绘制一个国标规定的指北针符号，从插入点到橡皮线的终点定义为指北针的方向，这个方向在坐标标注时起指示北向坐标的作用。

菜单命令：【符号标注】→【画指北针】（HZBZ）

菜单点取【画指北针】或命令行输入"HZBZ"后，会执行本命令，命令行提示：

指北针位置＜退出＞:点取指北针的插入点；

指北针方向＜90.0＞:拖动光标或键入角度定义指北针方向，X 正向为 0。

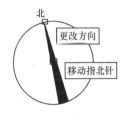

图 12-13-1　画指北针的实例

▶ 画指北针的实例，如图 12-13-1 所示：

文字"北"总是与当前 UCS 上方对齐，但它是独立的文字对象，编辑时不会自动处理与符号的关系。

12.14　图名标注

一个图形中绘有多个图形或详图时，需要在每个图形下方标出该图的图名，并且同时标注比例，比例变化时会自动调整其中文字的合理大小。

菜单命令：【符号标注】→【图名标注】（TMBZ）

菜单点取【图名标注】或命令行输入"TMBZ"后，执行本命令，弹出如图 12-14-1 所示对话框：

图 12-14-1　图名标注对话框

在对话框中编辑好图名内容，选择合适的样式后，按命令行提示标注图名。

双击图名标注对象进入对话框修改样式，双击图名文字或比例文字进入在位编辑修改文字。

▶ 图名标注的实例，如图 12-14-2 所示。

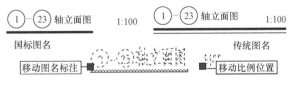

图 12-14-2　图名标注的实例

第 13 章
尺寸标注

内容提要

- 自定义尺寸标注对象

天正的自定义尺寸标注对象，可以满足线性标注与角度标注等不同的标注要求。

- 尺寸标注的方法

介绍使用尺寸标注对象的专用标注命令，对建筑门窗与墙体等建筑构件专业对象进行方便的标注。

- 尺寸标注的编辑

配套提供一系列调整和移动标注的位置，修改标注值，擦除标注的方法，一些常用操作仅依靠夹点拖动即可实现。

13.1　天正尺寸标注的特征

尺寸标注是设计图纸中的重要组成部分，图纸中的尺寸标注在国家颁布的建筑制图标准中有严格的规定，为此天正提供了自定义的尺寸标注系统，完全取代了 AutoCAD 的尺寸标注功能，分解后退化为 AutoCAD 的尺寸标注。

天正尺寸标注分为连续标注与半径标注两大类，其中连续标注包括：线性标注和角度标注，是与 AutoCAD（以下简称 ACAD）中的 Dimension 不同的自定义对象，它的使用与夹点行为也与普通 ACAD 尺寸标注有明显区别。

1. 天正尺寸标注的基本单位

天正尺寸标注（除半径标注外）以一组连续的尺寸区间为基本标注单位，单击天正尺寸标注对象，可见相邻的多个标注区间同时亮显（图 13-1-1 所示），这时会在尺寸标注对象中显示出一系列夹点，而 ACAD 一次仅亮显一个标注线，其夹点意义与天正所定义的不同。

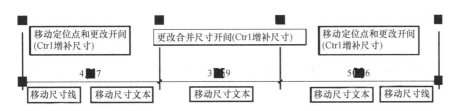

图 13-1-1　天正尺寸标注基本单位实例

2. 天正尺寸标注的转化与分解

由于天正的尺寸标注是自定义对象，在利用旧图资源时，要将原图的 ACAD 尺寸标注转化为等效的天正尺寸标注对象。反之，对有必要输出到天正环境不支持的 R14 格式或者其他建筑软件，也都需要分解天正尺寸标注对象。

分解时，天正可以按当前标注对象的比例与参数，生成外观相同的 ACAD 尺寸标注。

3. 天正尺寸标注基本样式的修改

为了兼容，天正的尺寸标注对象是基于 AutoCAD 的标注样式发展而成的，用户可以利用 AutoCAD【标注】→【样式】（DDIM）命令修改天正尺寸标注对象的特性，例如：天正默认的线性标注基本样式是_TCH_ARCH，角度标注样式是_TCH_ARROW。在【标注】→【样式】（DDIM）命令中，可以按您的要求修改此基本样式，再【视图】→【重生成】（Regen），就可以把已有的标注按新的设定改过来，其他所用到标注也可以类推一一进行修改。

天正的尺寸标注对象支持_TCH_ARCH（毫米单位按毫米标注）、_TCH_ARCH_mm_M（毫米单位按米标注）与_TCH_ARCH_M_M（米单位按米标注）共三种尺寸样式的参数。

增加"直线与箭头"页面尺寸线的"超出标记"实现尺寸线出头效果，修改"文字"页面文字位置的"从尺寸线偏移"调整文字与尺寸线距离。

天正的角度标注对象的标注角度格式改为"度/分/秒"，符合制图规范的要求。

13.2　快速标注

类似 AutoCAD 同名命令，适用天正对象，特别适用于选取平面图后快速标注外包尺寸线。

菜单命令：【尺寸标注】→【快速标注】（KSBZ）

菜单点取【快速标注】或命令行输入"KSBZ"后，会执行本命令，命令行提示：

选择要标注的几何图形:选取天正对象或平面图;

选择要标注的几何图形:选取其他对象或回车结束;

请指定尺寸线位置或[整体(T)/连续(C)/连续加整体(A)]<整体>:

选项中，"整体"是从整体图形创建外包尺寸线，"连续"是提取对象节点创建连续直线标注尺寸，"连续加整体"是两者同时创建。

▶ 快速标注外包尺寸线的实例：

选取整个平面图，默认整体标注，下拉完成外包尺寸线标注，键入 C 可标注连续尺寸线，如图 13-2-1 所示。

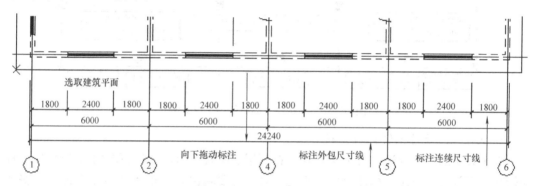

图 13-2-1　快速标注外包尺寸线的实例

13.3　逐点标注

通用的灵活标注工具，对选取的一串给定点沿指定方向和选定的位置标注尺寸。特别适用于没有指定天正对象特征，需要取点定位标注的情况，以及其他标注命令难以完成的尺寸标注。

菜单命令：【尺寸标注】→【逐点标注】（ZDBZ）

菜单点取【逐点标注】或命令行输入"ZDBZ"后，会执行本命令，命令行提示：

起点或[参考点(R)]<退出>:点取第一个标注点作为起始点;

第二点<退出>:点取第二个标注点;

请点取尺寸线位置或[更正尺寸线方向(D)]<退出>:

拖动尺寸线，点取尺寸线就位点，或键入 D 选取线或墙对象用于确定尺寸线方向。

请输入其他标注点或[撤销上一标注点(U)]<结束>:逐点给出标注点，并可以回退;

请输入其他标注点或[撤销上一标注点(U)]<结束>:继续取点，以回车结束命令。

▶ 逐点标注的实例，如图 13-3-1 所示。

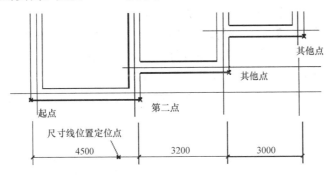

图 13-3-1　逐点标注的实例

13.4　半径标注

在图中标注弧线或圆弧墙的半径，尺寸文字容纳不下时，会按照制图标准规定，自动引出标注在尺寸线外侧。

菜单命令：【尺寸标注】→【半径标注】（BJBZ）

菜单点取【半径标注】或命令行输入"BJBZ"后，会执行本命令，命令行提示：

请选择待标注的圆弧＜退出＞:此时点取圆弧上任一点，即在图中标注好半径。

13.5　直径标注

在图中标注弧线或圆弧墙的直径，尺寸文字容纳不下时，会按照制图标准规定，自动引出标注在尺寸线外侧。

菜单命令：【尺寸标注】→【直径标注】（ZJBZ）

菜单点取【直径标注】或命令行输入"ZJBZ"后，会执行本命令，命令行提示：

请选择待标注的圆弧＜退出＞:此时点取圆弧上任一点，即在图中标注好直径。

▶ 半径与直径标注的实例：

图 13-5-1 为半径与直径标注实例，在半径大小不同时自动设置标注文字位置。

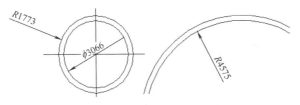

图 13-5-1　半径与直径标注的实例

13.6　角度标注

按逆时针方向标注两根直线之间的夹角，注意按逆时针方向选择要标注的直线的先后顺序。

菜单命令：【尺寸标注】→【角度标注】（JDBZ）

菜单点取【角度标注】或命令行输入"JDBZ"后，会执行本命令，命令行提示：

请选择第一条直线＜退出＞:在标注位置点取第一根线；

请选择第二条直线＜退出＞:在任意位置点取第二根线；

▶ 角度标注的实例：图 13-6-1 为两个角度标注实例，注意选取直线顺序的不同的标注效果。

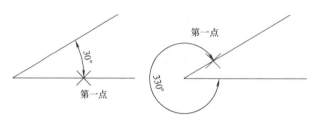

图 13-6-1　角度标注的实例

13.7　弧长标注

以国家建筑制图标准规定的弧长标注画法分段标注弧长，保持整体的一个角度标注对象，可在弧长、角度和弦长三种状态下相互转换。

菜单命令：【尺寸标注】→【弧长标注】（HCBZ）

菜单点取【弧长标注】或命令行输入"HCBZ"后，会执行本命令，命令行提示：

请选择要标注的弧段:点取准备标注的弧墙、弧线；

请点取尺寸线位置＜退出＞:类似逐点标注，拖动到标注的最终位置；

请输入其他标注点＜结束＞:继续点取其他标注点；

请输入其他标注点＜结束＞:回车结束。

▶ 弧长标注的实例：图 13-7-1 为弧长标注实例，通过切换角标命令可改变标注类型。

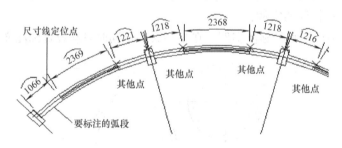

图 13-7-1　弧长标注的实例

13.8　更改文字

手动修改标注尺寸文字。

菜单命令：【尺寸标注】→【更改文字】（GGWZ）

菜单点取【更改文字】或命令行输入"GGWZ"后，会执行本命令，命令行提示：

请选择尺寸区间＜退出＞:*选择要修改的标注文字后修改即可。*

13.9　文字复位

将尺寸标注中被拖动夹点移动过的文字恢复回原来的初始位置，可解决夹点拖动不当时与其他夹点合并的问题。

菜单命令：【尺寸标注】→【文字复位】（WZFW）

菜单点取【文字复位】或命令行输入"WZFW"后，会执行本命令。

命令行提示：

请选择天正尺寸标注:*点取要恢复的天正尺寸标注，可多选；*

请选择天正尺寸标注:*回车结束命令，系统把选到的尺寸标注中所有文字恢复原始位置。*

13.10　文字复值

将尺寸标注中被有意修改的文字恢复回尺寸的初始数值。有时为了方便起见，会把其中一些标注尺寸文字加以改动。为了校核或提取工程量等需要尺寸和标注文字一致的场合，可以使用本命令按实测尺寸恢复文字的数值。

菜单命令：【尺寸标注】→【文字复值】（WZFZ）

菜单点取【文字复值】或命令行输入"WZFZ"后，会执行本命令，命令行提示：

请选择天正尺寸标注:*点取要恢复的天正尺寸标注，可多选；*

请选择天正尺寸标注:*回车结束命令，系统把选到的尺寸标注中所有文字恢复实测数值。*

13.11　裁剪延伸

在尺寸线的某一端，按指定点剪裁或延伸该尺寸线。本命令综合了 Trim（剪裁）和 Extend（延伸）两命令，自动判断对尺寸线的剪裁或延伸。

菜单命令：【尺寸标注】→【裁剪延伸】（CJYS）

菜单点取【裁剪延伸】或命令行输入"CJYS"后，会执行本命令，命令行提示：

请给出剪裁延伸的基准点或[参考点（R）]＜退出＞:*点取剪裁线要延伸到的位置；*

要剪裁或延伸的尺寸线＜退出＞:

点取要作剪裁或延伸的尺寸线后，点取的尺寸线的点取一端即作了相应的剪裁或延伸；

要剪裁或延伸的尺寸线＜退出＞:*命令行重复以上显示，回车退出。*

▶ 裁剪延伸实例：

图 13-11-1 为执行两次剪裁延伸命令，第一次执行延伸功能构造外包尺寸，第二次执

行剪裁功能执行剪裁尺寸。

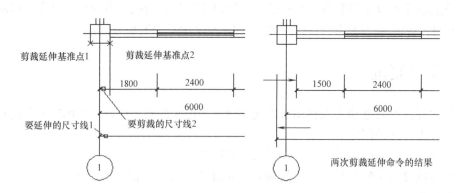

图 13-11-1　裁剪延伸实例

13.12　取消尺寸

删除天正标注对象中指定的尺寸线区间，如果尺寸线共有奇数段，【取消尺寸】删除中间段会把原来标注对象分开成为两个相同类型的标注对象。因为天正标注对象是由多个区间的尺寸线组成的，用 Erase（删除）命令无法删除其中某一个区间，必须使用本命令完成。

菜单命令：【尺寸标注】→【取消尺寸】（QXCC）

菜单点取【取消尺寸】或命令行输入"QXCC"后，会执行本命令。

命令行提示：

请选择待取消的尺寸区间的文字<退出>:点取要删除的尺寸线区间内的文字或尺寸线均可；

请选择待取消的尺寸区间的文字<退出>:点取其他要删除的区间，或者回车结束命令。

13.13　尺寸打断

把整体的天正自定义尺寸标注对象在指定的尺寸界线上打断，成为两段互相独立的尺寸标注对象，可以各自拖动夹点、移动复制。

菜单命令：【尺寸标注】→【尺寸打断】（CCDD）

菜单点取【尺寸打断】或命令行输入"CCDD"后，执行本命令。

命令行提示：

请在要打断的一侧点取尺寸线<退出>：

在要打断的位置点取尺寸线，系统随即打断尺寸线，选择预览尺寸线可见已经是两个独立对象。

▶尺寸打断实例，如图 13-13-1 所示。

图 13-13-1　尺寸打断实例

13.14　合并区间

把天正标注对象中的相邻区间合并为一个区间。

菜单命令：【尺寸标注】→【合并区间】（HBQJ）

菜单点取【合并区间】或命令行输入"HBQJ"后，会执行本命令，命令行提示：

请框选合并区间中的尺寸界线箭头<退出>:用两个对角点框选要合并区间之间的尺寸界线。

请框选合并区间中的尺寸界线箭头或【撤销（U）】<退出>:框选其他要合并区间之间的尺寸界线或者键入 U 撤销合并。

……

请框选合并区间中的尺寸界线箭头或【撤销（U）】<退出>:回车退出命令。

图 13-14-1　合并区间实例

13.15　连接尺寸

连接两个独立的天正自定义直线或圆弧标注对象，将点取的两尺寸线区间段加以连接，原来的两个标注对象合并成为一个标注对象，如果准备连接的标注对象尺寸线之间不共线，连接后的标注对象以第一个点取的标注对象为主标注尺寸对齐，通常用于把 Auto-CAD 的尺寸标注对象转为天正尺寸标注对象。

菜单命令：【尺寸标注】→【连接尺寸】（LJCC）

菜单点取【连接尺寸】或命令行输入"LJCC"后，会执行本命令，命令行提示：

请选择主尺寸标注<退出>:点取要对齐的尺寸线作为主尺寸。

选择需要连接的其他尺寸标注<结束>:点取其他要连接的尺寸线。

……

选择需要连接的其他尺寸标注<结束>:回车结束。

▶ 连接尺寸实例，如图 13-15-1 所示。

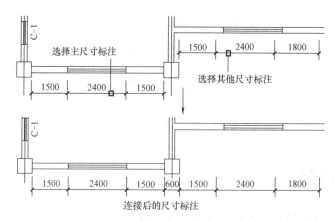

图 13-15-1　连接尺寸实例

13.16　增补尺寸

在一个天正自定义直线标注对象中增加区间，增补新的尺寸界线断开原有区间，但不增加新标注对象。

菜单命令：【尺寸标注】→【增补尺寸】（ZBCC）

菜单点取【增补尺寸】或命令行输入"ZBCC"后，会执行本命令，命令行提示：

请选择尺寸标注＜退出＞:点取要在其中增补的尺寸线分段。

*点取待增补的标注点的位置或［参考点(R)］＜退出＞*捕捉点取增补点或键入 R 定义参考点。

如果给出了参考点，这时命令提示：

参考点:点取参考点，然后从参考点引出定位线，

无参考点直接到这里，提示：

点取待增补的标注点的位置或［参考点(R)/撤销上一标注点(U)］＜退出＞:

按该线方向键入准确数值定位增补点

点取待增补的标注点的位置或［参考点(R)/撤销上一标注点(U)］＜退出＞:

连续点取其他增补点，没有顺序区别

……

点取待增补的标注点的位置或［参考点(R)/撤销上一标注点(U)］＜退出＞:最后回车退出命令

▶ 增补尺寸实例，如图 13-16-1 所示。

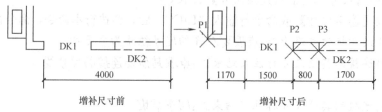

图 13-16-1　增补尺寸实例

13.17 尺寸转化

将 ACAD 尺寸标注对象转化为天正标注对象。

菜单命令:【尺寸标注】→【尺寸转化】(CCZH)

菜单点取【尺寸转化】或命令行输入"CCZH"后,会执行本命令,命令行提示:

请选择 ACAD 尺寸标注:一次选择多个尺寸标注,回车进行转化;

完成后提示:

全部选中的 N 个对象成功的转化为天正尺寸标注!

13.18 尺寸自调

提供了【尺寸自调】开关控制尺寸线上的标注文字拥挤时,是否自动进行上下移位调整,可来回反复切换,自调开关的状态影响各标注命令的结果。

菜单命令:【尺寸标注】→【尺寸自调】(CCZT)

菜单点取【尺寸自调】或命令行输入"CCZT"后,会执行本命令。

▶ 尺寸自调比较实例,如图 13-18-1 所示:

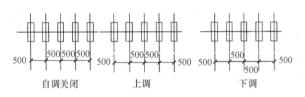

图 13-18-1　尺寸自调比较实例

菜单中提供了"尺寸检查"开关控制尺寸线上的文字是否自动检查与测量值不符的标注尺寸,经人工修改过的尺寸以红色文字显示在尺寸线下的括号中。

▶ 尺寸自调实例,如图 13-18-2 所示。

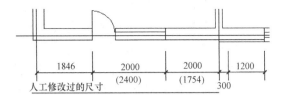

图 13-18-2　尺寸自调实例

第 14 章
文字表格

内容提要

• 文字输入与编辑

使用自定义文字对象可以处理单行或者多行文字；文字输入对话框不但可以方便输入成段的文字，还有多种预定义图标简化了建筑设计常用的专业符号、上下标符号的输入；多行文字的夹点设计简化了文字分段排版的操作，段落重排所见即所得；专业文字提供常用的暖通专业词库。

• 表格的绘制与编辑

自定义表格对象可以电子表格的方式处理图纸中出现的各种表格，表格可以通过夹点拖动修改行高、列宽与整体尺寸。

• 与 Word、Excel 交换表格数据

与办公电子表格处理软件 Excel 交换表格数据，大大提高了工程制表的能力。

• 自定义的文字对象

天正自定义文字对象，可以方便设置中西文字体及其宽高比，创建美观的中英文混合文字样式，同时可使用 Windows 字体与 AutoCAD 字体，自动对两者的中文字体进行字高一致性处理，完善地满足了中文图纸特有的标注要求。此外，天正文字还可以对背景进行屏蔽，获得清晰的显示效果。

14.1 文字输入与编辑

14.1.1 文字样式

为天正自定义文字样式的组成，设定中西文字体各自的参数。

菜单命令：【文字表格】→【文字样式】（WZYS）

菜单点取【文字样式】或命令行输入"WZYS"后，会执行本命令，系统会弹出如图 14-1-1 所示的对话框：

图 14-1-1 文字样式对话框

▶对话框功能介绍：

［新建］新建文字样式，首先给新文字样式命名，然后选定中西文字体文件和高宽参数。

［重命名］给文件样式赋予新名称。

［删除］删除图中没有使用的文字样式，已经使用的样式不能被删除。

［样式名］显示当前文字样式名，可在下拉列表中切换其他已经定义的样式。

［宽高比］表示中文字宽与中文字高之比。

［中文字体］设置组成文字样式的中文字体。

［字宽方向］表示西文字宽与中文字宽的比。

［字高方向］表示西文字高与中文字高的比。

［西文字体］设置组成文字样式的西文字体。

［Windows 字体］使用 Windows 的系统字体 TTF，这些系统字体（如："宋体"等）

包含有中文和英文，只须设置中文参数即可。

［预览］使新字体参数生效，浏览编辑框内文字以当前字体写出的效果。

［确定］退出样式定义，把"样式名"内的文字样式作为当前文字样式。

文字样式由分别设定参数的中西文字体或者 Windows 字体组成，由于天正扩展了 AutoCAD 的文字样式，可以分别控制中英文字体的宽度和高度，达到文字的名义高度与实际可量度高度统一的目的，字高由使用文字样式的命令确定。

14.1.2　单行文字

使用已经建立的天正文字样式，输入单行文字，可以方便为文字设置上下标、加圆圈、添加特殊符号，导入专业词库内容。

菜单命令：【文字表格】→【单行文字】（DHWZ）

菜单点取【单行文字】或命令行输入"DHWZ"后，会执行本命令，系统会弹出如图 14-1-2 所示的对话框：

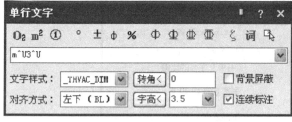

图 14-1-2　单行文字对话框

▶ 对话框功能介绍：

［文字输入列表］可供键入文字符号；在列表中保存有已输入的文字，方便重复输入同类内容，在下拉框选择其中一行文字后，该行文字复制到首行。

［文字样式］在下拉列表中选用已由 AutoCAD 或天正文字样式命令定义的文字样式。

［对齐方式］选择文字与基点的对齐方式。

［转角＜］输入文字的转角。

［字高＜］表示最终图纸打印的字高，而非在屏幕上测量出的字高数值，两者有一个绘图比例值的倍数关系。

［背景屏蔽］勾选后文字可以遮盖背景例如填充图案，本选项利用 AutoCAD 的 WipeOut 图像屏蔽特性，屏蔽作用随文字移动存在。

［连续标注］勾选后单行文字可以连续标注。

［上下标］鼠标选定需变为上下标的部分文字，然后点击上下标图标。

［加圆圈］鼠标选定需加圆圈的部分文字，然后点击加圆圈的图标。

［钢筋符号］在需要输入钢筋符号的位置，点击相应的钢筋符号。

［其他特殊符号］点击进入特殊字符集，在弹出的对话框中选择需要插入的符号。

▶ 单行文字的在位编辑：双击图上的单行文字即可进入在位编辑状态，直接在图上显示编辑框，方向总是按从左到右的水平方向方便修改，如图 14-1-3 所示。

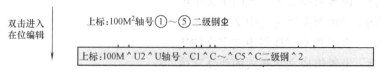

图 14-1-3　单行文字的在位编辑实例

14.1.3 多行文字

使用已经建立的天正文字样式，按段落输入多行中文文字，可以方便设定页宽与页高，并随时拖动夹点改变页宽。

菜单命令：【文字表格】→【多行文字】

菜单点取【多行文字】后，会执行本命令，系统会弹出如图 14-1-4 所示的对话框：

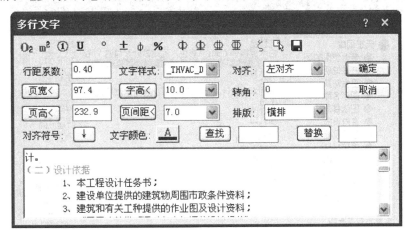

图 14-1-4　多行文字对话框

▶ 对话框功能介绍：

［文字输入区］在其中输入多行文字，也可以接受来自剪裁板的其它文本编辑内容，如由 Word 编辑的文本可以通过＜Ctrl＋C＞拷贝到剪裁板，再由＜Ctrl＋V＞输入到文字编辑区，在其中可随意修改其内容。允许硬回车，也可以由页宽控制段落的宽度。

［行距系数］与 AutoCAD 的 MTEXT 中的行距有所不同，本系数表示的是行间的净距，单位是当前的文字高度，比如："1"为两行间相隔一空行，本参数决定整段文字的疏密程度。

［字高］以毫米单位表示的打印出图后实际文字高度，已经考虑当前比例。

［对齐］决定了文字段落的对齐方式，共有左对齐、右对齐、中心对齐、两端对齐四种对齐方式。

其他控件的含义与单行文字对话框相同。

输入文字内容编辑完毕以后，单击［确定］按钮完成多行文字输入，本命令的自动换行功能特别适合输入以中文为主的设计说明文字。

多行文字对象设有两个夹点，左侧的夹点用于整体移动，而右侧的夹点用于拖动改变段落宽度，当宽度小于设定时，多行文字对象会自动换行，而最后一行的结束位置由该对象的对齐方式决定。多行文字的编辑考虑到排版的因素，默认双击进入多行文字对话框，而不推荐使用在位编辑，但是可通过右键菜单进入在位编辑功能。

14.1.4 专业词库

组织一个可以由用户扩充的专业词库，提供一些常用的建筑专业词汇随时插入图中，词库还可在各种符号标注命令中调用，其中作法标注命令可调用其中北方地区常用的 88J1-X12000 版工程作法的主要内容。

　　菜单命令：【文字表格】→【专业词库】（ZYCK）

　　菜单点取【专业词库】或命令行输入"ZYCK"后，会执行本命令，系统会弹出如图 14-1-5 所示的对话框：

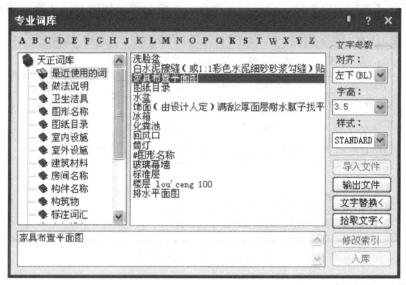

图 14-1-5　专业词库对话框

▶ 对话框功能介绍：

　　［词汇分类］在词库中按不同专业提供分类机制，也称为分类或目录，一个目录下列表存放很多词汇。

　　［词汇列表］按分类组织起词汇列表，对应一个词语分类的列表存放多个词汇。

　　［入库］把编辑框内的文字添加到当前类别的最后一个词汇。

　　［导入文件］把文本文件中按行作为词汇，导入当前类别（目录）中，有效扩大了词汇量。

　　［输出文件］把当前类别中所有的词汇输出到一个文本文件中去。

　　［文字替换］命令行提示：

　　请选择要替换的文字图元＜文字插入＞：选择好目标文字，然后单击此按钮，进入并选取打算替换的文字对象即可。

　　［拾取文字］把图上的文字拾取到编辑框中进行修改或替换。

　　［分类菜单］右击类别项目，会出现"新建"、"插入"、"删除"、"重命名"多项，用于增加分类。

　　［词汇菜单］右击词汇项目，会出现"新建"、"插入"、"删除"、"重命名"多项，用于增加词汇量。

　　［字母按钮］以汉语拼音的韵母排序检索，用于快速检索到词汇表中与之对应的第一个词汇。

　　选定词汇后，命令行提示：

请指定文字的插入点＜退出＞：编辑好的文字可一次或多次插入到适当位置，回车结束。

14.1.5　转角自纠

用于翻转调整图中单行文字的方向，符合制图标准对文字方向的规定，可以一次选取多个文字一起纠正。

菜单命令：【文字表格】→【转角自纠】（ZJZJ）

菜单点取【转角自纠】或命令行输入"ZJZJ"后，会执行本命令，命令行提示：

请选择天正文字＜退出＞：点取要翻转的文字后回车；

其文字即按国家标准规定的方向作了相应的调整，如图 14-1-6 所示。

图 14-1-6　转角自纠实例

14.1.6　递增文字

对于天正的单行文字，可以自动顺延进行序号的书写。

菜单命令：【文字表格】→【递增文字】（DZWZ）

菜单点取【递增文字】或命令行输入"DZWZ"后，会执行本命令，命令行提示：

请选择要递增拷贝的文字图元（同时按 CTRL 键进行递减拷贝，注意点哪个字符对哪个字符进行递增）＜退出＞：

选择天正单行文字，如"1"，程序会自动生成 2、3……，然后命令行提示：

请点选基点：

请指定文字的插入点＜退出＞：

依次操作，就可以自动顺序生成数字编号。

14.1.7　文字转化

将天正旧版本生成的 ACAD 格式单行文字转化为天正文字，保持原来每一个文字对象的独立性，不对其进行合并处理。

菜单命令：【文字表格】→【文字转化】（WZZH）

菜单点取【文字转化】或命令行输入"WZZH"后，会执行本命令，命令行提示：

请选择 ACAD 单行文字：可以一次选择图上的多个文字串，回车结束报告如下：

全部选中的 N 个 ACAD 文字成功的转化为天正文字！

> **注意**：本命令对 ACAD 生成的单行文字起作用，但对多行文字不起作用。

14.1.8　文字合并

将天正旧版本生成的 ACAD 格式单行文字转化为天正多行文字或者单行文字，同时对其中多行排列的多个 text 文字对象进行合并处理，由用户决定生成一个天正多行文字对象或者一个单行文字对象。

菜单命令：【文字表格】→【文字合并】（WZHB）

菜单点取【文字合并】或命令行输入"WZHB"后，会执行本命令。

命令行提示：

请选择要合并的文字段落：

一次选择图上的多个文字串，回车结束，命令行提示：

［合并为单行文字（D）］＜合并为多行文字＞：

回车表示默认合并为一个多行文字，键入 D 表示合并为单行文字；

移动到目标位置＜替换原文字＞：拖动合并后的文字段落，到目标位置取点定位。

如果要合并的文字是比较长的段落，希望能合并为多行文字，否则合并后的单行文字会非常长，在处理设计说明等比较复杂的说明文字的情况下，尽量把合并后的文字移动到空白处，然后使用对象编辑功能，检查文字和数字是否正确，还要把合并后遗留的多余硬回车换行符删除，然后再删除原来的段落，移动多行文字取代原来的文字段落。

▶ 文字合并实例说明，如图 14-1-7 所示：

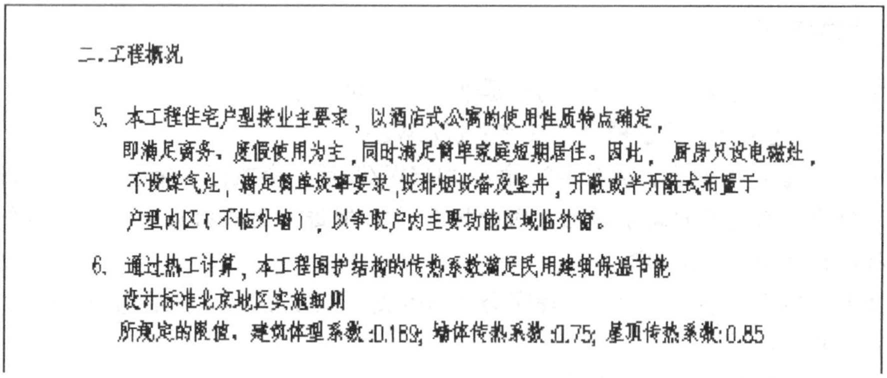

图 14-1-7　文字合并实例说明

完成合并，进行对象编辑改变行距后的结果如图 14-1-8 所示，其中标题和序号不参与合并。

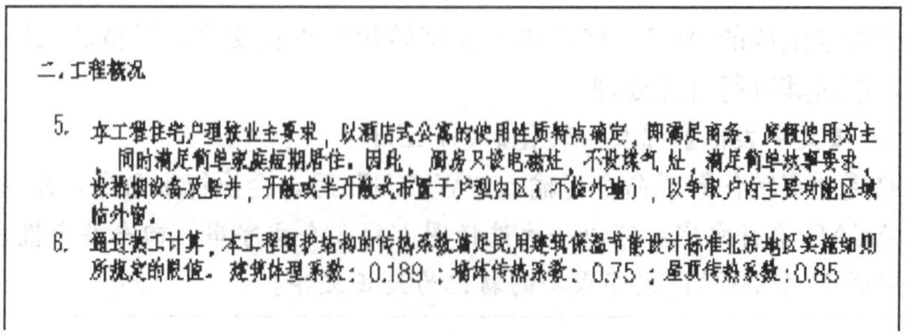

图 14-1-8　文字合并实例效果

14.1.9 统一字高

将涉及 ACAD 文字、天正文字的文字字高按给定尺寸进行统一。支持散热器片数、风阀文字、设备型号、标注字高的统一。

菜单命令：【文字表格】→【统一字高】（TYZG）

菜单点取【统一字高】或命令行输入"TYZG"后，会执行本命令，命令行提示：

请选择要修改的文字（ACAD 文字，天正文字）＜退出＞：选择这些要统一高度的文字；

请选择要修改的文字（ACAD 文字，天正文字）＜退出＞：退出命令；

字高（）＜3.5mm＞：键入新的统一字高，这里的字高也是指完成后的图纸尺寸。

14.1.10 查找替换

查找替换当前图形中所有的文字，包括 AutoCAD 文字、天正文字和包含在其他对象中的文字，但不包括在图块内的文字和属性文字。

菜单命令：【文字表格】→【查找替换】（CZTH）

菜单点取【查找替换】或命令行输入"CZTH"后，执行本命令，弹出如图 14-1-9 所示的对话框：

对图中或选定范围的所有文字类信息进行查找，按要求进行逐一替换或者全体替换，在搜索过程中在图上找到该文字处显示红框，单击下一个时，红框转到下一个找到文字的位置。

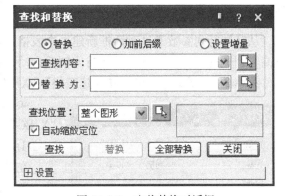

图 14-1-9 查找替换对话框

14.1.11 繁简转化

中国大陆与港台地区习惯使用不同的汉字内码，给双方的图纸交流带来困难，【繁简转化】能将当前图档的内码在 Big5 与 GB 之间转换，为保证本命令的执行成功，应确保当前环境下的字体支持文件路径内，即 AutoCAD 的 fonts 或天正软件安装文件夹 sys 下存在内码 Big5 的字体文件，才能获得正常显示与打印效果。转换后重新设置文字样式中字体内码与目标内码一致。

菜单命令：【文字表格】→【繁简转化】（FJZH）

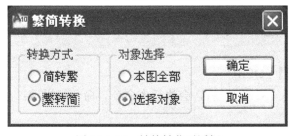

图 14-1-10 繁简转化对话框

菜单点取【繁简转化】或命令行输入"FJZH"后，会执行本命令，系统会弹出如图 14-1-10 所示的对话框：

按当前的任务要求，在其中选择转换方式，例如：要处理繁体图纸，就选［繁转简］，选［选择对象］，单击［确认］后命令行提示：

　　选择包含文字的图元：*在屏幕中选取要转换的繁体文字*；

　　选择包含文字的图元：*回车结束选择*。

　　经转换后图上的文字还是一种乱码状态，原因是这时内码转换了，但是使用的文字样式中的字体还是原来的繁体字体，如：CHINASET. shx，我们可以通过＜Ctrl＋1＞的特性栏把其中的字体更改为简体字体，如：GBCBIG. shx。

▶ 如图 14-1-11 所示，是一个内码相同而字体不同的实例。

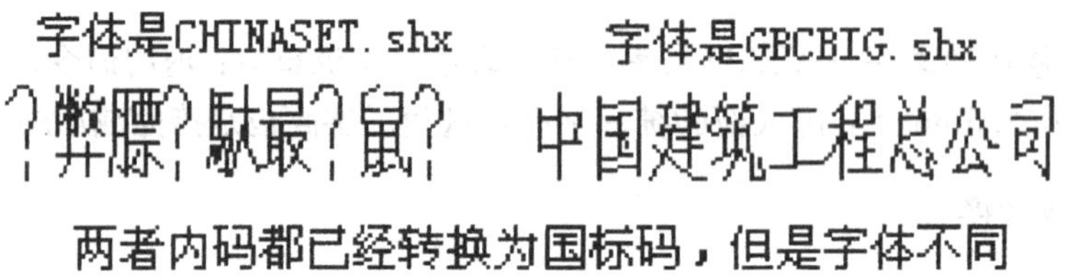

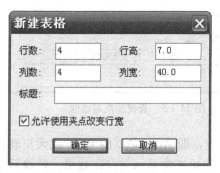

图 14-1-11　繁简转化实例

14.2　表格的绘制与编辑

14.2.1　新建表格

　　从已知行列参数通过对话框新建一个表格，提供以最终图纸尺寸值（毫米）为单位的行高与列宽的初始值，考虑了当前比例后自动设置表格尺寸大小。

　　菜单命令：【文字表格】→【新建表格】（XJBG）

　　菜单点取【新建表格】或命令行输入"XJBG"后，会执行本命令，系统会弹出如图14-2-1所示的对话框：

　　在其中输入表格的标题以及所需的行数和列数，单击［确定］后，命令行提示：

　　左上角点或［参考点（R）］＜退出＞：给出表格在图上的位置。

　　单击选中表格，双击需要输入的单元格，即可启动【在位编辑】功能，在编辑栏进行文字输入。

图 14-2-1　新建表格对话框

14.2.2　全屏编辑

　　从图形中取得所选表格，在对话框中进行行列编辑以及单元编辑，单元编辑也可由在位编辑所取代。

　　菜单命令：【文字表格】→【全屏编辑】（QPBJ）

　　菜单点取【全屏编辑】或命令行输入"QPBJ"后，会执行本命令，命令行提示：

　　选择表格：*点取要编辑的表格*；

　　显示对话框如图 14-2-2 所示：

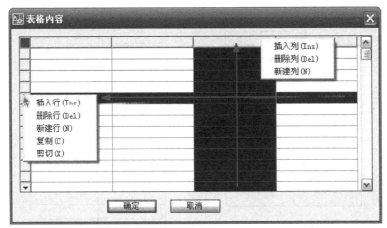

图 14-2-2 全屏编辑对话框

在对话框的电子表格中，可以输入各单元格的文字，以及表行、表列的编辑：选择一到多个表行（表列）后右击行（列）首，显示快捷菜单如图 14-2-2 所示（实际行列不能同时选择），还可以拖动多个表行（表列）实现移动、交换的功能，最后单击［确定］按钮完成全屏编辑操作。

14. 2. 3 拆分表格

把表格按行或者按列拆分为多个表格，也可以按用户设定的行列数自动拆分，有丰富的选项由用户选择，如保留标题、规定表头行数等。

菜单命令：【文字表格】→【拆分表格】
（CFBG）

菜单点取【拆分表格】或命令行输入"CFBG"后，会执行本命令，系统会弹出如图 14-2-3 所示的对话框：

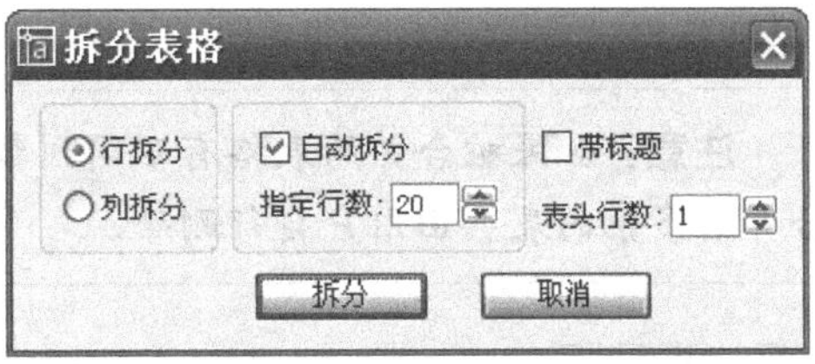

拆分表格命令的实例，如图 14-2-4 所示：

图 14-2-3 拆分表格对话框

▶ 自动拆分

在对话框中设置拆分参数后，单击［拆分］按钮后，拆分后的新表格自动布置在原表格右边，原表格被拆分缩小。

▶ 交互拆分

不勾选［自动拆分］复选框，此时指定行数虚显。

以按行拆分为例，单击［拆分］按钮，进行拆分点的交互，命令行提示为：

请点取要拆分的起始行＜退出＞：点取要拆分为新表格的起始行；

请点取插入位置＜返回＞：拖动插入的新表格位置；

请点取要拆分的起始行＜退出＞：在新表格中点取继续拆分的起始行；

请点取插入位置＜返回＞：拖动插入的新表格位置。

14. 2. 4 合并表格

把多个表格逐次合并为一个表格，这些待合并的表格行列数可以与原来表格不等，默

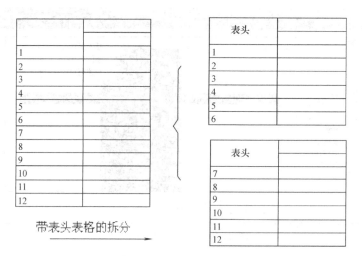

图 14-2-4　拆分表格实例

认按行合并，也可以改为按列合并。

菜单命令：【文字表格】→【合并表格】（HBBG）

菜单点取【合并表格】或命令行输入"HBBG"后，会执行本命令，命令行提示：

选择第一个表格或［列合并（C）］＜退出＞：选择位于首行的表格；

选择下一个表格＜退出＞：选择紧接其下的表格；

选择下一个表格＜退出＞：回车退出命令。

完成后表格行数合并，最终表格行数等于所选择各个表格行数之和，标题保留第一个表格的标题。

注意：如果被合并的表格有不同列数，最终表格的列数为最多的列数，各个表格的合并后多余的表头由用户自行删除。

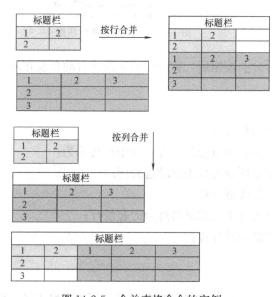

图 14-2-5　合并表格命令的实例

▶ 合并表格命令的实例：

图 14-2-5 为不同行列数的两个表格合并前后的情况，被合并的表格有不同行数时，最终表格的行数为最多的行数。

14.2.5　表列编辑

编辑表列内容。

菜单命令：【文字表格】→【表列编辑】（BLBJ）

菜单点取【表列编辑】或命令行输入"BLBJ"后，会执行本命令，命令行提示：

请点取一表列以编辑属性或［多列属性（M）/插入列（A）/加末列（T）/删除

列（E）/交换列（X）]退出：

选中准备编辑表格的表列，编辑菜单项，进入本命令后移动光标选择表列，如图 14-2-6 所示。

▶ 对话框功能介绍：

[自动换行] 表列内的文字超过单元宽后自动换行，必须和前面提到的行高特性结合才可以完成。

[强制下属单元格继承] 本次操作的表列各单元格按文字参数设置显示。

▶ 夹点编辑：对于表格的尺寸调整，除了用命令外，也可以通过拖动图 14-2-7

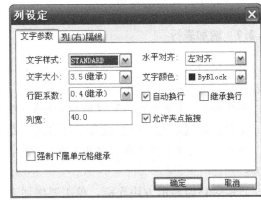

图 14-2-6 表列编辑对话框

中的夹点，获得合适的表格尺寸。在生成表格时，总是按照等分生成列宽，通过夹点可以调整各列的合理宽度，行高根据行高特性的不同，可以通过夹点、单元字高或换行来调整。角点缩放功能，可以按不同比例任意改变整个表格的大小，行列宽高、字高随着缩放自动调整为合理的尺寸。如果行高特性为"自由"和"至少"，那么就可以启用夹点来改变行高。

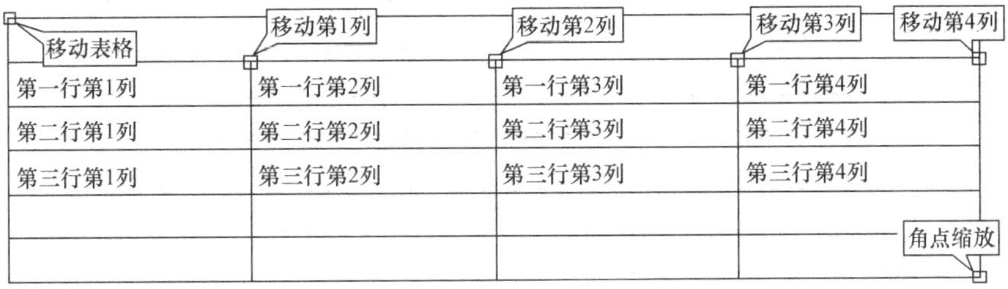

移动表格	移动第1列	移动第2列	移动第3列	移动第4列
第一行第1列	第一行第2列	第一行第3列	第一行第4列	
第二行第1列	第二行第2列	第二行第3列	第二行第4列	
第三行第1列	第三行第2列	第三行第3列	第三行第4列	
				角点缩放

图 14-2-7 表格夹点实例

14.2.6 表行编辑

编辑表行内容。

图 14-2-8 表行编辑对话框

菜单命令：【文字表格】→【表行编辑】（BHBJ）

菜单点取【表行编辑】或命令行输入"BHBJ"后，会执行本命令，命令行提示：

请点取一表行以编辑属性或[多行属性（M）/增加行（A）/末尾加行（T）/删除行（E）/复制行（C）/交换行（X）]<退出>：

首先选中准备编辑的表行，进入本命令后移动光标选择表行，如图 14-2-8 所示。

▶ 对话框功能介绍：

[继承表格横线参数] 本次操作的表行

对象按全局表行的参数设置显示。

14.2.7　增加表行

对表格进行编辑，在选择行上方一次增加一行或者复制当前行到新行，也可以通过【表行编辑】实现。

菜单命令：【文字表格】→【增加表行】（ZJBH）

菜单点取【增加表行】或命令行输入"ZJBH"后，会执行本命令，命令行提示：

请点取一表行以（在本行之前）插入新行［在本行之后插入（A）/复制当前行（S）］＜退出＞：

点取表格时显示方块光标，单击要增加表行的位置，如图 14-2-9 所示：

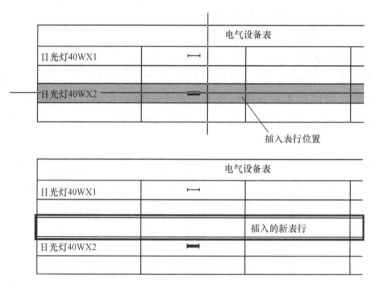

图 14-2-9　增加表行的实例说明

或者在提示下响应如下：

请点取一表行以（在本行之前）插入新行［在本行之后插入（A）/复制当前行（S）］＜退出＞：S；

键入 S 表示增加表行时，顺带复制当前行内容，如图 14-2-10 所示。

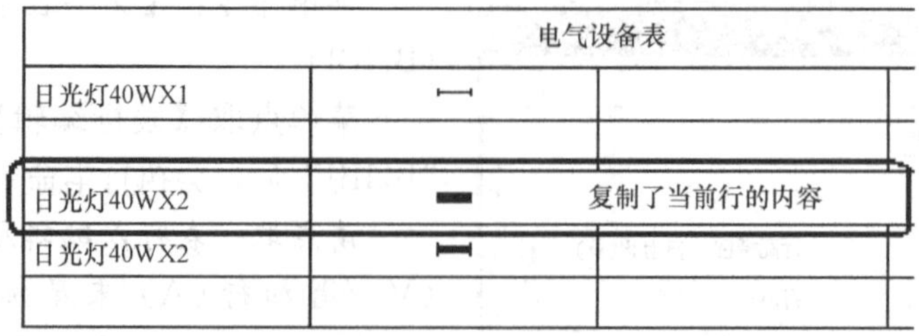

图 14-2-10　增加表行并复制当前行内容的实例说明

14.2.8　删除表行

对表格进行编辑，以"行"作为单位一次删除当前指定的行。

菜单命令：【文字表格】→【删除表行】（SCBH）

菜单点取【删除表行】或命令行输入"SCBH"后，会执行本命令，命令行提示：

请点取要删除的表行＜退出＞：点取表格时显示方块光标，单击要删除的某一行；

请点取要删除的表行＜退出＞：重复以上提示，每次删除一行，以回车退出命令。

▶ 删除表行实例说明，如图 14-2-11 所示。

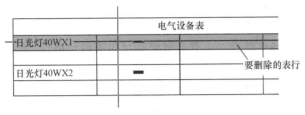

图 14-2-11　删除表行的实例说明

14.2.9　单元编辑

编辑单元内容或改变单元文字的显示属性，实际上可以使用在位编辑取代，双击要编辑的单元即可进入在位编辑状态，可直接对单元内容进行修改。

菜单命令：【文字表格】→【单元编辑】（DYBJ）

菜单点取【单元编辑】或命令行输入"DYBJ"后，会执行本命令，命令行提示：

请点取一单元格进行编辑或［多格属性(M)/单元分解(X)］＜退出＞：

单击指定要修改的单元格，如图 14-2-12 所示显示单元格编辑对话框：

▶ 如果要求一次修改多个单元格的内容，可以键入 M 选定多个单元格，命令行继续提示：

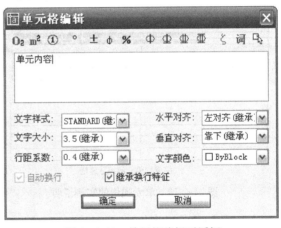

图 14-2-12　单元格编辑对话框

请点取确定多格的第一点以编辑属性或［单格编辑(S)/单元分解(X)］＜退出＞：

单击选取多个单元格，命令行提示：

请点取确定多格的第二点以编辑属性＜退出＞：回车退出选取状态。

这时出现单元格属性编辑对话框（见图 14-2-12），其中仅可以改单元文字格的属性，不能更改其中的文字内容。

▶ 对已经被合并的单元格，可以通过键入 X 单元分解选项，把这个单元格分解还原为独立的标准单元格，恢复了单元格间的分隔线。命令行提示：

请点取要分解的单元格或［单格编辑(S)/多格属性(M)］＜退出＞：

单击指定要修改的单元格，分解后的各个单元格文字内容均拷贝了分解前该单元文字内容。

14.2.10　单元递增

将含数字或字母的单元文字内容在同一行或一列复制，同时将文字内的某一项递增或递减。

菜单命令：【文字表格】→【单元递增】（DYDZ）

菜单点取【单元递增】或命令行输入"DYDZ"后，会执行本命令，命令行提示：

请点取第一个单元格<退出>：*单击已有编号的首单元格*；

点取最后一个单元格<退出>：*单击递增编号的末单元格*；

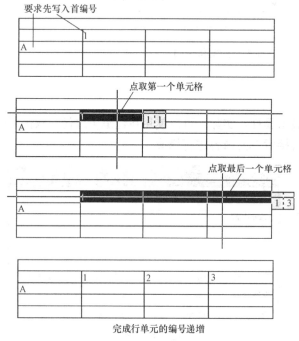

图 14-2-13　单元递增的实例说明

完成单元递增命令，图形进行更新，实例如图 14-2-13 所示，在点取最后单元格时可选项执行：按 Shift 键可改为复制，编号不进行递增，同时按 Ctrl 键，编号改为递减。

▶ 单元递增的实例说明。

14.2.11　单元复制

复制表格中某一单元内容或者图形中的文字、图块至目标单元。

菜单命令：【文字表格】→【单元复制】（DYFZ）

菜单点取【单元复制】或命令行输入"DYFZ"后，会执行本命令。

▶ 复制单元格

单击菜单命令后，命令行提示：

点取拷贝源单元格[选取文字(A)/选取图块(B)]<退出>：

点取表格上已有内容的单元格，复制其中内容；

点取粘贴至单元格(按 CTRL 键重新选择复制源)[选取文字(A)/选取图块(B)]<退出>：

点取表格上目标单元格，粘贴源单元格内容到这里，命令行提示：

点取粘贴至单元格(按 CTRL 键重新选择复制源)[选取文字(A)/选取图块(B)]<退出>：

继续点取表格上目标单元格，粘贴源单元格内容到这里或以回车结束命令。

单元复制文字的实例说明，如图 14-2-14 所示：

▶ 复制图块或文字

单击菜单命令后，命令行提示：

点取拷贝源单元格[选取文字(A)/选取图块(B)]<退出>：*B*；

键入 B 选取图块，命令行提示：

请选择拷贝源图块<退出>：*在当前图形上点取需要复制的图块*；

点取粘贴目标单元格[选取文字(A)/选取图块(B)]<退出>：

点取表格上目标单元格，粘贴源图块内容到这里；

点取粘贴目标单元格［选取文字(A)/选取图块(B)］＜退出＞：

继续点取表格上目标单元格，粘贴源图块内容到这里或回车结束命令。

键入 A 复制文字，方法与图块完全相同。

单元复制图块的实例说明，如图 14-2-15 所示。

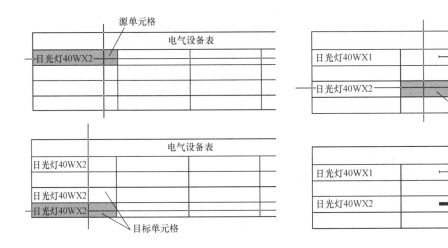

图 14-2-14　单元复制文字的实例说明　　　　图 14-2-15　单元复制图块的实例说明

14.2.12　单元累加

累加行或列中的数值，结果填写在指定的空白单元格中。

菜单命令：【文字表格】→【单元累加】(DYLJ)

菜单点取【单元累加】或命令行输入"DYLJ"后，会执行本命令，命令行提示：

点取第一个需累加的单元格：点取一行或一列的首个数值单元格；

点取最后一个需累加格：点取一行或一列的末个数值单元格，参与累加的单元格显示黄色单元累加结果是：*x.xxxx*

点取存放累加结果的单元格＜退出＞：

点取一行或一列的空白单元格；

单元累加实例如图 14-2-16 所示。

14.2.13　单元合并

将几个单元格合并为一个大的表格单元。

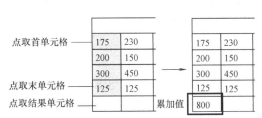

图 14-2-16　单元累加实例说明

菜单命令：【文字表格】→【单元合并】(DYHB)

菜单点取【单元合并】或命令行输入"DYHB"后，会执行本命令，命令行提示：

点取第一个角点：*以两点定范围框选表格中要合并的单元格；*

点取另一个角点：*即可完成合并。*

> **注意**：合并后的单元文字居中，使用的是第一个单元格中的文字内容，点取这两个角点时，不要点取在横、竖线上，而应点取单元格内。

▶ 举例说明，如图 14-2-17 所示。

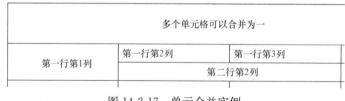

图 14-2-17　单元合并实例

14.2.14　撤销合并

将已经合并的单元格重新恢复为几个小的表格单元。

菜单命令：【文字表格】→【撤销合并】（CXHB）

菜单点取【撤销合并】或命令行输入"CXHB"后，会执行本命令，命令行提示：

点取已经合并的单元格＜退出＞：

点取后命令即恢复该单元格的原有单元的组成结构。

14.3　与 Excel 交换表格数据

14.3.1　转出 Word

天正提供了 TArch 与 Word 之间导出表格文件的接口，把表格对象的内容输出到 Word 文件中，供用户在其中制作报告文件。

菜单命令：【文字表格】→【转出 Word】

菜单点取【转出 Word】后，会执行本命令，命令行提示：

请点取表格对象＜退出＞：选择一个表格对象；

系统自动开启一个 Word 进程，并把所选定的表格内容输入到 Word 中，转出 Word 的内容包含表格的标题。

14.3.2　转出 Excel

天正提供了 T-Hvac 与 Excel 之间交换表格文件的接口，把表格对象的内容输出到 Excel 中，供用户在其中进行统计和打印，还可以根据 Excel 中的数据表更新原有的天正表格；当然也可以读入 Excel 中建立的数据表格，创建天正表格对象。

菜单命令：【文字表格】→【转出 Excel】

菜单点取【转出 Excel】后，会执行本命令，命令行提示：

请点取表格对象＜退出＞：选择一个表格对象；

系统自动开启一个 Excel 进程，并把所选定的表格内容输入到 Excel 中，转出 Excel 的内容包含表格的标题。

14.3.3　读入 Excel

把当前 Excel 表单中选中的数据更新到指定的天正表格中，支持 Excel 中保留的小数位数。

菜单命令：【文字表格】▸【读入 Excel】

菜单点取【读入 Excel】后，会执行本命令。单击菜单命令后，如果没有打开 Excel 文件，会提示你要先打开一个 Excel 文件并框选要复制的范围，接着显示如图 14-3-1 所示的对话框：

图 14-3-1　读入 Excel 提示对话框

如果打算"新建表格"，单击［是（Y）］按钮，命令行提示：

请点取表格位置或［参考点（R）］＜退出＞：给出新建表格对象的位置；

如果打算"更新表格"，命令行提示：

请点取表格对象＜退出＞：选择已有的一个表格对象。

本命令要求事先在 Excel 表单中选中一个区域，系统根据 Excel 表单中选中的内容，新建或更新天正的表格对象，在更新天正表格对象的同时，检验 Excel 选中的行列数目与所点取的天正表格对象的行列数目是否匹配，按照单元格一一对应的进行更新，如果不匹配将拒绝执行。

> **注意**：读入 Excel 时，不要选择作为标题的单元格，因为程序无法区分 Excel 的表格标题和内容。程序把 Excel 选中的内容全部视为表格内容。

14.4　自定义的文字对象

文字表格的绘制在建筑制图中占有很重要的地位。AutoCAD 提供了一些文字书写的功能，但主要是针对西文的，对于中文文字，尤其是中西文混合文字的书写，编辑就显得很不方便。在 AutoCAD 简体中文版的文字样式里，尽管提供了支持输入汉字的大字体（bigfont），但 AutoCAD 却无法对组成大字体的中英文分别规定宽高比例，您即使拥有简体中文版 AutoCAD，有了文字字高一致的配套中英文字体，但中英文的宽度比例也不尽人意。

天正的自定义的表格对象，特有的电子表格绘制和编辑的功能不仅可以方便地生成表格，还可以方便地通过夹点拖动与对象编辑修改和编辑这些表格。天正软件通过自定义文字和表格，AutoCAD 提供了一个相当完整的中文文字处理系统。

文字字体和宽高比：

AutoCAD 提供了设置中西文字体及宽高比的命令【Style】，但只能对所定义的中文和西文提供同一个宽高比和字高，即使是 AutoCAD2000 简体中文版本亦是如此。

而在建筑设计图纸中如将中文和西文写成一样大小是很难看的，而且 AutoCAD 不支持建筑图中常常出现的上标与特殊符号，如：面积单位 m^2 和我国特有的钢筋符号等。基于这两方面的考虑，天正的自定义文字可以同时让中西文两种字体设置各自不同的宽高比例。

天正为解决这些问题，开发了自定义文字对象，可方便地书写和修改中西文混合文字，可使组成天正文字样式的中西文字体有各自的宽高比例，方便地输入和变换文字的上下标，输入特殊字符。特别是天正对 AutoCAD 所使用两类字体（SHX 形文件与 Truetype）存在实际字高不等的问题作了自动判断修正，使汉字与西文的文字标注符合国家制图标准的要求。

图 14-4-1 所表示的是天正文字编辑调整的文字与 AutoCAD 文字的比较。

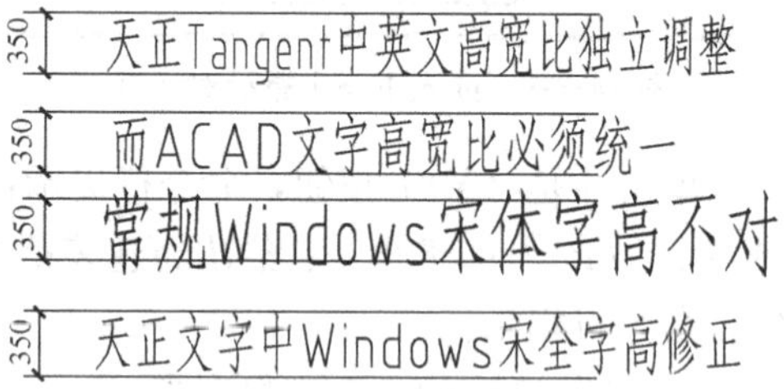

图 14-4-1　用天正文字编辑调整的文字与 AutoCAD 文字比较实例

第 15 章
绘图工具

内容提要

• 生系统图

系统图可通过平面的转换自动生成。

• 标楼板线

生成系统图后，标识楼板线。

• 对象操作

提供针对方便图元对象选择、查询的工具。

• 移动与复制工具

提供针对于 AutoCAD 图形对象的复制与移动工具，使用更方便、更自由。

• 绘图编辑工具

提供各种绘制图形的工具。

15.1　生系统图

由平面图生成采暖、空调水路系统图。

菜单命令：【绘图工具】→【生系统图】（SXTT）

菜单点取【生系统图】或命令行输入"SXTT"后，会执行本命令，命令行提示：

请选择自动生成系统图的所有平面图管线＜退出＞：

框选平面图后，鼠标右键确认，命令行提示：

请点取各层管线的对准点（输入参考点 R）＜退出＞：

可点取任意一点或输入参考点做为各层的对齐点，点取后，系统会弹出如图 15-1-1 所示的对话框：

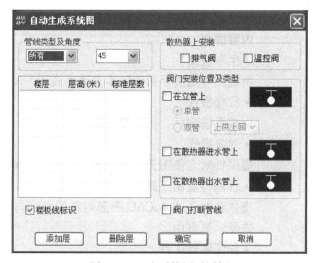

图 15-1-1　生系统图对话框

根据实际工程，具体的［楼层］数可以通过［添加层］和［删除层］来控制，［层高］、［标准层数］可以手动修改。

▶ 对话框功能介绍：

［管线类型］用于选择所生成系统图的管线类型。

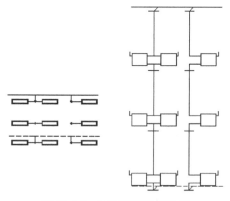

图 15-1-2　生系统图效果举例

注意：此选项必须与被转换平面图内的管线类型相一致。

［角度］可依据用户需要选择生成系统图的角度，有 30°和 45°，还可支持其他任意角度。

［添加层］、［删除层］可添加或删除相同楼层的种类数量。

［装排气阀］采暖系统图中散热器是否装有排气阀。

［楼板线标识］方便楼板线的标注。

▶ 举例说明，如图 15-1-2 所示。

15.2 标楼板线

生成系统图后，标识楼板线。

菜单命令：【绘图工具】→【标楼板线】（BLBX）

菜单点取【标楼板线】或命令行输入"BLBX"后，会执行本命令，命令行提示：

请点取要标注楼板线系统图立管,标注位置:左侧[更改(C)]<退出>:

▶ 举例说明，如图 15-2-1 所示。

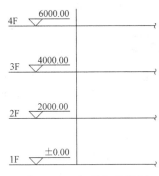

图 15-2-1　标楼板线举例

15.3 对象操作

15.3.1 对象查询

只要光标经过对象，即可出现文字窗口动态查看该对象的有关数据，如点取对象，则自动进入对象编辑进行修改，修改完毕继续本命令。

菜单命令：【绘图工具】→【对象查询】（DXCX）

菜单点取【对象查询】或命令行输入"DXCX"后，会执行本命令。

点取菜单命令后，图上显示光标，经过对象时，出现如图 15-3-1 所示文字窗口，对于天正定义的专业对象，将有反映该对象的详细的数据，对于 AutoCAD 的标准对象，只

图 15-3-1　对象查询效果举例

列出对象类型和通用的图层、颜色、线型等信息，点取标准对象也不能进行对象编辑。

▶ 对象查询的应用实例。

15.3.2 对象选择

提供过滤选择对象功能。首先选择作为过滤条件的对象，再选择其他符合过滤条件的对象，在复杂的图形中筛选同类对象，建立需要批量操作的选择集，新提供构建材料的过滤，柱子和墙体可按材料过滤进行选择，默认匹配的结果存在新选择集中，也可以选择从新选择集中排除匹配内容。

菜单命令：【绘图工具】→【对象选择】（DXXZ）

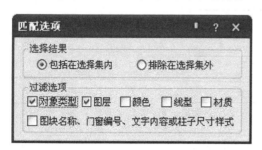

图 15-3-2　对象选择界面对话框

菜单点取【对象选择】或命令行输入"DXXZ"执行本命令，弹出如图 15-3-2 所示的对话框：

▶对话框功能介绍：

［对象类型］过滤选择条件为图元对象的类型，比如：选择所有的 PLINE。

［图层］过滤选择条件为图层名，比如：过滤参考图元的图层为 A，则选取对象时只有 A 层的对象才能被选中。

［颜色］过滤选择条件为图元对象的颜色，目的是选择颜色相同的对象。

［线型］过滤选择条件为图元对象的线型，比如：删去虚线。

［材质］过滤选择条件为柱子或者墙体的材料类型。

［图块名称等］过滤选择条件为图块名称、门窗编号、文字属性和柱子类型与尺寸，快速选择同名图块，或编号相同的门窗、相同的柱子。

▶举例说明：勾选对话框中的复选框定义过滤选择项后，进入命令行交互，命令行提示：

请选择一个参考图元或［恢复上次选择（2）］＜退出＞：*选择要过滤的对象（如：墙体）*；

提示：

空选即为全选，中断用 ESC！

选择对象：*框选范围或者直接回车表示全选（DWG 整个范围）*

选择结果是"包括在选择集内"，包含墙体的一个区域被框选，其中仅有墙体被选中并显示夹点；

选择结果是"排除在选择集外"，包含墙体的一个区域被框选，墙体被排除在选择集外部显示夹点。

其中可以采用多重过滤条件选择，也可以连续使用【对象选择】命令，多次选择的结果为叠加关系。

对柱子的过滤式按照柱高、材料和面积（间接表示了尺寸）进行的，无法区别大小相同的镜像柱子。

【自定义】中默认已经设置 2 为本命令的快捷键。

15.4　移动与复制工具

15.4.1　自由复制

对 ACAD 对象与天正对象均起作用，能在复制对象之前对其进行旋转、镜像、改插入点等灵活处理，而且默认为多重复制，十分方便。

菜单命令：【绘图工具】→【自由复制】（ZYFZ）

菜单点取【自由复制】或命令行输入"ZYFZ"后，会执行本命令，命令行提示：

请选择要拷贝的对象：用任意选择方法选取对象；

点取位置或［转 90 度（A）/左右翻（S）/上下翻（D）/对齐（F）/改转角（R）/改基点（T）］

＜退出＞:拖动到目标位置给点或者键入选项热键。

此时系统自动把参考基点设在所选对象的左下角,用户所选的全部对象将随鼠标的拖动复制至目标点位置,本命令以多重复制方式工作,可以把源对象向多个目标位置复制。还可利用提示中的其他选项重新定制复制,特点是:每一次复制结束后基点返回左下角。

15.4.2　自由移动

对 ACAD 对象与天正对象均起作用,能在移动对象就位前使用键盘先行对其进行旋转、镜像、改插入点等灵活处理。

菜单命令:【绘图工具】→【自由移动】（ZYYD）

菜单点取【自由移动】或命令行输入"ZYYD"后,会执行本命令,命令行提示:

请选择要移动的对象:用任意选择方法选取对象；

点取位置或［转 90 度（A）/左右翻（S）/上下翻（D）/对齐（F）/改转角（R）/改基点（T）］

＜退出＞:

拖动到目标位置给点或者键入选项热键，与自由复制类似，但不生成新的对象。

15.4.3　移位

按照指定方向精确移动图形对象的位置，可减少键入次数，提高效率。

菜单命令：【绘图工具】→【移位】（YW）

菜单点取【移位】或命令行输入"YW"后，会执行本命令，命令行提示：

请选择要移动的对象:选择要移动的对象；

请输入位移（x,y,z）*或*［横移（X）/纵移（Y）/竖移（Z）］＜退出＞:*键入完整的位移矢量 x、y、z 或者选项关键字；HT*

常常用户仅需改变对象某个坐标方向的位置,此时直接键入 X 或 Y、Z 指出移位的方向,竖向移动时键入 Z,命令行提示:

竖移＜0＞:在此输入移动长度或在屏幕中给两点指定距离,正值表示上移,负值下移。

15.4.4　自由粘贴

在粘贴对象之前对其进行旋转、镜像、改插入点等灵活处理,对 AutoCAD 对象与天正对象均起作用。

菜单命令:【绘图工具】→【自由粘贴】(ZYZT)

菜单点取【自由粘贴】或命令行输入"ZYZT"后,会执行本命令,命令行提示:

点取位置或[转 90 度(A)/左右翻(S)/上下翻(D)/对齐(F)/改转角(R)/改基点(T)]<退出>:取点定位或者键入选项关键字;

这时可以键入 A、S、D、F、R、T 多个选项进行各种粘贴前的处理,点取一点将对象粘贴到图形中的指定点。

本命令在"复制"或"带基点复制"命令后执行,基于粘贴板的复制和粘贴,主要是为了在多个文档或者在 AutoCAD 与其他应用程序之间交换数据而设立的。

15.5 绘图编辑工具

15.5.1 线变复线

将若干段彼此衔接的线 (Line)、弧 (Arc)、多段线 (Pline) 连接成整段的多段线 (Pline) 即复线。

菜单命令:【绘图工具】→【线变复线】(XBFX)

菜单点取【线变复线】或命令行输入"XBFX"后,会执行本命令,命令行提示:

请选择要连接成 POLYLINE 的 LINE (线) 和 ARC (弧) <退出>:选择需要连接的对象;

选择对象:……

选择对象:回车结束选择,系统把可能连接的线与弧连接为多段线。

15.5.2 连接线段

将共线的两条线段或两段弧、相切的直线段与弧相连接,如两线 (Line) 位于同一直线上、或两根弧线同圆心和半径、或直线与圆弧有交点,便将它们连接起来。

菜单命令:【绘图工具】→【连接线段】(LJXD)

菜单点取【连接线段】或命令行输入"LJXD"后,会执行本命令,命令行提示:

请拾取第一根线 (LINE) 或弧 (ARC) <退出>:点取第一根直线或弧;

再拾取第二根线 (LINE) 或弧 (ARC) 进行连接 <退出>:点取第二根直线或弧。

图 15-5-1 所示为连接线段的实例:

注意:拾取弧时应选取要连接的近端。

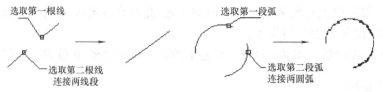

图 15-5-1   连接线段的实例

15.5.3 虚实变换

使图形对象（包括天正对象）中的线型在虚线与实线之间进行切换。

菜单命令：【绘图工具】→【虚实变换】（XSBH）

菜单点取【虚实变换】或命令行输入"XSBH"后，会执行本命令，命令行提示：

请选取要变换线型的图元 <退出>：选毕，回车后进行变换；

原来线型为实线的则变为虚线；原来线型为虚线的则变为实线，若虚线的效果不明显，可用系统变量 LTSCALE 调整其比例。

本命令不适用于天正图块，如需要变换天正图块的虚实线型，应先把天正图块分解为标准图块，如图 15-5-2 所示。

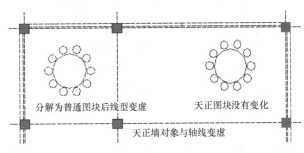

图 15-5-2　图块虚实变换比较实例

15.5.4 修正线型

带文字线型的管线，由于逆向绘制的时候线上文字会呈现出颠倒状态，本命令可以修正这种现象。

菜单位置：【专业标注】→【修正线型】（XZXX）

菜单点取【修正线型】或命令行输入"XZXX"后，会执行本命令。

命令行提示：

请选择要修正线形的任意图元<退出>：指定对角点；

选择需要修正的线段，如图 15-5-3 所示，运行结果见图 15-5-4 所示。

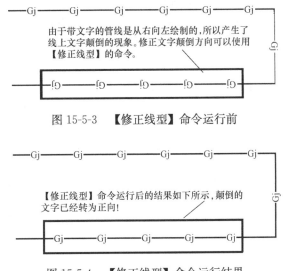

图 15-5-3　【修正线型】命令运行前

图 15-5-4　【修正线型】命令运行结果

> **注意**：【修正线型】命令可以用于天正管线、Line 线。

15.5.5　消除重线

用于消除多余的重叠对象，参与处理的重线包括搭接、部分重合和全部重合的 LINE、ARC、CIRCLE 对象，对于多段线（Pline），用户必须先将其 Explode（分解），才能参与处理。

　　菜单命令：【绘图工具】→【消除重线】（XCCX）

　　菜单点取【消除重线】或命令行输入"XCCX"后，会执行本命令，命令行提示：

　　选择对象：在图上框选要清除重线的区域；

　　选择对象：回车执行消除，提示消除结果；

　　对图层 ABC 消除重线：由 XX1 变为 YY1。

15.5.6　统一标高

用于整理二维图形，包括天正平面、立面、剖面图形，使绘图中避免出现因错误的取点捕捉，造成各图形对象 Z 坐标不一致的问题。

　　菜单命令：【绘图工具】→【统一标高】（TYBG）

　　菜单点取【统一标高】或命令行输入"TYBG"后，会执行本命令，命令行提示：

　　是否重置包含在图块内的对象的标高？（Y/N）［Y］：按要求以 Y 或 N 回应；

　　选择需要恢复零标高的对象：可用两点框选要处理的图形范围即可处理。

15.5.7　图形切割

以选定的矩形窗口、封闭曲线或图块边界在平面图内切割并提取部分图形，图形切割不破坏原有图形的完整性，常用于从平面图提取局部区域用于详图。

　　菜单命令：【绘图工具】→【图形切割】（TXQG）

　　菜单点取【图形切割】或命令行输入"TXQG"后，会执行本命令，命令行提示：

　　矩形的第一个角点或［多边形裁剪（P）/多段线定边界（L）/图块定边界（B）］＜退出＞：图上点取一角点；

　　另一个角点＜退出＞：输入第二角点定义裁剪矩形框；

　　此时程序已经把刚才定义的裁剪矩形内的图形完成切割，并提取出来，在光标位置拖动，同时命令行提示：

　　请点取插入位置：在图中给出该局部图形的插入位置；

> **注意**：本命令可以切割天正墙体等专业对象，但是无法在门窗等图块中间进行切割，或使用 Wipeout 命令进行遮挡。

　　▶ 举例说明，如图 15-5-5。

15.5.8　矩形

本命令的矩形是天正定义的三维通用对象，具有丰富的对角线样式，可以拖动其夹点

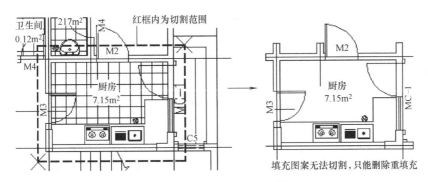

图 15-5-5　图形切割实例

改变平面尺寸，可以代表各种设备、家具使用。

菜单命令：【绘图工具】→【矩形】(JX)

菜单点取【矩形】或命令行输入"JX"后，会执行本命令，弹出如图 15-5-6 所示的对话框：

图 15-5-6　矩形对话框

▶ 对话框功能介绍：

[长度/宽度] 矩形的长度和宽度。

[厚度] 赋予三维矩形高度，使其成为长方体。

[标高] 矩形在图中的相对高度。

从对话框的图标工具栏中可以单击图标选择所画矩形的形式（见图 15-5-7），也可以预选矩形的插入基点位置，默认是矩形的中心。

天正矩形的平面形式变化

图 15-5-7　天正矩形的平面形式变化

矩形的绘制方式有"拖动绘制"、"插入矩形"和"三维矩形"三种，后两种是参数矩形，在对话框中先输入矩形参数再进行插入，默认的绘制方式为工具栏第一个"动态拖动"图标，用户可进入绘图区拖动绘制矩形，命令行提示：

输入第一个角点或 [插入矩形(I)]<退出>:点取矩形的一个角点位置；

输入第二个角点或 [插入矩形(I)/撤销第一个角点(U)]<退出>:拖动给出矩形的对角点或者指定准确的相对坐标。

拖动夹点可以动态修改已有的天正矩形的平面尺寸，夹点"对角拉伸"和"中心旋转"都可通过按一次 Ctrl 键，切换为"移动"功能，尺寸参数在 AutoCAD2004 以上平台提供动态输入进行修改，矩形的两个方向的参数通过 Tab 键切换，当前参数以方框表示，键入数字即可修改，如图 15-5-8 所示。

15.5.9　图案加洞

编辑已有的图案填充，在已有填充图案上开洞口；执行本命令前，图上应有图案填

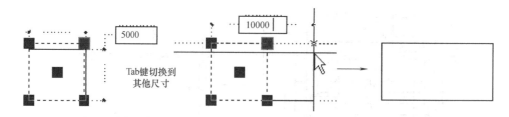

图 15-5-8　矩形修改实例

充，可以在命令中画出开洞边界线，也可以用已有的多段线或图块作为边界。

菜单命令：【绘图工具】→【图案加洞】（TAJD）

菜单点取【图案加洞】或命令行输入"TAJD"后，会执行本命令，命令行提示：

请选择图案填充＜退出＞：选择要开洞的图案填充对象；

矩形的第一个角点或[圆形裁剪（C）/多边形裁剪（P）/多段线定边界（L）/图块定边界（B）]＜退出＞：*L*；

使用两点定义一个矩形裁剪边界或者键入关键字使用命令选项，如果我们采用已经画出的闭合多段线作边界，键入 L，命令行提示：

请选择封闭的多段线作为裁剪边界＜退出＞：选择已经定义的多段线；

程序自动按照多段线的边界对图案进行裁剪开洞，洞口边界保留，如图 15-5-9 所示。其余的选项与本例类似，以此类推。

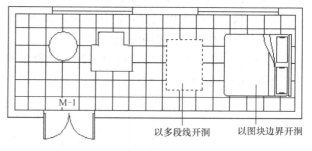

以多段线开洞　　以图块边界开洞

图 15-5-9　图案加洞实例

15.5.10　图案减洞

本命令编辑已有的图案填充，在图案上删除被天正【图案加洞】命令裁剪的洞口，恢复填充图案的完整性。

菜单命令：【绘图工具】→【图案减洞】

菜单点取【图案减洞】后，会执行本命令，命令行提示：

请选择图案填充＜退出＞：选择要减洞的图案填充对象；

选取边界区域内的点＜退出＞：在洞口内点取一点；

程序立刻删除洞口，恢复原来的连续图案，但每一次只能删除一个洞口。

15.5.11　线图案

用于生成连续的图案填充的新增对象，它支持夹点拉伸与宽度参数修改，与 AutoCAD 的 Hatch（图案）填充不同，天正线图案允许用户先定义一条开口的线图案填充轨迹线，图案以该线为基准沿线生成，可调整图案宽度、设置对齐方式、方向与填充比例，也可以被 AutoCAD 命令裁剪、延伸、打断，闭合的线图案还可以参与布尔运算。

菜单命令：【绘图工具】→【线图案】（XTA）

菜单点取【线图案】或命令行输入"XTA"后，执行本命令，弹出如图 15-5-10 所示的对话框：

线图案可以进行对象编辑，双击已经绘制的
线图案，命令行提示：

图 15-5-10　线图案对话框

选择 [加顶点(A)/减顶点(D)/设顶点(S)/
宽度(W)/填充比例(G)/图案翻转(F)/单元对齐
(R)/基线位置(B)]＜退出＞：

键入选项热键可进行参数的修改，切换对齐
方式、图案方向与基线位置。线图案镜像后的默认规则是严格镜像，在用于规范要求方向
一致的图例时，请使用对象编辑的 [图案翻转] 属性纠正，如图 15-5-11 所示。

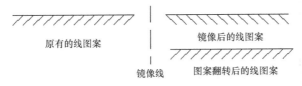

图 15-5-11　线图案镜像实例

第 16 章
图库图层

内容提要

• 图库管理系统

功能强大、界面华丽、方便高效的新一代天正图库管理系统会给您耳目一新的感受。拖拉移动、实时更名、批量入库、随意查找等新功能给用户图库的操作带来更方便的使用，同时还将其中所有用到图库的命令放在一起，方便用户查找。

• 图库扩充规则

支持用户在原有图库的基础上自行进行扩充，但是需遵守一定的规则：如对图元尺寸的特殊要求，以及不同设备通过不同方式入库。图库扩充后用户可进行拷贝保存，方便延续使用。

• 图层文件管理

提供暖通所有图层的中英文对照图层名及颜色，图层管理控制工具，可通过点取对象，管理所在图层或其他图层的开关。

16.1 图库管理系统

为了检索查询大量的图块，天正使用关系数据库对 DWG 进行管理，包括分类、赋予汉字名称等。使用一个 TK 文件可以管理单个图库，但这依然有所不足，不同 TK 所管理的图块资源难以整合。因此引入图库组（TKW）的概念，以便管理多个 TK 文件。TKW 的文件格式很简单，主要是记录图库组由哪些文件构成，此外还有图库的说明和图库类型。

单个天正普通图库是一个 DWB 文件、TK 文件、SLB 文件的集合，DWB 文件是一系列 DWG 打包压缩的文件格式，不仅使文件数锐减，由于利用压缩存储技术，节省图库的存储空间，大大提高了磁盘的优化利用。存放于 DWB 中的 DWG 用 TK 表格进行管理查询。

16.1.1 通用图库

调用图库管理系统的菜单命令，除了本命令外，其他很多命令也在其中调用图库中的有关部分进行工作，如：【插入图框】时就调用了其中的图框库内容。

菜单命令：【图库图层】→【通用图库】（TYTK）

菜单点取【通用图库】或命令行输入"TYTK"后，执行本命令，弹出如图 16-1-1 所示窗口：

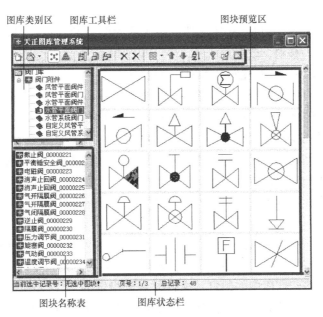

图 16-1-1 通用图库对话框界面

天正图库界面包括五大部分：工具栏（图 16-1-2）、类别区、图块名称表、图块预览区、状态栏。对话框大小可随意调整并记录最后一次关闭时的尺寸。类别区、块名区和图块预览区之间也可随意调整最佳可视大小及相对位置，贴近用户的操作顺序，符合 Windows 的使用风格。

图 16-1-2　通用图库工具栏

▶ 工具栏：提供部分常用图库操作的按钮命令。

▶ 类别区：显示当前图库或图库组文件的树形分类目录。

▶ 块名区：图块的描述名称（并非插入后的块定义名称），与图块预览区的图片一一对应。选中某图块名称，然后单击该图块可重新命名。

▶ 图块预览区：显示类别区被选中类别下的图块幻灯片或彩色图片，被选中的图块会被加亮显示，可以使用滚动条或鼠标滚轮翻滚浏览。

▶ 状态栏：根据状态的不同显示图块信息或操作提示。

界面的大小可以通过拖动对话框右下角来调整；也可以通过拖动区域间的界线来调整各个区域的大小；各个不同功能的区域都提供了相应的右键菜单。

天正图库支持鼠标拖放的操作方式，只要在当前类别中点取某个图块或某个页面（类型），按住鼠标左键拖动图块到目标类别，然后释放左键，即可实现在不同类别、不同图库之间成批移动、复制图块。图库页面拖放操作规则与 Windows 的资源管理器类似，具体说就是从本图库（TK）中不同类别之间的拖动是移动图块，从一个图库拖动到另一个图库的拖动是复制图块。如果拖放的同时按住 Shift 键，则为移动。

16.1.2　幻灯管理

以可视的方式管理幻灯库 SLB 文件，用于图库的辅助管理；幻灯管理的内容包括：增加、删除、拷贝、移动、改名等。

菜单命令：【图库图层】→【幻灯管理】（HDGL）

菜单点取【幻灯管理】或命令行输入"HDGL"后，会执行本命令，系统会弹出如图16-1-3 所示的对话框（图为选择"风口幻灯图库"后的情况）：

▶ 对话框控件的功能说明：

1.［新建库］新建一个用户幻灯库文件，选择文件位置并输入文件名称。

2.［打开］用户选择需要编辑的幻灯库 SLB 文件。如果该文件不存在，则取消操作。本系统支持多库操作，即不关闭当前库的条件下打开目标幻灯片文件，并将此文件设为当前库。

3.［批量入库］可将所选定的幻灯片 SLB 文件添加到当前幻灯库中。

4.［拷贝到］将幻灯库中的幻灯片文件提取出来，另存到指定的目录下中，形成单独的幻灯片文件。要将幻灯库中的幻灯片文件复制到指定的 SLB 文件中，可以将目标 SLB 幻灯库加入管理系统，然后才用鼠标拖拽此幻灯片文件至 SLB 即可。

5.［删除类别］将选中的幻灯库从系统面板中删除。

6.［删除］将选中的幻灯片从幻灯库中删除，不可恢复。

16.1.3　定义设备

用户自定义设备，可以方便实现与管线间的自动连接。

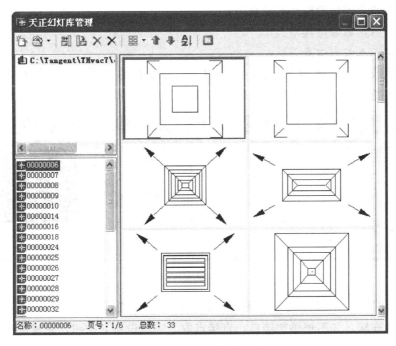

图 16-1-3 幻灯管理对话框

菜单命令:【图库图层】→【定义设备】(DYSB)

菜单点【定义设备】或命令行输入"DYSB",执行本命令,弹出如图 16-1-4 所示的对话框:

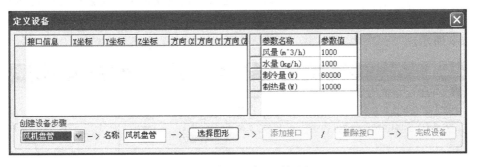

图 16-1-4 定义设备对话框界面

▶ 举例说明:【定义设备】前,首先绘制好平面、三维及轴测图块(如图 16-1-5),其中三维和轴测图块,可绘制也可不绘制。

图 16-1-5 图块举例

点取对话框上的[选择图形]按钮,命令行提示:

请选择要做成图块的图元＜退出＞：

选择图块后，命令行提示：

请点选插入点＜中心点＞：

右键默认或点取其他插入点后，弹出【定义设备】的对话框，如图 16-1-6 所示，对话框右侧的预览图显示为平面状态下的图块。

图 16-1-6　选择图块完成界面

同时，［添加接口］按钮变亮，设备添加接口后，可通过【设备连管】命令与相应的管线进行自动连接，如不想添加接口，直接点取［完成设备］按钮，完成定义设备。

图 16-1-7　定制接口位置

点［添加接口］按钮后，命令行提示：

请在该设备对应的二维图块上用光标制定接口位置＜无接口＞：指定接口位置；

请用光标制定接口方向＜垂直向上＞：

添加接口后，接口位置及【定义设备】的对话框显示如图 16-1-7 所示，接口的 X、Y、Z 的坐标值也列于对话框中，如图 16-1-8 所示。

图 16-1-8　添加接口完毕

可以点［删除接口］按钮删除已添加好的接口；

设置好风量、水量等参数值后，点［完成设备］按钮，弹出如图 16-1-9 所示对话框。

16.1.4　造阀门

用户自定义平面和系统阀门图块，方便生成系统图。

图 16-1-9　定义成功对话框

菜单命令：【图库图层】→【造阀门】（ZFM）

菜单点取【造阀门】或命令行输入"ZFM"后，会执行本命令，命令行提示：

请输入名称＜新阀门＞：输入新图块名称；

请选择要做成图块的图元＜退出＞：

【造阀门】前，需要首先准备好图元，如图 16-1-10 所示；

请点插入点＜中心点＞：中心点选择，如图 16-1-11 所示；

请点取要做为接线点的点＜继续＞：接线点选择，如图 16-1-12 所示；

是否继续造新对象的系统图块＜N＞：按 Y 键确认制作，方法同平面阀门；按 N 键退出制作。

平面和系统阀门效果举例如图 16-1-13 所示。

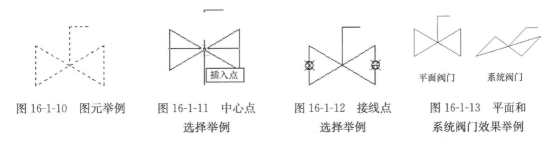

图 16-1-10　图元举例　　图 16-1-11　中心点　　图 16-1-12　接线点　　图 16-1-13　平面和
　　　　　　　　　　　　选择举例　　　　　　选择举例　　　　　　系统阀门效果举例

16.2　图库扩充规则

16.2.1　扩充规则

具体的定制规则如下：

1. 空气机组箱体段，通过【定义设备】入库，直接入到自定义设备相应名称对应的库中，要求箱体段尺寸必须为 500×1000，如图 16-2-1 所示；

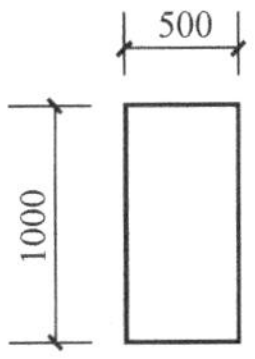

2. 风管阀门，通用【定制阀门】入库，直接入到自定义设备相应名称对应的库中，要求阀门尺寸也必须为 500×1000，同图 16-2-1 所示；

3. 风口，通过【定义设备】入库，直接入到自定义设备【风口】中，不要求图块尺寸，但入库尺寸需合理；

图 16-2-1　定义箱体
段图元尺寸图

4. 风机盘管、空调箱、静压箱、风机、水泵、冷却塔、冷水机组，通过【定义设备】入库，直接入到自定义设备相应名称对应的库中，不要求图块尺寸；

5. 分集水器，通过【通用图库】/新图入库命令入库，可在自定义设备中新建【分集水器】类别，也可入到原库中，不要求图块尺寸；

6. 轴流风机，通过【通用图库】/新图入库命令入库，可在自定义设备中新建【轴流风机】类别，也可入到原库中，要求尺寸为 1000×1000；

7. 水管阀门，通过【造阀门】入库，直接入到自定义设备相应名称对应的库中，不要求尺寸，但入库尺寸需合理；

8. 其他，均可通过【通用图库】/新图入库命令入库，可在自定义设备中新建类别，也可直接入到原库中，建议入库图块尺寸合理为宜。

16.2.2 图库备份

用户入库的图块都会自动保存到"自定义设备"下面，方便拷贝，避免再次扩充之麻烦，具体在天正软件-暖通系统的安装目录下（如 C：\ Tangent \ T-Hvac9 \ dwb），找到"自定义设备 .slb、自定义设备 .dwb、自定义设备 .TK"3 个文件，备份即可。

16.3 图层文件管理

16.3.1 图层管理

设定天正图层系统的名称和颜色。

菜单命令：【设置】→【图层管理】（TCGL）

菜单点取【图层管理】或命令行输入"TCGL"后，会执行本命令，系统会弹出如图16-3-1 所示的对话框。

图 16-3-1　图层管理对话框

▶ 对话框功能介绍：

［图层标准］用于选择不同的已定制图层标准。

［置为当前标准］将选定的图层标准置为当前。

［新建标准］可以创建图层标准。

［图层关键字］系统内部默认图层信息，不可修改，用于提示图层所对应的内容。

［图层名］、［颜色］可按照各设计单位的图层名称、颜色要求进行定制修改。

［备注］用于描述图层内容。

［图层转换］转换已绘图纸的图层标准，如图 16-3-2 所示对话框。

［颜色恢复］恢复系统原始设定的图层颜色。

图 16-3-2　图层转换对话框

16.3.2　图层控制

管理暖通的图层系统。

菜单命令：【图库图层】→【图层控制】（TCKZ）

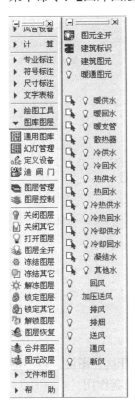

图 16-3-3　图层控制操作

菜单点取【图层控制】或命令行输入"TCKZ"后，会执行本命令，菜单如图 16-3-3 所示：

通过各个系统名称之前的 💡，可实现图层的关闭和打开；

点击 按钮，可以选择加入到该系统中的其他图元，选择的图元可实现与该系统同时关闭和打开；

以送风管为例，点击前面的 按钮，命令行提示：

请选择加入 FG-DOTE-送风系统的图元＜退出＞：选择加入到送风管的图元即可。

16.3.3　关闭图层

通过选取要关闭图层所在的一个对象，关闭该对象所在的图层，例如点取一个散热器来关闭散热器所在图层。

菜单命令：【图库图层】→【关闭图层】（GBTC）

菜单点取【关闭图层】或命令行输入"GBTC"后，会执行本命令，命令行提示：

选择对象＜退出＞：点取要关闭图层（可以关闭多个图层）所属的对象；

……可以同时关闭多个图层；

选择对象＜退出＞：回车结束。

▶ 举例说明，如图 16-3-4 所示。

16.3.4　关闭其他

通过选取要保留图层所在的几个对象，关闭除了这些对象所在的图层外的其他图层，例如只希望看到墙体门窗，点取墙体门窗来关闭其他对象所在图层。

菜单命令：【图库图层】→【关闭其他】（GBQT）

菜单点取【关闭其他】或命令行输入"GBQT"后，会执行本命令，命令行提示：

选择对象＜退出＞：点取保留的图层（可以保留多个图层）所属的对象；

选择对象＜退出＞：回车结束，除了保留的图层外，其余图层被关闭（不显示）。

▶ 举例说明，如图 16-3-5 所示。

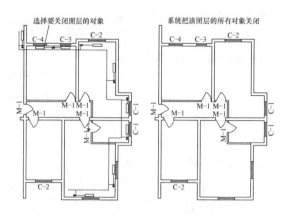

图 16-3-4 关闭图层举例

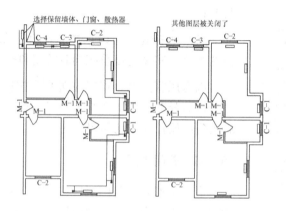

图 16-3-5 关闭其他举例

16.3.5 打开图层

本命令在对话框中，对本图中被关闭的图层，由用户选择打开这些图层。对不论是用天正图层相关命令，还是用 CAD 的图层相关命令关闭的图层均能起作用。

菜单命令：【图库图层】→【打开图层】（DKTC）

菜单点取【打开图层】或命令行输入"DKTC"后，会执行本命令。

逐一勾选需要打开的图层，单击"应用"或"确定"可打开图层，单击"应用"可当时看到结果而不需要退出对话框。

16.3.6 图层全开

本命令打开被关闭图层命令关闭的图层，但不会对冻结图层和锁定图层进行解冻和解锁处理。

菜单命令：【图库图层】→【图层全开】（TCQK）

菜单点取【图层全开】或命令行输入"TCQK"后，系统直接执行本命令，命令行不出现提示。

16.3.7　冻结图层

通过选取要冻结图层所在的一个对象，冻结该对象所在的图层，该图层的对象不能显示，也不参与操作。

菜单命令：【图库图层】→【冻结图层】（DJTC）

菜单点取【冻结图层】或命令行输入"DJTC"后，会执行本命令，命令行提示：

选择对象＜退出＞：*点取要冻结图层（可以冻结多个图层）所属的对象；*

......*可以同时冻结多个图层；*

选择对象＜退出＞：*回车结束，这些图层被冻结（不显示）。*

16.3.8　冻结其他

通过选取要保留图层所在的几个对象，冻结除了这些对象所在的图层外的其他图层，与【关闭其他】命令基本相同。

菜单命令：【图库图层】→【冻结其他】（DJQT）

菜单点取【冻结其他】或命令行输入"DJQT"后，会执行本命令，命令行提示：

选择对象＜退出＞：*点取保留的图层（可以保留多个图层）所属的对象；*

选择对象＜退出＞：*回车结束，除了保留的图层外，其余图层被冻结（不显示）。*

16.3.9　解冻图层

通过选择已经冻结的图层列表，选择需要的图层解冻。

菜单命令：【图库图层】→【解冻图层】（JDTC）

菜单点取【解冻图层】后，执行本命令。

逐一勾选需要解冻的图层，单击"应用"或"确定"可解冻图层，单击"应用"可当时看到结果而不需要退出对话框。

16.3.10　锁定图层

通过选取要锁定图层所在的一个对象，锁定该对象所在的图层，锁定后图面看不出变化，只是该图层的对象不能编辑了。

菜单命令：【图库图层】→【锁定图层】（SDTC）

菜单点取【锁定图层】或命令行输入"SDTC"后，会执行本命令，命令行提示：

选择对象＜退出＞：*点取打算锁定的图层（可以锁定多个图层）所属的对象；*

......*可以同时锁定多个图层；*

选择对象＜退出＞：*回车结束，图面没有任何变化。*

16.3.11　锁定其他

通过选取要保留图层所在的几个对象，锁定除了这些对象所在的图层外的其他图层，与【关闭其他】命令基本相同。

菜单命令：【图库图层】→【锁定其他】（SDQT）

菜单点取【锁定其他】或命令行输入"SDQT"后，会执行本命令，命令行提示：

选择对象＜退出＞：*点取保留的图层（可以保留多个图层）所属的对象；*

选择对象＜退出＞：*回车结束，除了保留的图层外，其余图层被锁定（不能操作）。*

16.3.12　解锁图层

用于解除选择对象所在图层的锁定状态，不论是用天正图层相关命令，还是用 CAD 的图层相关命令锁定的图层均能起作用。

菜单命令：【图库图层】→【解锁图层】（JSTC）

点取菜单命令后，命令提示如下：

请选择要解锁图层上的对象＜ESC 退出＞＜全部＞：

如果点鼠标右键或直接回车，则当前图中所有锁定图层（包括外部参照图层）全部解除锁定状态，并退出命令；

如果左键选择了要解锁图层上的对象，则命令行继续提示第二步，程序支持点选和框选操作；

请选择要解锁图层上的对象＜退出＞：

反复提示，直到右键结束选择退出命令，选中对象所在的图层全部解除锁定状态。

16.3.13　图层恢复

本命令恢复被图层命令操作过的图层，恢复原有图层状态。

菜单命令：【图库图层】→【图层恢复】（TCHF）

菜单点取【图层恢复】或命令行输入"TCHF"后，会执行本命令。

点取菜单命令后，系统直接执行命令，命令行不出现提示。

16.3.14　合并图层

选取当前图上若干个对象，提取对象所在图层，用户选择把其中一个或多个图层上的对象转换到一个指定的图层。

菜单命令：【图库图层】→【合并图层】（HBTC）

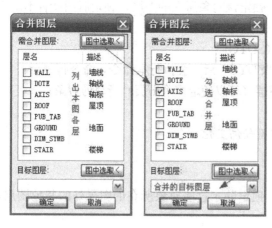

菜单点取【合并图层】或命令行输入"HBTC"后，显示列出本图各层的合并图层对话框如图 16-3-6 左图所示。

单击对话框"需合并图层"中的"图中选取"按钮，进入绘图区选取要合并图层中的对象。

命令行提示：

请选择目标图层的对象＜返回＞：

如果点鼠标右键或直接回车，则当前图中所有锁定图层（包括外部参照图层）全部解除锁定状态，并退出命令；

如果左键选择了要解锁图层上的对象，则命令行继续提示第二步，程序支

图 16-3-6　打开图层举例

持点选和框选操作；

请选择要解锁图层上的对象<退出>：

回车返回对话框，在对话框中将这些对象所属的多个图层勾选，如图 16-3-6 右图所示。

单击对话框"目标图层"中的"图中选取"按钮，进入绘图区选取目标图层中的对象，也可以直接在"目标图层"下拉列表中选取目标图层。单击"确定"按钮完成图层的合并。如果没有选取"需合并图层"或者"目标图层"，命令均会反复显示警告对话框提示；如果键入的目标图层在图形中不存在，命令会提示用户是否创建该图层。

16.3.15　图元改层

选取图形中的对象，把所选择的对象转换到指定的图层上，会自动创建新目标图层。

菜单命令：【图库图层】→【图元改层】（TYGC）

菜单点取【图元改层】或命令行输入"TYGC"后，会执行本命令。

点取菜单命令后，命令行提示：

请选择要改层的对象<退出>：支持框选和点选操作，右键直接退出命令；

请选择要改层的对象<退出>：继续选择对象，右键结束选择；

请选择目标图层的对象或［输入图层名（N）］<退出>：点选目标图层上任一对象，右键直接退出命令，键入 N 显示对话框如图 16-3-7 所示：

可直接在其中选取对象要改的目标图层，单击"确定"按钮后，命令行会提示执行结果如下：

XX 个对象被转换到"YYYY"图层。

如果键入的目标图层在图形中不存在，命令会提示用户是否创建该图层。

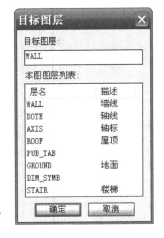

图 16-3-7　打开图层举例

第 17 章
文 件 布 图

内容提要

• 文件接口

提供有关文件的相关操作。

• 备档拆图

很多时候一个工程的许多张图纸都放在同一个 DWG 文件中，当需要备档的时候就需要把这些图一张一张拆出来，每张都要保存一个单独的 DWG 文件，此功能即是自动完成拆图并且每张图纸保存成单独文件。

• 图纸比对

当建筑底图发生变化时，使用该命令生成对比图可明确显示所有变化细节，无需烦琐的人工查找核对。

• 图纸保护

通过对用户指定的天正对象和 AutoCAD 基本对象的合并处理，创建不能修改的只读对象，使得用户发布的图形文件保留原有的显示特性，既可以被观察也可以打印，但不能修改，也不能导出，达到保护设计成果的目的。

• 图纸解锁

解开经过图纸保护的图纸，只读对象改变为可分解状态。

• 批量打印

当一个图纸文件中存放了多张图纸时，可一次性自动完成多张图纸的打印输出。

• 布图命令

总体概述天正利用 ACAD 图纸空间的多视口布图，开发了方便的多视口布图技术，同时比较各种布图方式的特点。

• 布图概述

简要介绍出图比例及相关比例的功能作用、适用情况等，软件提供了单比例布图与多比例布图命令，可以按需要实现多个不同比例详图在同一图纸上输出，同时使图纸各部分的文字、尺寸标注自动进行调整，符合国家制图标准的要求。

17.1　文件接口

17.1.1　打开文件

打开一张已有的 DWG 图形。

菜单命令：【文件布图】→【打开文件】（DKWJ）

菜单点取【打开文件】或命令行输入"DKWJ"后，会执行本命令，系统会弹出如图 17-1-1 所示的对话框，根据需要输入文件名打开一张 DWG 图：

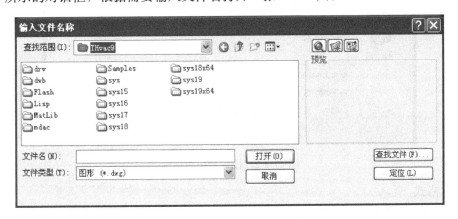

图 17-1-1　输入文件名称对话框

能够自动纠正 AutoCAD R14 打开以前版本的图形时汉字出现乱码的现象，AutoCAD 打开 open 命令未修正代码页问题。

17.1.2　图形导出

将图档导出为天正各版本的 DWG 图或者各专业条件图，如果使用天正给排水、电气的同版本号时，不必进行版本转换，否则应选择导出低版本号，达到与低版本兼容的目的，本命令支持图纸空间布局的导出。

菜单命令：【文件布图】→【图形导出】（TXDC）

图纸交流问题，所表现形式就是天正图档在非天正环境下无法全部显示，即天正对象消失，为解决上述问题引出本命令。菜单点取【图形导出】或命令行输入"TXDC"、"LCJB"后，会执行本命令，系统会弹出如图 17-1-2 所示的对话框。

▶ 对话框功能介绍：

［文件名］默认为"x_t3.dwg、x_t5.dwg、x_t6.dwg、x_t7.dwg 或 x_t8.dwg"，x 为图形的名称，以区别于原图，由于对象分解后，丧失了智能化的特征，因此分解生成新的文件，而不改变原有文件。

［保存类型］提供天正 3、天正 5、6、7、8 版本的图形格式转换，在文件名加_tX 的后缀（X＝3、5、6、7、8），为方便老用户使用，天正做到向下兼容，以保证新版建筑图可在老版本天正软件中编辑出图，为考虑兼容起见，本命令直接将图形转存为 ACAD

图 17-1-2　图形导出对话框

R14 版本格式。

▶ 具有同样类似功能的命令还有：【批转旧版】、【分解对象】，前者可对于若干天正8.0 格式文件同时转换，后者可对本图中部分图元进行转换。

▶ 实例如图 17-1-3 所示：

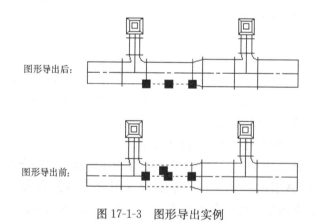

图 17-1-3　图形导出实例

注意：1. 天正菜单中的【图形导出】命令区别于 CAD【文件】→【另存为】命令，有着本质的不同，前者分解转存天正实体，后者只转存一般 CAD 对象。所以天正绘制出来的自定义实体在 CAD 中是看不到的，需要用【图形导出】命令，保存成天正 3 的格式，就可以用 14 或其他版本打开了。

2. 由于天正 8 使用的 AutoCAD2002-2009 即 R15-R17 格式与天正 3 所用的 Auto-CAD R14 格式不同，在导出时进行了降级存储（当前平台为 R16 则存储为 R15，当前平台为 R15 则存储为 R14)，但由于 AutoCAD2004-2006 无法一次另存为 R14，需要导出 R14 时还要在 AutoCAD2002 下再行转换一次，在另存之前还应先执行天正的【图形导出】命令，天正 8 在 AutoCAD2007～2011 平台运行时，该平台支持存储为 R14 功能，可以直接另存为 R14。

3. 当前图形设置为图纸保护后图形时，【图纸导出】命令无效，结果显示 eNotImplementYet。

17.1.3　三维漫游

提供了天正构建对象的 XML 格式文档导出，导出的 XML 标准格式用于配合 AUTOCAD 外部的天正对象解释程序，将天正对象导入到其他 CAD 平台实现模型显示和碰撞检查。

菜单命令：【文件布图】→【三维漫游】（TGetXML）

菜单点取【三维漫游】或命令行输入 "TGetXML" 后，会执行本命令，命令行提示：

选择导出实体＜退出＞：指定对角点：找到 8 个

选择结束后回车，在如图 17-1-4 所示文件对话框中选择保存文件的路径，完成导出。

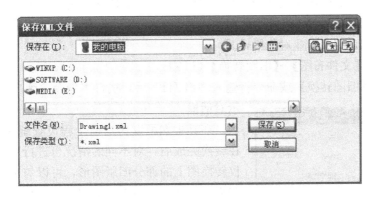

图 17-1-4　三维漫游实例

17.1.4　批量转旧

将当前版本的图档批量转化为天正旧版 DWG 格式，同样支持图纸空间布局的转换，在转换 R14 版本时只转换第一个图纸空间布局。

菜单命令：【文件布图】→【批量转旧】（PLZJ）

菜单点取【批量转旧】或命令行输入 "PLZJ" 后，执行本命令，弹出如图 17-1-5 所示对话框：

在对话框中允许多选文件，单击［打开］继续执行，命令行提示：

请选择输出类型：[TArch8 文件(8)/TArch7 文件(7)/TArch6 文件(6)/TArch5 文件(5)/TArch3 文件(3)]＜3＞：

选择目标文件的版本格式与目标路径，默认为天正 3 格式；此时系统会给当前文件名加适当的后缀如_t3，回车后开始进行转换。

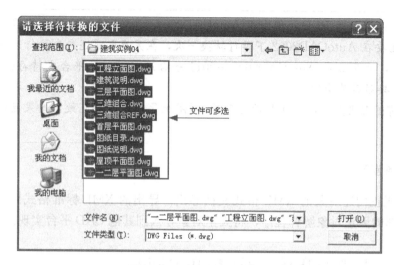

图 17-1-5　批量转旧对话框

17.1.5　旧图转换

由于天正升版后图形格式变化较大，为了用户升级时可以重复利用旧图资源继续设计，本命令用于对 TArch3 格式的平面图进行转换，将原来用 ACAD 图形对象表示的内容升级为新版的自定义专业对象格式。

菜单命令：【文件布图】→【旧图转换】（JTZH）

菜单点取【旧图转换】或命令行输入"JTZH"后，执行本命令，弹出如图 17-1-6 所示对话框：

图 17-1-6　旧图转换对话框

在其中您可以为当前工程设置统一的三维参数，在转换完成后，对不同的情况再进行对象编辑，如果仅转换图上的部分旧版图形，可以勾选其中的［局部转换］复选框，单击［确定］后只对指定的范围进行转换，适用于转换插入的旧版本图形。例如：

勾选［局部转换］，单击［确定］后，提示为：

选择需要转换的图元＜退出＞：

选择局部需要转化的图形，提示为：

选择需要转换的图元＜退出＞：回车结束选择

完成后您还应该对连续的尺寸标注运用【连接尺寸】命令加以连接，否则尽管是天正标注对象，但是依然是分段的。

17.1.6　旧图转新

用于将 T-Hvac7 的风管对象转化为 T-Hvac8 的风管对象。

菜单命令：【文件布图】→【旧图转新】（7T8）

菜单点取【旧图转新】或命令行输入"7T8"后执行本命令，弹出如图 17-1-7 所示对话框。

点击"是"按钮则开始转化，转化成功后命令行提示"转换完成！"

V7 也就是说天正软件-暖通系统 7.6 的风管需要转化成 V8 才能在天正软件-暖通系统 8.0 中进行风管水力计算以及其他的编辑操作。

17.1.7　分解对象

图 17-1-7　旧图转新对话框

提供了一种将专业对象分解为 AutoCAD 普通图形对象的方法。

菜单命令：【文件布图】→【分解对象】（FJDX）

菜单点取【分解对象】或命令行输入"FJDX"后，会执行本命令，命令行提示：

选择对象：选取要分解的一批对象后随即进行分解。

▶ 分解自定义专业对象可以达到以下目的：

1. 使得施工图可以脱离 TArch 环境，在 AutoCAD 下进行浏览和出图。

2. 准备渲染用的三维模型。因为很多渲染软件（包括 AutoCAD 本身的渲染器在内）并不支持自定义对象，尤其是其中图块内的材质。特别是要转 3D MAX 渲染时，必须分解为 AutoCAD 的标准图形对象。

3. 由于自定义对象分解后丧失智能化的专业特征，因此建议保留分解前的模型，把分解后的图【另存为】新的文件，便于今后可能的修改。

4. 分解的结果与当前视图有关，如果要获得三维图形（墙体分解成三维网面或实体），必须先把视口设为轴测视图，在平面视图只能得到二维对象。

5. 不能使用 AutoCAD 的【Explode】（分解）命令分解对象，该命令只能进行分解一层的操作，而天正对象是多层结构，只有使用【分解对象】命令才能彻底分解。

17.2　剖切

17.2.1　三维剖切

对全专业图纸进行剖切。

菜单命令：【文件布图】→【三维剖切】（SWPQ）。

菜单点取【三维剖切】或命令行输入"SWPQ"后会执行本命令，命令启动后光标变为方形拾取框，命令行提示：

请输入投影面的第一个点：

请输入投影面的第二个点：

请输入剖面的序号<1>：

请确定投影范围：

17.2.2　更新剖切

更新对全专业图纸的剖切。

菜单命令:【文件布图】→【更新剖切】(GXPQ)。

菜单点取【更新剖切】或命令行输入"GXPQ"后会执行本命令,系统自动更新。

17.3　备档拆图

很多时候一个工程的许多张图纸都放在同一个 DWG 文件中,当需要备档的时候就需要把这些图一张一张的拆出来,每张都要保存一个单独的 DWG 文件,备档拆图功能就是自动完成拆图并且每张图保存成单独文件。

菜单命令:【文件布图】→【备档拆图】(BDCT)

菜单点取【备档拆图】或命令行输入"BDCT"后会执行本命令,命令启动后光标变为方形拾取框,命令行提示:

"请选择范围:<整图>";

备档拆图实例如图 17-3-1 所示:

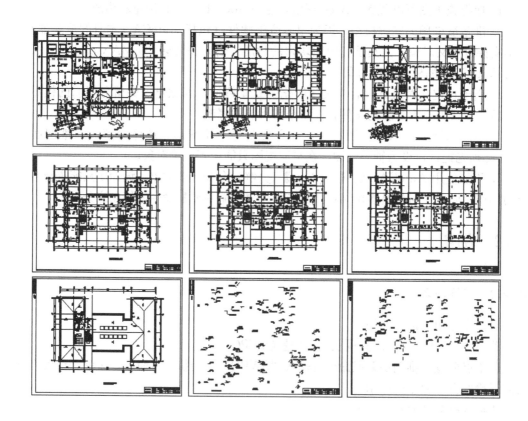

图 17-3-1　备档拆图实例

框选如上图所示的 9 张图纸的区域,右键确定会弹出如图 17-3-2 对话框:

上方可以调整拆分好的文件存放的路径;中间表格可以编辑拆分后图纸的文件名、图名、图号同时还可以查看该文件对应的原文件中图纸的位置;下方可以勾选拆分后是否自动打开文件,编辑完成点击确定即可。

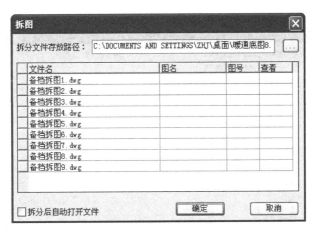

图 17-3-2　备档拆图对话框

17.4　图纸比对

当建筑底图前后发生变化的时候，使用该命令生成对比图可明确显示所有变化细节，无需烦琐的人工查找核对。

菜单命令：【文件布图】→【图纸比对】（TZBD）

菜单点取【图纸比对】或命令行输入"TZBD"后执行命令，弹出如图 17-4-1 所示对话框。

图 17-4-1　图纸比对先选择原图

当我们第一次看到"选择要对比的 DWG 文件"对话框时，按照路径选择修改之前的那个建筑底图，选中点"打开"；

我们会第二次看到"选择要对比的 DWG 文件"对话框，此时选择修改之后的建筑底图然后点"打开"。此时我们会看到命令行提示："总共需要比对＊＊＊＊个图元"；之后会在你的当前图面上生成对比图，可以选择插入点位置将对比图插入到图面。

图 17-4-2　选择修改过的图

▶ 图纸比对工程实例，如图 17-4-3 所示，其中红色部分为原图有新图没有的，黄色部分为原图没有新图有的。

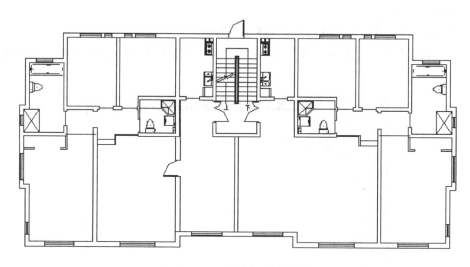

图 17-4-3　图纸比对结果图

17.5　图纸保护

通过对用户指定的天正对象和 AutoCAD 基本对象的合并处理，创建不能修改的只读对象，使得用户发布的图形文件保留原有的显示特性，既可以被观察也可以打印，但不能修改，也不能导出，通过【图纸保护】命令对编辑与导出功能的控制，达到保护设计成果的目的。

菜单命令：【文件布图】→【图纸保护】（TZBH）

菜单点取【图纸保护】或命令行输入"TZBH"后，会执行本命令，命令行提示：

慎重,加密之前请备份,该命令会分解天正对象,且无法还原,是否继续<N>:做好备份后,命令行输入Y,

命令行提示:

请选择范围<退出>:选择范围后,右键确认,

命令行提示:

请输入密码<空>:输入密码后,右键确认,完成命令。

17.6　图纸解锁

解开经过图纸保护的图纸,只读对象改变为可分解状态。

菜单命令:【文件布图】→【图纸解锁】(TZJS)

菜单点取【图纸解锁】或命令行输入"TZJS"后,会执行本命令,命令行提示:

请选择对象<退出>:选择被保护的图纸对象后,

命令行提示:

请输入密码:输入密码后,只要密码正确,只读对象改变为可分解状态。

17.7　批量打印

当一个图纸文件中存放了多张图纸时,可一次性自动完成多张图纸的打印输出。

菜单命令:【文件布图】→【批量打印】

菜单点取【批量打印】后会执行本命令,系统会弹出如图 17-7-1 所示的对话框。

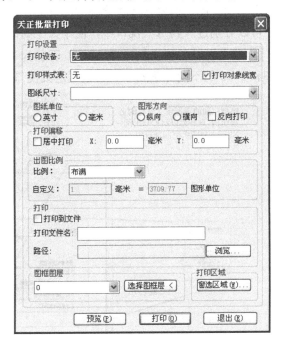

如图 17-7-1 所示,其中:打印设置、图纸单位、图形方向、打印偏移、出图比例、打印、打印区域,这些信息都和 CAD 打印界面下的相同。

下面着重说一下"图框图层"。当一次性打印输出多张图纸的时候需要识别图框,也就是每张图纸的打印范围。批量打印功能可以识别的图框不是仅限于天正图框,其他图框也都可以,只要保证你窗选的打印区域内所有的图框都在同一个独立的层上就可以了,点"选择图框层"按钮软件会自动识别该层上的图框信息。

图 17-7-1　批量打印对话框

设置完毕点"预览"可依次预览图纸信息,点击"打印"依次输出各张图纸。

17.8 布图命令

17.8.1 定义视口

将模型空间的指定区域的图形以给定的比例布置到图纸空间，创建多比例布图的视口。

菜单命令：【文件布图】→【定义视口】（DYSK）

菜单点取【定义视口】或命令行输入"DYSK"后，会执行本命令，如果当前空间为图纸空间，会切换到模型空间，同时命令行提示：

给出图形视口的第一点＜退出＞：点取视口的第一点

▶ 如果采取先绘图后布图，在模型空间中围绕布局图形外包矩形外取一点，命令行显示：

第二点＜退出＞：点取外包矩形对角点作为第二点把图形套入，

命令行提示：

该视口的比例 1：＜100＞：键入视口的比例，系统切换到图纸空间，

命令行提示：

请点取该视口要放的位置＜退出＞：点取视口的位置，将其布置到图纸空间中。

▶ 如果采取先布图后绘图，在模型空间中框定一空白区域选定视口后，将其布置到图纸空间中。此比例要与即将绘制的图形的比例一致。可一次建立比例不同的多个视口，用户可以分别进入到每个视口中，使用天正的命令进行绘图和编辑工作。

▶ 定义视口工程实例，图 17-8-1 所示为一个装修详图的实例，在模型空间绘制了 1：3 和 1：5 的不同比例图形，通过【定义视口】命令插入到图纸空间中的效果。

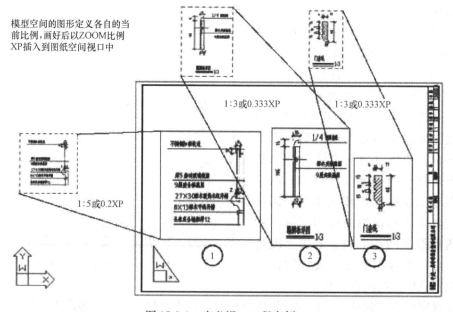

图 17-8-1　定义视口工程实例

17.8.2　当前比例

设定将要绘制图形的使用比例。

菜单命令：【文件布图】→【当前比例】（DQBL）

菜单点取【当前比例】或命令行输入"DQBL"后，会执行本命令，命令行提示：

当前比例＜当前比例值＞：输入数字修改当前比例；

此命令用来检查或者设定将要绘制图形的使用比例。"当前比例"的默认值为1：100，这只是平面图应用较多的比例。

在设定了当前比例之后，标注、文字的字高和多段线的宽度等都按新设置的比例绘制。需要说明的是，"当前比例"值改变后，图形的度量尺寸并没有改变。例如一张当前比例为1：100 的图，将其当前比例改为1：50 后，图形的长宽范围都保持不变，再进行尺寸标注时，标注、文字和多段线的字高、符号尺寸与标注线之间的相对间距缩小了一倍，如图 17-8-2 所示：

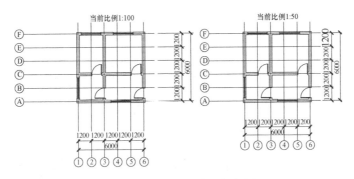

图 17-8-2　不同当前比例举例

▶ 提示：1. 用户可以通过软件界面左下角的比例状态栏，查看当前比例；2. 对于 CAD2004 以上的平台，除可查看当前比例外，还可直接点击状态栏进行修改，如图 17-8-3 所示。

17.8.3　改变比例

改变模型空间中指定范围内图形的出图比例包括视口本身的比例，如果修改成功，会自动作为新的当前比例；【改变比例】可以在模型空间使用，也可以在图纸空间使用，执行后建筑对象大小不会变化，但包括工程符号的大小、尺寸和文字字高等注释相关对象的大小会发生变化。

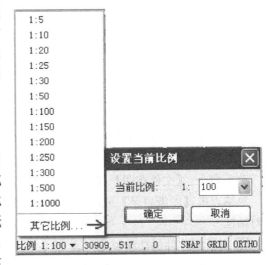

图 17-8-3　通过比例状态栏查看、修改比例

如果在模型空间使用本命令，可更改某一部分图形的出图比例；如果图形已经布置到图纸空间，但需要改变布图比例，可在图纸空间执行【改变比例】，命令交互见如下所述，

由于视口比例发生了变化，最后的布局视口大小是不同的。

菜单命令：【文件布图】→【改变比例】（GBBL）

菜单点取【改变比例】或命令行输入"GBBL"后，会执行本命令。

点取菜单命令后，命令行提示：

选择要改变比例的视口：点取图上要修改比例的视口，

命令行提示：

请输入新的出图比例<50>：从视口取得比例作默认值，键入 100 回车

此时视口尺寸缩小约一倍，接着命令行提示：

请选择要改变比例的图元：

从视口中以两对角点选择范围，回车结束后各注释相关对改变大小。

此时连轴网与工程符号的位置会有变化，请拖动视口大小或者进入模型空间拖动轴号等对象修改布图，经过比例修改后的图形在布局中大小有明显改变，但是维持了注释相关对象的大小相等，从图 17-8-4 可见轴号、详图号、尺寸文字字高等都是一致的，符合国家制图标准要求。

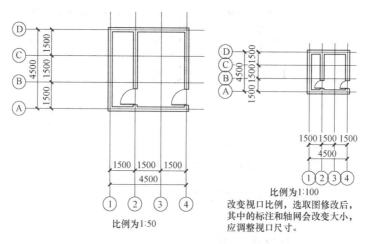

图 17-8-4   改变比例效果

17.8.4   图纸目录

图纸目录自动生成功能按照国标图集 04J801《民用建筑工程建筑施工图设计深度图样》4.3.2 条文的要求，参考页次 5 的图纸目录实例和一些甲级设计院的图框编制。

菜单命令：【文件布图】→【图纸目录】（TZML）

菜单点取【图纸目录】或命令行输入"TZML"后，执行本命令，弹出如图 17-8-5 所示对话框 。

▶ 对话框控件的功能说明（表 17-8-1）：

命令开始在当前工程的图纸集中搜索图框（图形文件首先应被添加进图纸集），找到一个图框算图纸数量一张，进入对话框后在其中的电子表格中列出来，用户首先要单击"选择文件"，把其他参加生成图纸目录的文件选择进来，如图 17-8-6 所示为已经选择四个 dwg 文件的情况，按插入图框的数量统计，在一个 dwg 文件里面可以含有多张图纸：

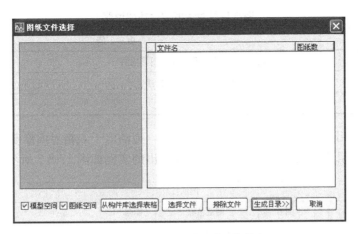

图 17-8-5　图纸文件选择对话框

图纸文件选择对话框控件功能说明　　　　　　表 17-8-1

控　件	功　　能
模型空间	默认勾选表示在已经选择的图形文件中包括模型空间里插入的图框,除选择表示只保留图纸空间图框。
图纸空间	默认勾选表示在已经选择的图形文件中包括图纸空间里插入的图框,除选择表示只保留模型空间图框。
选择文件	进入标准文件对话框,选择要添加入图纸目录列表的图形文件,按<Shift>键可以一次选多个文件。
排除文件	选择要从图纸目录列表中打算排除的文件,按<Shift>键可以一次选多个文件,单击按钮把这些文件从列表中去除。
生成目录	执行生成目录命令,进入图纸目录对话框。

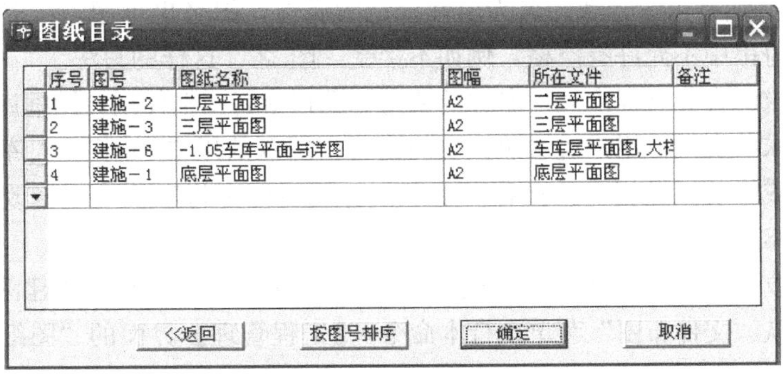

图 17-8-6　图纸目录对话框

其中显示图纸所在文件位置供用户参考,该栏目不打印输出,图幅由程序搜索获得,用户根据情况修改。图纸名称列的文字如果有分号";"表示该图纸有图名和扩展图名,在输出表格时起到换行的作用。

▶ 对话框控件的功能说明(表 17-8-2):

图纸目录对话框控件功能说明		表 17-8-2

控 件	功 能
返回	返回到图纸选择对话框重新选择图形文件。
按图号排序	在图号修改后,单击此按钮重新排序。
确定	单击后输出图纸目录表格。

在对话框中用户可以进行栏目内容添加修改,拖动电子表格界面修改各栏宽度,选择行右击出现行编辑快捷菜单,单击"确定"后输出的实例如图 17-8-7 所示:

图纸目录				
序号	图号	图纸名称	图幅	备注
1	建初-1	首层平面图	A3	
2	建初-2	二层平面图	A3	
3	建初-3	立面和剖面图	A3	
4	建初-4	屋顶平面图	A3	

图 17-8-7 生成的图纸目录

实际工程中,一个项目的一个专业图纸有几十张以上,生成的图纸目录会很长,为了便于布图,用户可以使用【表格拆分】命令把图纸目录拆分成多个表格。

> **注意**:在工程范例目录 Sample 中有两个实例使用了图纸目录功能:1. 家装工程;2. 商住楼施工;有兴趣的用户请打开这两个实例的 dwg 文件,学习本命令以及相关的插入图框命令的使用。

▶ 本命令的执行对图框有下列要求:

1. 图框的图层名与当前图层标准中的名称一致(默认是 PUB_TITLE);

2. 图框必须包括属性块(图框图块或标题栏图块);

3. 属性块必须有以图号和图名为属性标记的属性,图名也可用图纸名称代替,其中图号和图名字符串中不允许有空格,例如不接受"图 名"这样的写法。

本命令要求配合具有标准属性名称的特定标题栏或者图框使用,图框库中的图框横栏提供了符合要求的实例,用户应参照该实例进行"图框的用户定制",入库后形成该单位的标准图框库或标准标题栏,并在各图上双击标题栏即可将默认内容修改为实际工程内容,如图 17-8-8 所示:

标题栏修改完成后,即可打开将要插入图纸目录表的图形文件,创建图纸目录的准备工作完成,可从"文件布图"菜单执行本命令,【工程管理】界面的"图纸"栏有图标也可启动本命令。

17.8.5 插入图框

在当前模型空间或图纸空间插入图框,新增通长标题栏功能以及图框直接插入功能,预览图象框提供鼠标滚轮缩放与平移功能,插入图框前按当前参数拖动图框,用于测试图幅是否合适。图框和标题栏均统一由图框库管理,能使用的标题栏和图框样式不受限制,

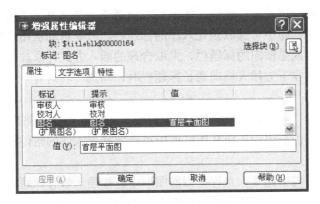

图 17-8-8 增强属性编辑器

新的带属性标题栏支持图纸目录生成。

菜单命令：【文件布图】→【插入图框】（CRTK）

菜单点取【插入图框】或命令行输入 "CRTK"，执行本命令，弹出如图 17-8-9 所示对话框：

▶ 对话框控件的功能说明：

• 标准图幅：共有 A4-A0 五种标准图幅，单击某一图幅的按钮，就选定了相应的图幅。

• 图长/图宽：通过键入数字，直接设定图纸的长宽尺寸或显示标准图幅的图长与图宽。

• 横式/立式：选定图纸格式为立式或横式。

• 加长：选定加长型的标准图幅，单击右边的箭头，出现国标加长图幅供选择。

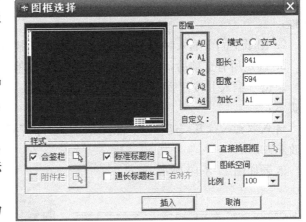

图 17-8-9 插入图框对话框

• 自定义：如果使用过在图长和图宽栏中输入的非标准图框尺寸，命令会把此尺寸作为自定义尺寸保存在此下拉列表中，单击右边的箭头可以从中选择已保存的 20 个自定义尺寸。

• 比例：设定图框的出图比例，此数字应与 "打印" 对话框的 "出图比例" 一致。此比例也可从列表中选取，如果列表没有，也可直接输入。勾选 "图纸空间" 后，此控件暗显，比例自动设为 1∶1。

• 图纸空间：勾选此项后，当前视图切换为图纸空间（布局）"比例 1∶" 自动设置为 1∶1。

• 会签栏：勾选此项，允许在图框左上角加入会签栏，单击右边的按钮从图框库中可选取预备入库的会签栏。

• 标准标题栏：勾选此项，允许在图框右下角加入国标样式的标题栏，单击右边的按钮从图框库中可选取预先入库的标题栏。

• 通长标题栏：勾选此项，允许在图框右方或者下方加入用户自定义样式的标题栏，单击右边的按钮从图框库中可选取预先入库的标题栏，命令自动从用户所选中的标题栏尺寸判断插入的是竖向或是横向的标题栏，采取合理的插入方式并添加通栏线。

• 右对齐：图框在下方插入横向通长标题栏时，勾选"右对齐"时可使得标题栏右对齐，左边插入附件。

• 附件栏：勾选"通长标题栏"后，"附件栏"可选，勾选"附件栏"后，允许图框一端加入附件栏，单击右边的按钮从图框库中可选取预先入库的附件栏，可以是设计单位徽标或者是会签栏。

• 直接插图框：勾选此项，允许在当前图形中直接插入带有标题栏与会签栏的完整图框，而不必选择图幅尺寸和图纸格式，单击右边的按钮从图框库中可选取预先入库的完整图框。

▶️ 举例说明：直接插入事先入库的完整图框，使用方法如下：

1. 勾选［直接插图框］，然后单击按钮，进入图框库选择完整图框，其中每个标准图幅和加长图幅都要独立入库，每个图框都是带有标题栏和会签栏、院标等附件的完整图框；

2. 图纸空间下插入时勾选该项，模型空间下插入则选择比例；

3. 确定所有选项后，单击［插入］按钮，其他与前面叙述相同。

单击［插入］按钮后，如果当前为模型空间，基点为图框中点，拖动显示图框，命令行提示：

请点取插入位置＜返回＞：点取图框位置即可插入图框，右键或回车返回对话框重新更改参数；

效果如图 17-8-10 所示。

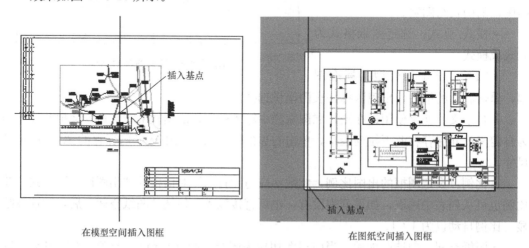

在模型空间插入图框   在图纸空间插入图框

图 17-8-10   插入图框举例说明

17.9   设计说明

提供设计说明模板。

菜单位置：【文件布图】→【设计说明】（SJSM）

菜单点取【设计说明】或命令行输入"SJSM"后，会执行本命令，弹出如图 17-9-1 所示的对话框。

图 17-9-1　设计说明对话框

选择一个说明模板后，点击插入按钮，就可以直接布置到图上，双击可弹出多行文字的编辑界面，可直接进行修改编辑，如图 17-9-2。

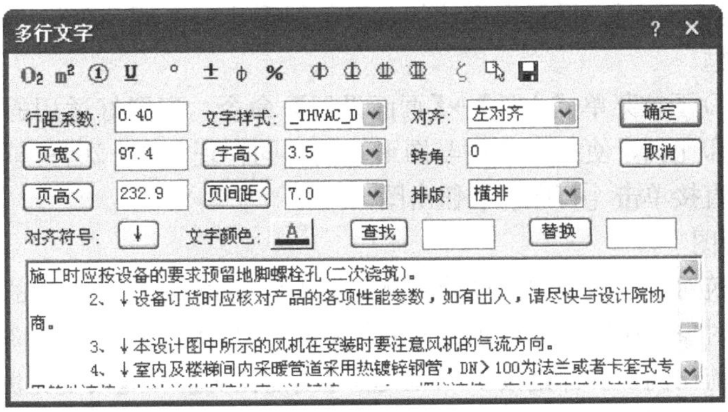

图 17-9-2　双击编辑设计说明的对话框

17.10　布图概述

布图，是指在出图之前，对图面进行调整、布置，以使打印出来的施工图图面美观、协调并满足建筑制图规范。

使用计算机绘图首先碰到的问题是如何使不同比例、不同视口的图形在输出的图纸中保证相同的字高，天正为此提供了一系列布图命令解决这一问题，用户在设计中不需要对绘制的图形及比例过多关注，只要在出图之前设置出图比例即可绘制出完美的施工图。

天正软件的出图有单比例布图和多视口布图两种方式，见表 17-10-1：

布图方式比较   表 17-10-1

布　　图	单比例布图	多视口布图
适用情况	单一比例的图形	一张图中有多个比例图形，并同时绘制
当前比例	1∶200(以此为例)	各图形当前比例不同
视口比例	——	与各图形比例一致
图框比例	1∶200	1∶1
打印比例	1∶200	1∶1
空间状态	模型空间	模型空间与图纸空间
布图方式	不需布图	先绘图，后布图
优点	操作简单、灵活、方便	不需切换比例就可同时绘制多个比例的图
缺点	图形不得任意角度摆放	多图拼接比较困难

▶ 单比例布图

全图只使用一个比例，该比例可预先设置，也可以出图前修改比例，要选择图形的比例相关内容（文字、标注、符号等）作更新，适用于大多数建筑施工图的设计，这时直接在模型空间出图即可。

以下是预先设置比例的简单布图方法：

1）使用【当前比例】命令设定图形的比例，以 1∶200 为例。

2）按设计要求绘图，对图形进行编辑修改，直到符合出图要求。

3）进入【插入图框】，设置图框比例参数与图形比例相同，现为 1∶200，单击［确定］按钮插入图框。

4）进入 CAD 下拉菜单【文件】→【页面设置】命令，配置好适用的绘图机，在布局设置栏中设定打印比例，使打印比例与图形比例相同，现为 1∶200；单击［确定］按钮保存参数，或者直接单击［打印］按钮出图。

▶ 多视口布图

在软件中建筑对象在模型空间设计时都是按 1∶1 的实际尺寸创建的，布图后在图纸空间中这些构件对象相应缩小了出图比例的倍数（1∶3 就是 ZOOM 0.333XP），换言之，建筑构件无论当前比例多少都是按 1∶1 创建，【当前比例】和【改变比例】并不改变构件对象的大小，而对于图中的文字、工程符号和尺寸标注，以及断面充填和带有宽度的线段等注释对象，则情况有所不同，它们在创建时的尺寸大小相当于输出图纸中的大小乘以"当前比例"，可见它们与比例参数密切相关，因此在执行【当前比例】和【改变比例】命令时实际上改变的就是这些注释对象。

所谓布图就是把多个选定的模型空间的图形分别按各自画图使用的"当前比例"为倍数，缩小放置到图纸空间中的视口，调整成合理的版面，其中比例计算还比较麻烦，不过用户不必操心，天正已经设计了【定义视口】命令为您代劳，而且插入后您还可以执行【改变比例】修改视口图形，系统能把注释对象自动调整到符合规范。

简而言之，布图后系统自动把图形中的构件和注释等所有选定的对象，"缩小"一个出图比例的倍数，放置到给定的一张图纸上。如图 17-10-1 所示，对图上的每个视口内的不同比例图形重复【定义视口】操作，最后拖动视口调整好出图的最终版面，就是"多比例布图"。

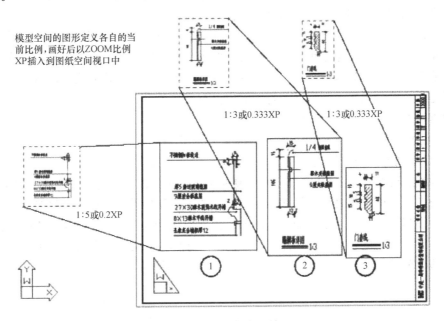

图 17-10-1　多比例布图效果

以下是多比例布图方法：

1）使用【当前比例】命令设定图形的比例，例如：先画 1∶5 的图形部分；

2）按设计要求绘图，对图形进行编辑修改，直到符合出图要求；

3）在 DWG 不同区域重复执行 1）、2）的步骤，改为按 1∶3 的比例绘制其他部分；

4）单击图形下面的［布局］标签，进入图纸空间；

5）以 AutoCAD【文件】→【页面设置】命令配置好适用的绘图机，在［布局］设置栏中设定打印比例为 1∶1，单击"确定"按钮保存参数，删除自动创建的视口；

6）单击天正菜单【定义视口】，设置图纸空间中的视口，重复执行 6），定义 1∶5、1∶3 等多个视口；

7）在图纸空间单击【插入图框】，设置图框比例参数 1∶1，单击［确定］按钮插入图框，最后打印出图。

17.11　理解布图比例

每个设计人员使用计算机绘图时，都会遇到"比例"问题，在同一张图纸上绘制不同比例的图形比较困难。使用天正的布图功能，很容易解决这一问题。但其中概念较多，容易引起混淆，因此，我们首先介绍其中涉及的各种比例问题。

·当前比例

"当前比例"是将要绘制的图形使用的比例，在单比例布图时相当于"出图比例"，对多比例布图时与"出图比例"有区别。

进入程序开始绘图，首先遇到的问题就是如何设置"当前比例"。天正【设置观察】子菜单下的【当前比例】命令的功能就是设定文字、尺寸、轴线标注及墙线加粗的线宽以及线型比例等全局性比例，使其在出图时保持建筑制图规范要求的适当大小规格，特别是为了保证不同比例的图形有相同的字高与线宽。

天正的"当前比例"默认值为 1∶100，这只是建筑平面图应用较多的比例，要按实际工程每张图纸的要求考虑重新设置。设置好当前比例后，新生成的图形对象就使用这个比例，所有的天正对象都有个出图比例的参数，这个参数的初始值就取自当前比例。当前比例只是一个全局设置，与最终的打印输出没有直接关系。

通常可按下列三种情况设定当前比例的新值：

1）作图前先设定所绘图形的当前比例，然后开始绘图。

2）以默认的当前比例绘制图形，待成图后再修改为新值。

3）绘制详图时，先将所需部分图形复制下来，插入图中后为其设定新的比例。

在设定了当前比例之后，尺寸标注、文字的字高和多段线的宽度等都按新设置的比例绘制，而图形的度量尺寸是不变的。例如一张当前比例为 1∶100 的图，将其当前比例改为 1∶50 后，图形的长宽范围都保持不变，但尺寸标注、文字和多段线的字高、符号尺寸与标注线之间的相对间距缩小了一倍，如图 17-11-1 所示：

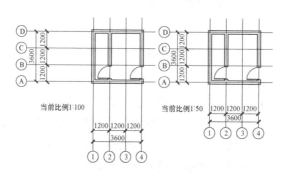

图 17-11-1   当前比例示意

注意：当前比例值总显示在状态条上的左下角，图纸空间时该比例为 1∶1。

·视口比例

在多视口布图中，使用【定义视口】命令，在模型空间中框选一矩形，若框取模型空间中已有图形，矩形的大小以将此图形包括图名全部套入为佳；若只想开一个空白的绘图区域，就在模型空间中框定一空白区域。程序将询问此视口的比例，此时输入的比例要与视口中的图形或即将绘制的图形使用的比例一致。

如果视口比例与其框内的图形出图比例不一致，应先使用【视口放大】命令把该视口的范围切换到模型空间，使用【改变比例】命令对该视口对应的图形范围进行修改，使得出图前两者比例一致。视口比例相当于图纸空间开个窗口，用它来观察模型的比例。

·图框比例

使用【插入图框】命令插入图框时，此时显示图框选择对话框，需要在其中的比例编辑框设定图框比例，此比例与是否使用多视口布图有关，当单比例（模型空间）布图时，图框比例应与图形的"出图比例"相同，也要与该图形的当前比例一致。

当使用多比例布图出图时，图框比例自动设定为 1∶1，禁止自行设置。

• 出图比例

出图比例在 AutoCAD 中文版中又被称为"打印比例"，是需要定义的重要出图参数之一，出图参数在【页面设置】中定义，定义出图参数前，需要事先安装绘图机驱动程序并且配置好型号，如图 17-11-2 所示。

图 17-11-2　配置绘图机型号

如果没有安装绘图机驱动程序，在对话框中会找不到您要求的绘图机，绘图机和使用的图纸尺寸要先设好，然后设定打印比例。当按单一比例布图时，对话框中的打印比例应与图形的当前比例、图框比例一致，如图 17-11-3 所示；当使用多视口布图时，打印比例一律为 1∶1，如图 17-11-4 所示。

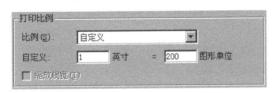

图 17-11-3　单比例布图的出图比例

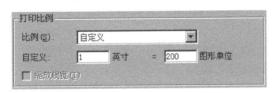

图 17-11-4　多比例布图的出图比例

第 18 章
T20标注

内容提要

• 暖通标注命令

暖通独有命令，包括风管标注、设备标注、风口标注、标散热器、删除标注等五个标注项。

• 水暖公共标注命令

为暖通和给排水公用命令，包括管径标注、管整索引、管分索引、管道坡度等常用命令。

18.1　风管标注

对风管进行多种形式的标注，或对标注对象进行复位、删除。

菜单位置：【T20 符号标注选项板】→【风管标注】（TGFGBZ），如图 18-1-1 所示；

选项板点取【风管标注】或命令行输入"TGFGBZ"后，执行本命令，系统弹出如图 18-1-2 所示对话框。

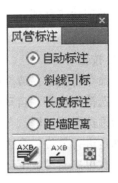

图 18-1-1　风管标注选项板位置　　　　　图 18-1-2　风管标注对话框

▶选择【自动标注】

命令行提示：*请框选要标注的风管<退出>*

默认值<退出>即：键盘 Esc、空格、回车，鼠标右键结束命令，关闭对话框。

框选图面，被识别到的风管虚线显现。

右键确定后，标注各风管。标注内容与标注位置根据【风管设置】——"标注设置"确定。

> **注意：** 风管修改了参数，自动标注内容联动，位置不变。一段风管只有唯一的自动标注。当框选范围内有已标注过的风管，其标注参数会被更新，但标注位置不变。

▶选择【斜线引标】

命令行提示：*请点选要标注的风管<退出>*

光标默认捕捉最近点

单击风管，光标中出现标注预览，命令行提示：*请点取引线位置*

单击指定标注位置，结束本次标注。

命令行反复提示：*请点选要标注的风管<退出>*

标注内容根据【风管设置】——"标注设置"确定

▶选择【长度标注】

命令行提示：*请点选要标注的风管<退出>*

光标默认捕捉最近点

单击风管，直接标注长度。

单击位置在风管下边时，标注显示在下方，单击位置在风管中心线或风管上边时，标注显示在上方。

命令行反复提示：*请点选要标注的风管<退出>*

实体类型为连续标注。

▶选择【距墙距离】

命令行提示：*请点选要标注的风管<退出>*

光标默认捕捉最近点

单击风管，命令行提示：*请点取墙线上要标注的点<取消>*

单击墙体，直接标注第一点与第二点的垂直距离。

命令行反复提示：*请点选要标注的风管<退出>*

实体类型为连续标注。

"复位"按钮，

点击后命令行提示：*请框选要复位标注的风管<返回>*：

只对框选范围内带"自动标注"的风管进行复位。复位点为原来的标注位置。

光标为框选形式，框选范围内，带"自动标注"的风管和标注文字虚显。

右键确定进行复位。命令行再次提示请框选要复位标注的风管<返回>

此时再次单击右键或 Esc、空格、回车，退出命令

"删除"按钮，删除【风管标注】产生的一切标注相关内容。

单击按钮，命令行提示：*请框选要删除标注的风管<退出>*

被选中的风管和风管的相关标注虚线以示区别。右键确定进行删除。

命令行提示：*请框选要删除标注的风管<退出>*

此时再次单击右键或 Esc、空格、回车，退出命令

"标注设置"按钮，点击后弹出【风管设置】－－【标注设置】界面，对自动标注，引出标注的内容，标注位置，标注前缀等进行设置。设置后对后续的标注生效，不对已标注的对象生效。

标注效果见图 18-1-3 所示。

图 18-1-3　风管标注效果图

18.2　设备标注

标注设备参数信息。

菜单位置：【T20 符号标注选项板】→【设备标注】（SBBZ），如图 18-2-1 所示；

菜单点取【设备标注】或命令行输入"SBBZ"后，会执行本命令。

点取命令后，命令行提示：*请点选要标注的设备、风口或风阀：<退出>*

点取设备后，弹出【设备标注】的对话框，如图18-2-2所示。

图 18-2-1　设备标注选项板位置

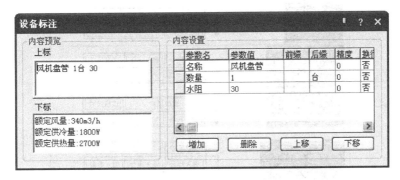

图 18-2-2　设备标注对话框

设备、风口和风阀都可以通过这里来进行标注。

设备标注实例，如图 18-2-3 所示。

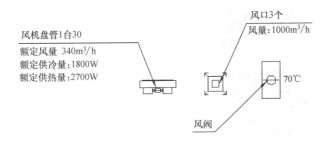

图 18-2-3　设备标注实例

18.3　风口标注

标注风口的相关信息。

菜单位置：【T20 符号标注选项板】→【风口标注】（TGFKBZ）

菜单点取【风口标注】或命令行输入"TGFKBZ"后，执行本命令，命令行弹出如图 18-3-2 所示对话框。

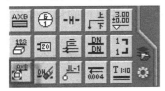

图 18-3-1　风口标注选项板位置

横线上或下不能全都选择"空白"。选择空白的位置会自动与前方或后方的内容合并。下拉菜单中的类别暂不支持输入，只能从列表中选择。设置了上下的内容和位置后，相应命令行提示也将有所变化。"代号""附件""数量"为输入的信息，"尺寸""风量"为读取的信息。

图 18-3-2　风口标注命令行

以"空白"为例，其位置变化，数量逐渐增加的情况下，预览图和命令行的变化如图 18-3-3：

图 18-3-3　风口标注示例

图 18-3-4　天正字符集对话框

点击 $\oplus$ $\underset{\uparrow}{\oplus}$ $\underset{\uparrow}{\oplus}$ $\overline{\oplus}$ 可弹出天正字符集对话框，如图 18-3-4：

点击 🔙 可返回最近一次标注内容。重复点击两次回到空白状态。

风口标注将不带边框。各项目间用一个空格的距离隔开。见图 18-3-5 示例：

点击右侧点击 🔙，执行风口设置命令，弹出图 18-3-6 所示对话框：

在下面板的设置中，可以确定风口标注的上

下内容，内容的组合形式，箭头样式，以及文字样式和高度。设置后只对后标注的生效，已经标注的不生效。

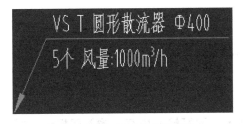

图 18-3-5　风口标注示例

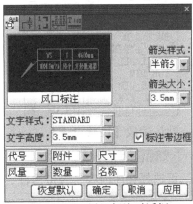

图 18-3-6　风口标注对话框

组合形式的预览，当下方的组合方式有所变化时，上方就会一起变化。

设置风口标注的箭头样式和箭头大小。下拉菜单内容如图 18-3-7：

标注内容可切换，每个下拉菜单的选项有 6 个

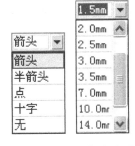

图 18-3-7　风口标注选项

"尺寸"标注时，矩形直接标注为宽×高 mm 的形式，圆形要带前缀，前缀按【风管设置】——标注设置

中。风量默认单位为 m³/h。

可设置风口标注的文字样式和高度。

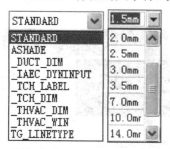

默认读取【风管设置】——标注设置中的对应内容。

☑ **标注带边框**

可选择标注内容是否带边框。

> 　**命令行操作：所有内容均可输入，光标放在上边即可输入内容，输入即标注。"风量""尺寸"默认读取，如果框中没有输入内容，即读取风口信息；若光标放在这两个框中，却没有输入信息，光标移开命令行后，默认显示会读取。"代号""附件""数量"如果没有输入内容，标注时空出位置，内容为空。**

光标点选风口后，命令行提示：*请点取引线点<返回>*

单击一点，标注结果布置在图上。

命令行反复提示：*请选择要标注的风口<退出>*

右键单击，退出命令。

18.4　入户管号

标注管线的入户管号，或任意标注。

菜单位置：【T20 符号标注选项板】→【入户管号】（TGRHGH），如图 18-4-1 所示：

用鼠标或右键执行本命令，系统弹出如图 18-4-2 所示的对话框：

图 18-4-1　入户管号选项板位置

图 18-4-2　入户管号对话框

对话框详解：

［圆圈设置］设置圆圈半径、线宽。

［文字设置］设置文字样式、字高系数、位置。

［］删除入户管号。

命令交互：

选择"自动绘制"，命令行提示，*请选择出户管＜退出＞：*

选择出户管（可选择多个），右键确定，*请选取位置点＜退出＞：*

鼠标点取位置点，标注入户管号。

选择"手动绘制"，命令行提示，*请给出标注位置＜退出＞：*

鼠标点取标注位置，标注入户管号。

点击删除标注按钮，*请选择需要删除的入户管号＜退出＞：*

鼠标选择要删除的入户管号，右键确定，删除入户管号。

18.5　标散热器

标注散热器的负荷、长度或片数。

菜单位置：【T20 符号标注选项板】→【标散热器】
（TGBSRQ）

菜单点取【风口标注】或命令行输入"TGFBSRQ"

图 18-5-1　标散热器选项板位置

后，执行本命令，命令行弹出如图 18-5-2 所示对话框。

图 18-5-2　标散热器命令行

确定散热器标注单位和标注形式后，命令行提示：*请指定布置点＜默认＞：*

光标点取的位置即为标注与散热器的相对位置。

"默认"点为散热器的中心点正上方，右键即为选择默认位置。

确定位置后标注，并完成命令。

整体操作流程与 2014 版本【标散热器】相同，可参照旧版。

18.6　删除标注

图 18-6-1　删除标注选项板位置

删除指定类型的标注对象。

菜单位置：【T20 符号标注选项板】→【删除标注】
（TGSCBZ）

菜单点取【删除标注】或命令行输入"TGSCBZ"后，

执行本命令，系统弹出如图 18-6-2 所示的对话框：

图 18-6-2　删除标注对话框

☑ **管径标注**

1、可删除 T20【管径标注】命令生成的所有标注对象；

2、可删除原 2014【单管管径】、【多管管径】命令生成的所有标注对象。

☐ **管整索引**

1、可删除 T20【管整索引】命令生成的所有标注对象。

2、可删除原 2014【多管标注】命令生成的所有标注对象。

☐ **管分索引**

1、可删除 T20【管分索引】命令生成的所有标注对象。

2、可删除原 2014【立管标注】命令生成的所有标注对象。

☐ **管线文字**

1、可删除 T20【管线文字】命令生成的所有标注对象。

2、可删除原 2014【管线文字】命令生成的所有标注对象。

☐ **管道坡度**

1、可删除 T20【管道坡度】命令生成的坡度相关标注对象。【管道坡度】命令可以生成两个标注对象，一个是带箭头的坡度，一个是管长标注，此处删除的是坡度标注对象。

2、可删除原 2014【管道坡度】命令生成的坡度标注对象。同 T20 命令，只删除带箭头的坡度标注。

☐ **管长标注**

1、可删除 T20【管道坡度】命令生成的管长相关标注对象。【管道坡度】命令可以生成两个标注对象，一个是带箭头的坡度，一个是管长标注，此处删除的是管长标注对象。

2、可删除原 2014【管道坡度】生成的管长标注对象。同 T20 命令，只删除管长标注。

☐ **标高标注**

只删除图层为 THVAC＿ELEV 图层下的标高标注对象。

☐ **标散热器**

T20 和 2014 命令的标散热器实体未作改变，可删除与散热器一体的标注。

☐ **风管标注**

1、可删除 T20【风管标注】命令生成的所有标注对象。

2、可删除原 2014【风管标注】命令生成的所有标注对象。

☐ **设备标注**

删除【设备标注】命令生成的对象，实体为引出标注，图层对应个风系统的 DIM-标注图层。

□ 尺寸标注

删除所有尺寸相关的标注，实体为连续标注。

□ 全部

勾选此项，可选中上述所有项目；去掉勾选则所有项目不勾选。

命令行提示：*请框选删除标注的范围<退出>指定对角点，找到 X 个*

右键确定后直接删除对象。命令行继续提示：*请框选删除标注的范围<退出>*

18.7　管线文字

图 18-7-1　管线文字选项板位置

在管线上标注管线类型文字，如 H，管线被文字遮挡。

菜单位置：【T20 符号标注选项板】→【管线文字】
（TGGXWZ），如图 18-7-1 所示。

菜单点取【管线文字】或命令行输入"TGGXWZ"
后，执行本命令，系统弹出如图 18-7-2 所示的对话框：

对话框详解：

［最近输入］保存最近输入的文字，自动读取的文字不记录。

［内容］默认自动读取，即读取初始设置—天正设置—管线设置内容。

［文字设置］设置标注的文字样式和字高。

［标注方式］默认"拦选标注"，在拦选路径与管线交点标注管线文字，选择"等距标注"，间距默认 5m，可输入修改，根据间距在与拦选路径交叉的管线上均匀标注管线文字。

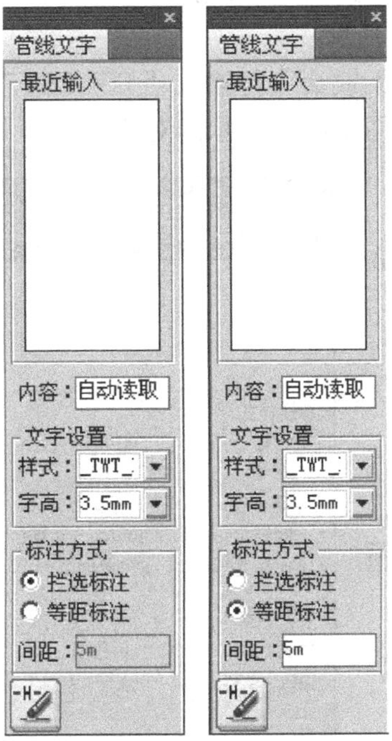

　　［"H"］删除标注。

　　命令交互：

　　请指定第一点<退出>：点击一点

　　指定下一点或［放弃（U）］：指定下一点，也可输入 U 回退。

　　点击下一点，命令行反复提示：*指定下一点或［放弃（U）］*：

　　单击鼠标右键，根据选择的标注方式在管线上标注管线文字。

　　点击删除标注按钮，*请选择要删除的标注：<退出>*

　　选择要删除的标注，单击右键，选择的标注文字删除。

　　管线文字标注效果如图 18-7-3 所示。

图 18-7-2　管线文字对话框

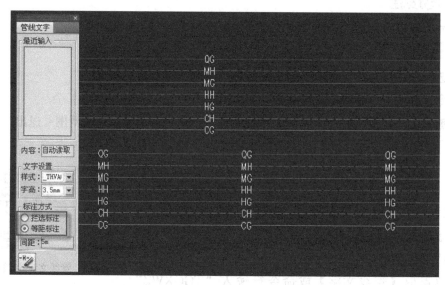

图 18-7-3　管线文字标注效果图

18.8　管整索引

图 18-8-1　管整索引选项板位置

可对多根管线或立管进行整体标注管径信息或编号信息。

菜单位置：【T20 符号标注选项板】→【管整索引】（TGGZSY），如图 18-8-1 所示：

菜单点取【管整索引】或命令行输入"TGGZSY"后，执行本命令，系统弹出如图 18-8-2 所示的对话框：

对话框详解：

［标注样式］选择标注样式。

［文字设置］设置文字样式、距线距离、字高、对齐方式。

［ 🖊 ］删除标注。

命令交互：

请选择整索引起点＜退出＞：点取管整索引起点。

请选择标整索引终点＜退出＞：点取管整索引终点。

请给出标注点［左右翻转（F）］＜退出＞：根据预览点取标注点或输入 F，左右翻转。

点击删除标注按钮，*请选择需要删除的管整索引＜退出＞*

选择要删除的管整索引，单击右键，删除标注。

管整索引效果如图 18-8-3。

图 18-8-2　管整索引对话框

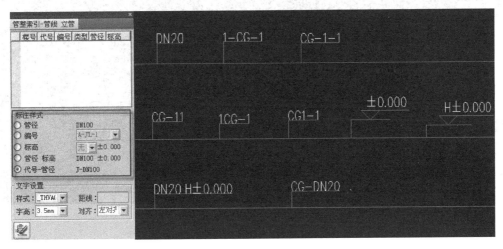

图 18-8-3　管整索引效果图

18.9　管分索引

可对多根管线或立管进行分体标注管径信息或编号
信息。

菜单位置：【T20 符号标注选项板】→【管分索引】
(TGGFSY)，如图 18-9-1 所示：

菜单点取【管分索引】或命令行输入"TGGFSY"后，
执行本命令，系统弹出如图 18-9-2 所示的对话框：

图 18-9-1　管分索引选项板位置

对话框详解：

［标注样式］选择标注样式。

［文字设置］设置文字样式、距线距离、字高、
对齐方式。

［］删除标注。

命令交互：

请选择分索引起点＜退出＞：点取管分索引
起点。

请选择标分索引终点＜退出＞：点取管分索引
终点。

请给出标注点［左右翻转（F）］＜退出＞：根
据预览点取标注点或输入 F，左右翻转。

点击删除标注按钮，*请选择需要删除的管分索
引＜退出＞*

选择要删除的管整索引，单击右键，删除标注。

管分索引效果如图 18-9-3 所示：

图 18-9-2　管分索引对话框

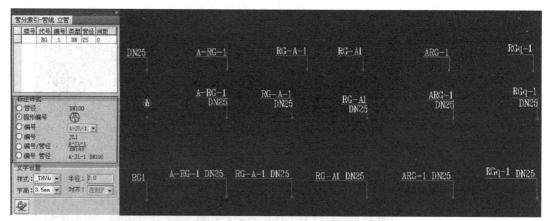

图 18-9-3 管分索引效果图

18.10 引出标注

用于对多个标注点进行说明性的文字标注，自动按端点对齐文字，支持多个标注点进行说明性的文字标注。

菜单位置：【T20 符号标注选项板】→【引出标注】(TGYCBZ)，如图 18-10-1 所示：

菜单点取【引出标注】或命令行输入"TGYCBZ"后，执行本命令，命令行如图 18-10-2 所示：

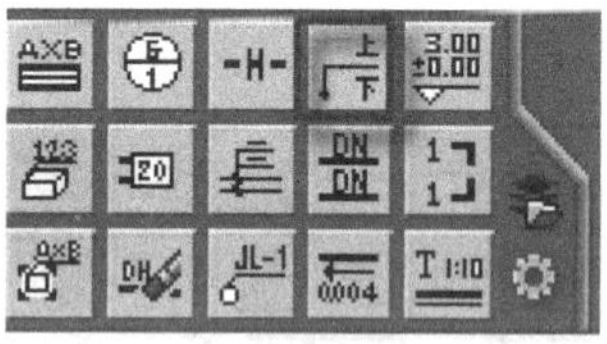

图 18-10-1 引出标注选项板位置

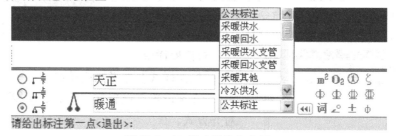

图 18-10-2 引出标注命令行

命令交互：

请给出标注第一点＜退出＞：鼠标点取第一点，

输入引线位置或［更改箭头型式（A）］＜退出＞：输入 A 可更改箭头型式。

......

输入引线位置或［更改箭头型式（A）］＜退出＞：点取引线位置。

点取文字基线位置＜退出＞：鼠标点取基线位置。

输入其他的标注点＜结束＞：可点取其他标注点。

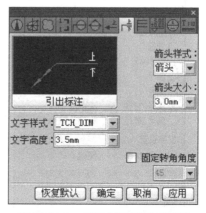

图 18-10-3 引出标注设置对话框

……

输入其他的标注点<结束>：

单击右键，结束命令。

点击选项板右侧符号设置按钮![icon]，弹出对话框中设置引出标注参数，如图 18-10-3。

18.11　管径标注

可对单独管线或多根管线进行管径标注。

菜单位置：【T20 符号标注选项板】→【管径标注】
（TGGJBZ），如图 18-11-1 所示：

菜单点取【管径标注】或命令行输入"TGGJBZ"后，
执行本命令，命令行如图 18-11-2 所示：

对话框详解：

［最近输入］保存最近输入的标注类型和管径，类型为

图 18-11-1　管径标注选项板位置

自动读取时不保存，可选中某一记录右键删除或清空。

［类型］默认自动读取，可点击下拉箭头选择其他，也可输入修改，点击[类型]，显示
定义各管材标注前缀对话框，如图 18-11-3 所示：

自动读取时根据该对话框相应管材的标注类型，可在该对话框修改标注类型。

［管径］默认自动读取，可输入，可点击或常用管径按钮。

图 18-11-2　管径标注对话框　　　　　　　图 18-11-3　管材对话框

［标注位置］标注的管径相对管线的位置，分上、中、下三种，如图 18-11-4 所示：

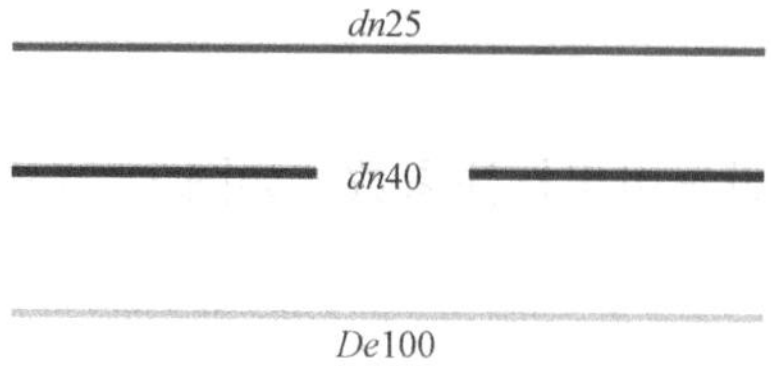

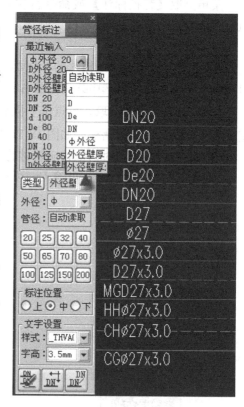

dn25

dn40

De100

图 18-11-4　管径标注效果图

［文字设置］设置标注管径的文字样式和字高。

［］删除标注。

［］移动标注。

［］标注复位，复位位置为［标注位置］的当前选择。

命令交互：

请选择需标注管径的管线〔多选状态/切换单选（S）〕＜退出＞：

此时为多选状态，可选择多根管线，选择要标注管径的管线，单击右键，标注管径。

请选择需标注管径的管线〔多选状态/切换单选（S）〕＜退出＞：

输入 S，切换单选状态

请选择需标注管径的管线〔单选状态/切换多选（M）〕＜退出＞：

切换为单选状态，点击单根管线，在点击的位置实时标注，可输入 M 切换多选状态。

点击删除标注按钮，*请选择要删除的标注：＜退出＞*

选择要删除的标注，单击右键，删除标注。

点击移动标注按钮，

*请选择需要移动的管径标注＜退出＞*选择需要移动的管径标注，单击右键，

*选择移动的参考点＜退出＞*选择参考点，

*选择移动的目标点＜退出＞*选择目标点，管径标注移动。

点击移动复位按钮，请选择需要复位的管径标注＜退出＞

选择需要复位的管径标注，单击右键，

成功复位 3 个，失败 1 个（失败原因可能是标注没有与管线关联）

管径标注效果如图 18-11-5 所示。

图 18-11-5　管径标注效果图

18.12　管道坡度

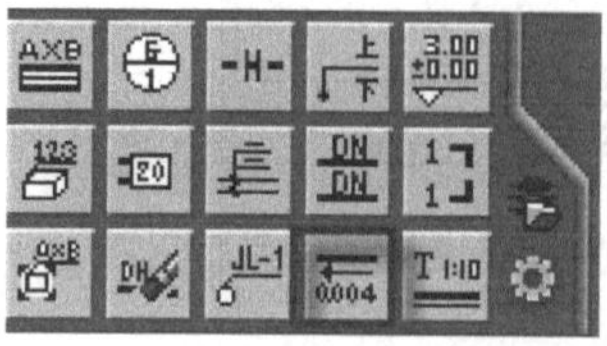

标注管道坡度。

菜单位置：【T20 符号标注选项板】→【管道坡度】（TGGDPD），如图 18-12-1 所示：

菜单点取【管道坡度】或命令行输入"TGGDPD"后，执行本命令，对话框如图 18-12-2 所示：

对话框详解：

图 18-12-1　管道坡度选项板位置

［最近输入］保存最近输入的坡度，自动读取的坡度不记录。

［坡度］默认自动读取，也可输入。

［文字设置］设置标注的文字样式和字高。

［箭头设置］设置箭头的大小、长度，全箭头或半箭头。

［标注样式］选择标注样式，各种标注样式如图 18-12-3 所示：

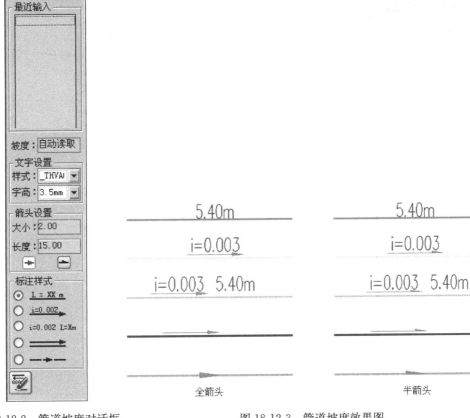

图 18-12-2　管道坡度对话框　　　　　图 18-12-3　管道坡度效果图

［］删除标注。

命令交互：

请选择要标注坡度的管线｛单选状态/切换多选（M）｝＜退出＞：

此时为单选状态，可选择一根管线，选择要标注管径的管线。

*请选择标注方向＜确定＞*选择标注方向，根据选择的标注样式，产生标注。

*请选择要标注坡度的管线｛单选状态/切换多选（M）｝＜退出＞：*输入 M，切换为多选状态。

请选择要标注坡度的管线｛多选状态/切换单选（S）｝＜退出＞：

可选择多根管线，单击右键，根据选择的标注样式，产生标注，也可输入 S，切换单选。

点击删除标注按钮，*请选择需要删除的坡度和长度标注＜退出＞*

选择要删除的坡度和长度标注，单击右键，删除标注。

附　录

命令索引

设置菜单		
工程管理	LCB	管理用户定义的工程设计项目中参与生成的各平面图形文件或区域定义
初始设置	OPTIONS	对整个天正团建-暖通系统软件进行初始设置
天正选项	TZXX	保留用户使用的系统参数值
自 定 义	TCustomize	打开天正自定义设置
工 具 条	GJT	设置天正快捷工具条
导出设置	DCSZ	将自定义设置导出
导入设置	DRSZ	导入已导出的自定义设置
依线正交	YXZJ	按线的角度来改变坐标系的角度,如果不选线,则恢复默认 0°
当前比例	DQBL	从现在开始设置的新绘图比例
图层管理	TCGL	设定天正图层系统的名称和颜色
线型管理	XXGL	创建或修改带文字的线型
文字样式	WZYS	创建或修改命名天正扩展文字样式并设置图形中当前的文字样式
线 型 库	XXK	管理天正线型库,初始设置线型的下拉列表数据源

建筑菜单		
绘制轴网	HZZW	生成正交轴网、斜交轴网或单向轴网
单线变墙	DXBQ	将已绘制好的单线墙或者轴网转换为双线墙对象
绘制墙体	HZQT	连续绘制双线直墙和弧墙
标准柱	BZZ	在轴线的交点处插入方柱、圆柱或八角柱
角 柱	JZ	在墙角插入形状与墙一致的角柱,可设各段长度
门 窗	MC	在墙上插入各种门窗
双跑楼梯	SPLT	在对话框中输入梯间参数,直接绘制两跑楼梯
直线梯段	ZXTD	在对话框中输入梯段参数绘制直线梯段,用来组合复杂楼梯
圆弧梯段	YHTD	在对话框中输入梯段参数绘制弧形梯段,用来组合复杂楼梯
阳 台	YT	直接绘制阳台或把预先绘制好的 PLINE 转成阳台
台 阶	TJ	直接绘制台阶或预先绘制好的 PLINE 转成台阶
坡 道	PD	通过参数构造室外直坡道
任意坡顶	RYPD	由封闭的多段线生成指定坡度的屋顶,对象编辑可分别修改各坡度
倒墙角	DQJ	将转角墙按给定半径倒圆角生成弧墙,或者将墙角交接好
修墙角	XQJ	将互相交叠的两道墙分别在交点处断开并修理墙角
改墙厚	GQH	批量改墙厚:墙基线不变,墙线一律改为居中
改外墙厚	GWQH	修改外墙墙厚,执行本命令前应事先识别外墙,否则命令不会执行
改 高 度	GGD	修改图已定义的各墙柱的高度与底标高
改外墙高	GWQG	修改图中已定义的外墙高度与底标高,自动将内墙忽略
边线对齐	BXDQ	墙基线不变,墙线偏移到给定点
基线对齐	JXDQ	墙边线不变,墙基线偏移到给定点
净距偏移	JJPY	按指定的墙边净距,偏移创建新墙
删门窗名	SMCM	把建筑条件图中的门窗标注删除
转条件图	ZTJT	调建筑条件图,并将墙、柱变细线,删除无用层图元
柱子空心	ZZKX	把建筑条件图中的实心柱子改为空心的

续表

采暖菜单		
采暖管线	CNGX	绘制平面管线
采暖双线	CNSX	同时绘制采暖供水管和回水管
采暖立管	CNLG	布置平面立管
散 热 器	SRQ	布置平面散热器，布置方式有：任意、沿墙、沿窗
系统散热器	XTSRQ	插入系统散热器，并连接管线
改散热器	GSRQ	修改平面或系统散热器属性
立干连接	LGLJ	自动连接采暖立管与干管
散立连接	SLLJ	自动连接散热器和立管
散干连接	SGLJ	自动连接散热器和干管
散散连接	SSLJ	自动连接散热器和散热器
水管阀件	CNFJ	布置水管阀件
采暖设备	CNSB	布置采暖设备
采暖原理	CNYL	绘制采暖原理图
大样图库	DYTK	集中供暖住宅分户计量图库
材料统计	CLTJ	对当前图进行材料统计，并按管线、附件、设备排序
地沟绘制	HZDG	绘制地沟线

地暖菜单		
地热计算	DRJS	地热盘管散热量、间距计算
地热盘管	DRPG	绘制地热盘管
手绘盘管	SHPG	绘制单线、双线地热盘管，可连接盘管与分集水器
异形盘管	YXPG	绘制异形房间地热盘管
分集水器	HFSQ	布置分集水器
盘管倒角	PGDJ	为盘管进行倒角
盘管转 PL	PGZP	将实体、line 线格式的盘管，转换为 pl 格式
盘管复制	PGFZ	实现盘管带基点复制
盘管连接	PGLJ	盘管与盘管、盘管与分集水器连接
盘管移动	PGYD	平行型盘管的局部伸缩
盘管统计	PGTJ	统计出盘管的长度
供回区分	GHQF	根据初始设置中设置盘管线型生效
盘管加粗	PGJC	根据初始设置中设置盘管线宽生效

多联机		
设　　置	DLJSZ	多联机设置
室 内 机	SNJBZ	多联机室内机的布置
室 外 机	SWJBZ	多联机室外机的布置
冷媒管绘制	LMBZ	冷媒管的布置
冷凝水管	LNSG	冷凝水管的布置

多联机		
冷媒立管	LMLG	冷媒立管的布置
分岐管	FQCBZ	分岐管的布置
连接VRV	DLJLG	多联机设备与水管管线的自动连接,可自动生成分歧管
设备连管	SBLG	多联机设备与风管的自动连接
系统划分	XTHF	根据图纸中负荷计算结果,进行系统划分,支持编辑、删除等操作,可统计出每个系统中所有房间冷负荷,热负荷的汇总结果
系统计算	XTJS	提供落差、冷媒管、分歧管、充注量计算,可输出原理图及计算书
厂商维护	CSWH	厂商维护,用于厂商的数据库扩充
设备维护	SJWH	设备维护,用于设备的数据库扩充
系列维护	XLWH	系列维护,用户室外机、室内机系列的数据库扩充
计算规则	JSGZWH	计算规则的制定及扩充
定义设备	DYDLJ	室外机、室内机图块的扩充

空调水路		
水管管线	SGGX	绘制空调水管
多管绘制	DGHZ	同时绘制多条空调系统管线
水管立管	SGLG	布置空调水管立管
水管阀件	SGFJ	布置水管阀件
布置设备	BZSB	布置风机盘管、冷却塔等设备
分集水器	AFSQ	布置分集水器
设备连管	SBLG	设备与水管进行连接
分水器	FSQ	分水器的选型计算及平面图绘制

水管工具		
上下扣弯	SXKW	在管线上插入扣弯
双线水管	SXSG	绘制双线水管
双线阀门	SXFM	在双线水管上布置双线阀门
管线打断	GXDD	将某根管线打断成2根管线
管线倒角	GXDJ	将天正水管管线进行倒角
管线连接	GXLJ	将2根平行的管线合并成1根管线
管线置上	GXZS	在同标高条件下,该管线打断其他所连管线
管线置下	GXZX	在同标高条件下,该管线被其他所连管线打断
更改管径	GGGJ	更改某一根水管的管径
单管标高	DGBG	修改单根管线的标高
断管符号	DGFH	在管线末端插入断管符号
修改管线	XGGX	修改管线的管材、管径、标高、坡度等参数
管材规格	GCGG	设置系统管材的管径(公称直径、计算内径、外径)
管线粗细	GXCX	设置当前图所有管线是否进行加粗

续表

风 管		
设　　置	天正软件-暖通系统 cfg	绘制风系统前,进行法兰、连接件、计算、标注等与风系统相关的基本设置
更新关系	GXGX	更新风管管线关系
风管绘制	FGHZ	绘制风管管线
立 风 管	LFG	布置风管立管
弯　头	WT	任意布置弯头或者风管之间弯头连接
变　径	BJ	进行变径连接或任意布置变径
乙字弯	YZW	乙字弯连接以及任意布置乙字弯
三　通	3T	进行三通连接和任意布置三通
四　通	4T	进行四通连接和任意布置四通
法　兰	YZWLJ	插入和删除法兰,更新法兰样式等
变高弯头	BGWT	在水平风管上点插立管,生成上翻或者下翻弯头
空间搭接	KJDJ	不等高风管实现空间的连接
构件换向	GJHX	实现三通、四通变换方向
局部改管	JBGG	辅助风管绘制,实现绕梁绕柱效果
平面对齐	PMDQ	实现风管与某平面基准线批量水平对齐
竖向对齐	SXDQ	实现风管与某空间基准线批量竖向对齐
竖向调整	SXTZ	批量调整风管的标高
打断合并	DDHB	实现风管的打断与合并
编辑风管	BJFG	对已绘制的风管进行参数修改,可实现批量修改
编辑立管	BJLG	对已绘制的立管进行参数修改,可实现批量修改

风管设备		
布置风口	BZFK	在图面上进行风口布置
布置阀门	BZFM	在图中布置风管阀门
定制阀门	DZFM	风管阀门入库,用户可自己扩充阀门样式
管道风机	ZLFJ	在图中布置轴流风机
空气机组	KQJZ	在图中布置组合式空气处理机组,并以文字说明
布置设备	BZSB	在图中布置风盘、风机、水泵等设备
风管吊架	FGDJ	在风管上布置吊架
风管支架	FGZJ	在风管上布置支架
编辑风口	BJFK	对已布置的风口进行编辑修改,可实现批量操作
设备连管	SBLG	实现设备与管线的自动连接
删除阀门	SCFM	删除阀门实现管线原位置自动闭合
风系统图	FXTT	生成风管系统图
剖 面 图	PMT	生成风管剖面图
材料统计	CLTJ	对当前图进行材料统计,并按管线、附件、设备排序
碰撞检查	PZJC	将图中管线交叉的地方用红圈表示出来,提醒用户修改管线标高
平 面 图	—	将图形显示为俯视图＋二维线框
三维观察	SWGC	三维动态观察期＋体着色
系统编号	XTBH	在通风、除尘系统中,进行编号,为后续材料统计和水力计算准备

续表

计　算		
识别内外	SBNW	自动识别内外墙,适用于一般情况
指定内墙	ZDNQ	用手工选取方式将选中的墙体置为内墙
指定外墙	ZDWQ	将选中的普通墙体内外特性置为外墙
加亮墙体	JLWQ	亮显已经识别过的墙体,包括分户墙、隔墙、外墙
改分户墙	GFHQ	将选中的内墙改为分户墙,在负荷计算时自动按户间传热来计算
指定隔墙	QXFHQ	将选中的内墙属性改为隔墙
搜索房间	SSFJ	批量搜索建立或更新已有的房间和建筑轮廓,建立房间信息并标室内使用面积
编号排序	BHPX	对已标注的房间编号进行排序
房间编辑	FJBJ	批量编辑暖通房间对象
查询面积	CXMJ	查询房间面积,并可以以单行文字的方式标注在图上
面积累加	MJLJ	对选取的一组表示面积的数值型文字进行求和
材料库	CLK	编辑、维护外部材料数据库
构造库	GZK	编辑、维护外部构造数据库
负荷计算	LCAL	冷、热负荷计算
房间负荷	FJFH	可单独修改某个房间下的围护结构参数
负荷分配	FHFP	将负荷分配到房间的散热器上
算暖气片	SNQP	计算散热器的片数
采暖水力	CNSL	采暖系统水力计算
水管水力	SGSL	空调水系统水力计算
水力计算	SLJS	水力计算小工具,可计算风管水力和水管水力
风管水力	FGSL	风管系统水力计算
系统选择	XTXZ	对于风系统、水系统选中系统中的某一设备、管线即可将整个系统整体选中
结果预览	JGYL	预览水力计算后各管段的流速和比摩阻范围
定压补水	DYBS	定压补水系统的计算选型,包括膨胀水箱和气压罐
绘焓湿图	HHST	绘制焓湿图
建状态点	ZTJS	在焓湿图上建立状态点
绘过程线	HGCX	通过两状态点绘制过程线
空气处理	KQCL	根据焓湿图,进行空气处理过程计算
风盘计算	FPJS	风机盘管加新风系统的计算
一次回风	YCHF	一次回风系统的计算
二次回风	ECHF	二次回风系统的计算
计算器	CALC	调用 Windows 计算器,用于一般算术计算
单位换算	DWHS	进行单位换算的一个工具

续表

		专业标注	
立管标注	LGBZ	对立管进行编号标注或修改立管编号
立管排序	LGPX	对选中的立管管号按左右或上下进行重新排序
入户管号	RHGH	标注管线的入户管号
入户排序	RHPX	将入户管管号按左右或上下进行重新排序
标散热器	BSRQ	对系统图散热器标散热片数或负荷等
管线文字	GXWZ	在管线上标注管线类型的文字,如 H,管线被文字遮挡
管道坡度	GDPD	标注管道坡度,可动态决定箭头方向
单管管径	DGGJ	单选管线,标注管径
多管管径	GJBZ	多选管线,标注管径
多管标注	DGBZ	在多根管线上标注管径
管径复位	GJFW	由于更改比例等原因管径标注位置不合适,本命令使标注回到默认位置
管径移动	GJYD	由于管线与标注存在联动,此命令方便移动管径而不改变管线位置
单注标高	DZBG	一次只标注一个标高,通常用于平面标高标注
标高标注	BGBZ	连续标注标高,通常用于立剖面标高标注
风管标注	FGBZ	标注风管
风口间距	FKJJ	标注风口间距
设备标注	SBBZ	标注设备
删除标注	SCBZ	删除标注(管径、标高、箭头等)

		符号标注	
静态标注	—	坐标标注和标高标注由静态变为动态
坐标标注	ZBBZ	对总平面图进行坐标标注
索引符号	SYFH	为图中另有详图的某一部分或构件注上索引号
索引图名	SYTM	为图中局部详图标注索引图号
剖面剖切	PMPQ	在图中标注剖面剖切符号
断面剖切	DMPQ	在图中标注断面剖切符号
加折断线	JZDX	绘制折断线
箭头引注	JTYZ	绘制指示方向的箭头及引线
引出标注	YCBZ	可用引线引出来对多个标注点做同一内容的标注
作法标注	ZFBZ	用以标注工程作法
绘制云线	HZYX	用于绘制云线
画对称轴	HDCZ	绘制对称轴及符号
画指北针	HZBZ	在图中画指北针
图名标注	TMBZ	标注图名比例

尺寸标注		
快速标注	KSBZ	快速识别天正对象的外轮廓或者基线点,沿着对象的长宽方向标注对象的几何特征尺寸
逐点标注	ZDBZ	点取各标注点,沿给定的一个直线方向标注连续尺寸
半径标注	BJBZ	对弧墙或弧线进行半径标注
直径标注	ZJBZ	对弧墙或弧线进行直径标注
角度标注	JDBZ	基于两条线创建角度标注
弧长标注	HCBZ	对弧线标注弧长
更改文字	GGWZ	更改尺寸标注的文字
文字复位	WZFW	尺寸文字的位置恢复到默认的尺寸线中点上方
文字复值	WZFZ	尺寸文字恢复为默认的测量值
裁减延伸	CJYS	根据给定的新位置,对尺寸标注进行裁减或延伸
取消尺寸	QXCC	取消连续标注的一个区间
尺寸打断	CCDD	把一组尺寸标注打断成两段独立的尺寸标注
连接尺寸	LJCC	把平行的多个尺寸标注连成一个连续的对象
增补尺寸	ZBCC	对已有的尺寸标注增加标注点
尺寸转化	CCZH	把 AutoCAD 的尺寸标注转化为天正的尺寸标注
尺寸自调	CCZT	对天正尺寸标注的文字位置进行自动调整,使得文字不重叠
上　　调	—	自调方式由向上调切换为向下调

文字表格		
文字样式	WZYS	创建或修改命名天正扩展文字样式并设置图形中文字的当前样式
单行文字	DHWZ	创建符合中国建筑制图标注的天正单行文字
多行文字	—	创建符合中国建筑制图标准的天正整段文字
专业词库	ZYCK	输入或者维护专业词库里面的词条
转角自纠	ZJZJ	把转角方向不符合建筑制图标准的文字(如倒置的文字)予以纠正
递增文字	DZWZ	拷贝文字,并根据文字末尾字符递增或者递减
文字转化	WZZH	把 AutoCAD 单行文字转化为天正单行文字
文字合并	WZHB	把天正单行文字合成一个天正多行文字
统一字高	TYZG	把所选择的文字字高统一为给定的字高
查找替换	CZTH	查找和替换图中的文字
繁简转化	FJZH	转换图中制定文字的内码(国标码与 BIG5 码),请自己配合更改文字样式字体
新建表格	XJBG	绘制新的表格并输入表格文字
转出 Word	—	把天正表格转出成 Word 中的表格
转出 Excel	—	把天正表格输出到 Excel 新表单中或者更新到当前表单的选中区域
读入 Excel	—	根据 Excel 选中的区域,创建或更新图中相应的天正表格
全屏编辑	QPBJ	对表格内容进行全屏编辑
拆分表格	CFBG	将表格分解为多个子表格,有行拆分和列拆分两种
合并表格	HBBG	将多个表格合并为一个表格,有行合并和列合并两种

文字表格

表列编辑	BLBJ	编辑表格的一列或多列
表行编辑	BHBJ	编辑表格的一行或多行
增加表行	ZJBH	在指定行前后增加表行,也可用［表行编辑］实现
删除表行	SCBH	删除指定表行,也可用［表行编辑］实现
单元编辑	DYBJ	编辑表格单元格,修改属性或文字
单元递增	DYDZ	复制表格单元内容,并同时将文字内的某一项递增或递减,同时按 Shift 为直接拷贝,按 Ctrl 为递减
单元复制	DYFZ	复制表格中某一单元内容或者图块、文字对象至目标的表格单元
单元累加	DYLJ	累加表格行或者列的数值内容,结果填写在单元格中
单元合并	DYHB	合并表格的单元格
撤销合并	CXHB	撤销已经合并的表格单元,也可用［单元编辑］实现

绘图工具

生系统图	SXTT	根据平面图自动生成系统图
标楼板线	BLBX	生成系统图后,标识楼板线
对象查询	DXCX	随光标移动,在各个图元上面动态显示其信息,并可进行编辑
对象选择	DXXZ	先选参考图元,选择其他符合参考图元过滤条件的图形,生成选择集
自由复制	ZYFZ	动态连续的复制对象
自由移动	ZYYD	动态的进行移动、旋转和镜像
移位	YW	按给定的位移值与方向精确地移动对象
自由粘贴	ZYNT	粘贴已经复制在裁剪版上的图形,可以动态调整待粘贴图形
线变复线	XBFX	将若干彼此相接的 LINE(线)、ARC(弧)、POLYLINE(复线)连接成整段的 POLYLINE(复线)
连接线段	LJXD	将两条在同一直线上的线段或两段相同的弧或直线与圆弧相连接
虚实变换	XSBH	使线型在虚线与实线之间进行切换
修正线型	XZXX	带文字线型的管线逆向绘制的时候,文字会倒过来,本命令可修正这种管线
消除重线	XCCX	消除重合的线、弧
统一标高	TYBG	用于二维图,把所有图形对象都放在 0 标高上,以避免图形对象不共面
图形切割	TXQG	从平面图切割出一部分作为详图的底图
矩形	JX	绘制矩形多段线
图案加洞	TAJD	给填充图案挖去一块空白区域

图库图层

图案减洞	—	给填充图案内的空白区域补上
线 图 案	XTA	绘制线图案
通用图库	TYTK	新建或打开图库,编辑图库内容,插入图块
幻灯管理	HDGL	幻灯库管理,可以对多个幻灯库进行操作
定义设备	DYSB	定义天正设备

续表

		图库图层	
造 阀 门	ZFM	用户自定义新的平面和系统阀门图块
图层管理	TCGL	设定天正的图层系统的颜色,新建或设置图层标准
图层控制	TCKZ	管理暖通的图层系统
关闭图层	GBTC	关闭所选的图层
关闭其它	GBQT	关闭除了所选图层外的其他图层
打开图层	——	打开所需要打开的已关闭图层
图层全开	——	将所有图层打开
冻结图层	DJTC	冻结所选的图层
冻结其它	DJQT	冻结除了所选图层外的其他图层
解冻图层	——	解冻已冻结的图层
锁定图层	SDTC	锁定所选的图层
锁定其它	SDQT	锁定除了所选图层外的其他图层
图层恢复	TCHF	恢复在执行图层工具前保存的图层记录
合并图层	——	将选中的图层进行合并
图元改层	——	将选中的图元进行改图层

		文件布图	
打开文件	DKWJ	打开一张已有 DWG 图形
图形导出	TXDC	当前图存为 T7、T6、T5、T3 的图,其中风管导出后均为 T3 格式
三维漫游	——	将构件导出
批量转旧	PLZJ	把 T8 的图批量转成低版本的图
旧图转换	JTZH	把 T3 的二维平面图转成新版的图形
旧图转新	7T8	把天正软件-暖通系统 7 的风管图纸转换为当前版本
分解对象	FJDX	把天正定义的对象分解为 AutoCAD 基本对象
三维剖切	SWPQ	自动剖切功能
更新剖切	GXPQ	被剖切的原图发生改变后,通过更新剖切自动调整剖面图
备档拆图	BDCT	把 1 张 DWG 文件按图框拆成若干小图
图纸比对	TZBD	选择 2 个 DWG 文件进行对比,白色部分表示完全一致
图纸保护	TZBH	把要保护的图元制作成 1 个不能炸开的图块,并用密码保护
图纸解锁	TZJS	把已经保护的图纸解锁炸开
定义视口	DYSK	在模型空间中用窗口选中部分图形,并在图纸上确定其位置
当前比例	DQBL	从现在开始设置的新绘图比例
改变比例	GBBL	改变图上某一区域或图纸上某一视口的出图比例,并使得文字高度等字高合理
批量打印	PLDY	根据搜索图框,可同时打印若干图幅
图纸目录	TZML	在指定工程文件夹中添加图纸,自动生成图纸目录
插入图框	CRTK	在模型空间或图纸空间插入图框,并可预览选取图幅
设计说明	SJSM	设计说明模板

续表

		T20 标注
风管标注	TGFGBZ	对风管进行多种形式的标注或对标注对象进行复位、删除操作
设备标注	SBBZ	标注设备参数信息
风口标注	TGFKBZ	选择风口标注的形式,标注风口的相关信息
入户管号	TGRHGH	标注管线的入户管号或任意标注
标散热器	TGBSRQ	标注散热器的负荷、长度或片数
删除标注	TGSCBZ	删除指定类型的标注对象
管线文字	TGGXWZ	在管线上标注管线类型文字,如 H,管线被文字遮挡
管整索引	TGGZSY	可对多根管线或立管进行整体标注管径信息或编号信息
管分索引	TGGFSY	可对多根管线或立管进行分体标注管径信息或编号信息
引出标注	TGYCBZ	用于对多个标注点进行说明性的文字标注,自动按端点对齐文字,支持多个标注点进行说明性的文字标注
管径标注	TGGJBZ	可对单独管线或多根管线进行管径标注
管道坡度	TGGDPD	标注管道坡度

		帮助
在线帮助	ZXBZ	启动天正软件-暖通系统 2014 的在线帮助系统
在线演示	ZXYS	启动天正软件-暖通系统 2014 的在线演示系统
规范查询	GFCX	提供各种暖通在线规范
日积月累	RJYL	进入时示日积月累命令提示界面
天正抓屏	TZZP	可将当前视图抓屏为 jpg 格式图片
资源下载	ZYXZ	天正提供更新补丁,通过资源下载进行下载更新
字体检查	ZTJC	检查图纸上缺少的字体文件
版本信息	BBXX	显示当前使用的天正软件-暖通系统版本号以及版权信息